Weigmann/Kilian   Dezentralisieren mit PROFIBUS-DP/DPV1

Dezentralisieren mit PROFIBUS-DP/DPV1

Aufbau, Projektierung und Einsatz
des PROFIBUS-DP mit SIMATIC S7

von Josef Weigmann und Gerhard Kilian

3. überarbeitete und erweiterte Auflage 2002

Publicis Corporate Publishing

Die Deutsche Bibliothek – CIP-Einheitsaufnahme

Ein Titeldatensatz für diese Publikation ist bei Der Deutschen Bibliothek erhältlich

Autoren und Verlag haben alle Texte in diesem Buch mit großer Sorgfalt erarbeitet. Dennoch können Fehler nicht ausgeschlossen werden. Eine Haftung des Verlags oder der Autoren, gleich aus welchem Rechtsgrund, ist ausgeschlossen. Die in diesem Buch wiedergegebenen Bezeichnungen können Warenzeichen sein, deren Benutzung durch Dritte für deren Zwecke die Rechte der Inhaber verletzen kann.

ISBN 3-89578-189-4

3. Auflage, 2002

Herausgeber: Siemens Aktiengesellschaft, Berlin und München
Verlag: Publicis Corporate Publishing, Erlangen
© 1998 by Publicis KommunikationsAgentur GmbH, GWA Erlangen
Das Werk einschließlich aller seiner Teile ist urheberrechtlich geschützt. Jede Verwendung außerhalb der engen Grenzen des Urheberrechtsgesetzes ist ohne Zustimmung des Verlags unzulässig und strafbar. Das gilt insbesondere für Vervielfältigungen, Übersetzungen, Mikroverfilmungen, Bearbeitungen sonstiger Art sowie für die Einspeicherung und Verarbeitung in elektronischen Systemen. Dies gilt auch für die Entnahme von einzelnen Abbildungen und bei auszugsweiser Verwendung von Texten.

Printed in Germany

Vorwort

Mit zunehmend fortschreitender Dezentralisierung im Bereich der Anlagen- und Prozessautomatisierung werden Feldbussysteme für die Realisierung dezentraler Automatisierungskonzepte immer häufiger eingesetzt. Ein leicht einsehbarer Grund hierfür: Durch das Auslagern von Peripheriekanälen vor Ort – dorthin, wo Sie auch wirklich gebraucht werden – ergibt sich durch den geringer werdenden Installations- und Verdrahtungsaufwand eine deutliche Kostenersparnis.

Standardisierte Feldbussysteme mit „offenen" Kommunikationsschnittstellen ermöglichen den Einsatz dezentraler Eingangs-/Ausgangsperipherie und auch intelligenter, prozessvorverarbeitender Feldgeräte verschiedener Hersteller.

Für den Anwender sind Transparenz und Offenheit eines Feldbussystems wichtige Entscheidungskriterien, um aus der Vielzahl auf dem Markt erhältlicher Komponenten die jeweils besten zur Bewältigung seiner Automatisierungsaufgabe auszuwählen.

Der PROFIBUS erfüllt durch sein Buszugriffsverfahren die hohen Anforderungen bezüglich der Durchgängigkeit im Feldbereich. Er berücksichtigt sowohl die Kommunikationsbelange im Sensoren-/Aktoren-Bereich als auch die Anforderungen für die Vernetzung des sogenannten Zellenbereiches. Speziell im Bereich der „Dezentralen Peripherie" hat sich der PROFIBUS durch die mittlerweile große Auswahl an anschließbaren Feldgeräten als ein weltweit akzeptierter und anerkannter Standard entwickelt.

Das vorliegende Buch behandelt den PROFIBUS (*PRO*cess*F*Ield*BUS*), ein durch die EN (*EuropaNorm*) 50170 Volume 2 [1]/IEC 61158 [10] genormtes offenes Feldbussystem, mit der Protokollausprägung für Dezentrale Peripherie (DP). Es entstand mit dem Ziel, Anlagenplanern, Programmierern und Inbetriebsetzern den Einstieg und die Realisierung von Automatisierungsaufgaben mit PROFIBUS-DP so einfach wie möglich zu gestalten. Anhand von SIMATIC S7 und STEP 7 Version 5.1 SP3 wird an vielen praxisbezogenen Anwendungsbeispielen der Einsatz von PROFIBUS-DP/DPV1 demonstriert.

In dieser dritten, überarbeiteten und aktualisierten Auflage werden hinsichtlich der DPV1-Erweiterung neue Alarme und Anwenderprogrammschnittstellen in der SIMATIC S7 vorgestellt.

Für den Leser von Vorteil, jedoch nicht Voraussetzung, sind Grundkenntnisse zu den Automatisierungssystemen SIMATIC S7-300 und SIMATIC S7-400 sowie zur Programmiersprache AWL (Anweisungsliste).

Erlangen, im März 2002   Josef Weigmann, Gerhard Kilian

Inhaltsverzeichnis

1	**Grundlagen zum PROFIBUS**	13
1.1	ISO/OSI-Modell	13
1.2	Protokollarchitektur und -varianten	14
1.2.1	PROFIBUS-DP	15
1.2.2	PROFIBUS-FMS	15
1.2.3	PROFIBUS-PA	15
1.3	PROFIBUS-Layer	16
1.3.1	Physical-Layer (Layer 1) für DP/FMS (RS485)	16
1.3.2	Physical-Layer (Layer 1) für DP/FMS (Lichtwellenleiter)	19
1.3.3	Physical-Layer (Layer 1) für PA	21
1.3.4	Fieldbus Data Link (Layer 2)	23
1.3.5	Application Layer (Layer 7)	25
1.4	Bustopologie	27
1.4.1	RS485-Technik	27
1.4.2	LWL-Technik	29
1.4.3	Technik nach IEC 1158-2 (PROFIBUS-PA)	30
1.5	Buszugriffssteuerung beim PROFIBUS	31
1.5.1	Token-Bus-Verfahren	32
1.5.2	Master-Slave-Verfahren	33
1.6	Busparameter	33
2	**Gerätetypen und Datenaustausch bei PROFIBUS-DP**	35
2.1	Gerätetypen	37
2.1.1	DP-Master (Klasse 1)	37
2.1.2	DP-Slave	37
2.1.3	DP-Master (Klasse 2)	37
2.1.4	DP-Kombinationsgeräte	38

2.2	Datenaustausch zwischen den DP-Gerätetypen.	38
2.2.1	DP-Kommunikationsbeziehungen und DP-Datenaustausch	38
2.2.2	Initialisierungsphase, Wiederanlauf und Nutzdatenverkehr	39
2.3	PROFIBUS-DP-Zyklus	43
2.3.1	Aufbau eines PROFIBUS-DP-Zyklusses	43
2.3.2	Aufbau eines äquidistanten PROFIBUS-DP-Zyklusses	44
2.4	Datenaustausch über Querverkehr	44
2.4.1	Master-Slave-Kommunikationsbeziehung bei Querverkehr	45
2.4.2	Slave-Slave-Kommunikationsbeziehung bei Querverkehr	46
2.5	DPV1-Funktionserweiterungen	46
3	**PROFIBUS-DP in SIMATIC S7-Systemen**	**48**
3.1	PROFIBUS-DP-Schnittstellen in SIMATIC S7-Systemen	48
3.2	Weitere Kommunikationsmöglichkeiten über DP-Schnittstellen	57
3.2.1	S7-Funktionen	57
3.2.2	FDL-Dienste	57
3.3	Systemverhalten der DP-Schnittstellen in der SIMATIC S7	58
3.3.1	Anlaufverhalten der DP-Master-Schnittstellen in der SIMATIC S7	58
3.3.2	Ausfall/Wiederkehr von DP-Slave-Stationen	58
3.3.3	Ziehen-/Stecken-Alarm von DP-Slave-Stationen	58
3.3.4	Diagnosealarm von DP-Slave-Stationen	59
3.3.5	Prozessalarm von DP-Slave-Stationen	59
3.3.6	Statusalarm von DP-Slave-Stationen	59
3.3.7	Update-Alarm von DP-Slave-Stationen	60
3.3.8	Herstellerspezifischer Alarm von DP-Slave-Stationen	60
3.4	DP-Slave-Varianten in SIMATIC S7-Systemen	60
3.4.1	Kompakte DP-Slaves	60
3.4.2	Modulare DP-Slaves	61
3.4.3	Intelligente DP-Slaves (I-Slaves)	61
4	**Programmierung und Projektierung von PROFIBUS-DP mit STEP 7**	**62**
4.1	STEP 7-Grundlagen	63
4.1.1	STEP 7-Objekte	63
4.1.2	STEP 7-Projekte	64
4.2	Beispielprojekt mit PROFIBUS-DP	64
4.2.1	Neues STEP 7-Projekt anlegen	65

4.2.2	Objekte in das STEP 7-Projekt einfügen	65
4.2.3	PROFIBUS-Netzeinstellungen	66
4.2.4	Hardware konfigurieren mit HW Konfig	72
4.2.5	DP-Slaves projektieren	74

5 DP-Anwenderprogrammschnittstellen ... 83

5.1	Grundlagen zu den DP-Anwenderprogrammschnittstellen	83
5.1.1	Organisationsbausteine (OBs)	83
5.1.2	Grundlagen zu den DP-relevanten Systemfunktionen (SFCs)	84
5.1.3	Grundlagen zu den SIMATIC S7-Datensätzen	87
5.2	Die Organisationsbausteine	89
5.2.1	Zyklisch bearbeitetes Hauptprogramm (OB1)	89
5.2.2	Prozessalarme (OB40 bis OB47)	90
5.2.3	Statusalarm (OB55)	91
5.2.4	Update-Alarm (OB56)	92
5.2.5	Herstellerspezifischer Alarm (OB57)	93
5.2.6	Diagnosealarme (OB82)	94
5.2.7	Ziehen- und Steckenalarme von Baugruppen (OB83)	95
5.2.8	Programmablauffehler (OB85)	97
5.2.9	Ausfall eines Baugruppenträgers (OB86)	99
5.2.10	Peripherie-Zugriffsfehler (OB122)	103
5.3	DP-Nutzdatenaustausch und Prozessalarmfunktionen	104
5.3.1	Austausch konsistenter DP-Daten mit SFC14 DPRD_DAT und SFC15 DPWR_DAT	104
5.3.2	Steuerkommandos SYNC und FREEZE mit SFC11 DPSYC_FR	106
5.3.3	Auslösen eines Prozessalarms beim DP-Master mit SFC7 DP_PRAL	110
5.4	DP-Diagnosedaten lesen	111
5.4.1	Lesen von Normdiagnosedaten eines DP-Slaves mit SFC13 DPNRM_DG	111
5.4.2	Alarm von einem DP-Slave mit SFB54 RALRM empfangen	113
5.4.3	DP-relevante Systemzustandsliste (SZL)	120
5.4.4	Aufbau einer SZL-Teilliste	120
5.4.5	Auslesen von SZL-Teillisten mit SFC51 RDSYSST	120
5.4.6	Verfügbare SZL-Teillisten	123
5.4.7	Besonderheiten des SFC51 RDSYSST	124
5.5	Datensätze/Parameter schreiben und lesen	124
5.5.1	Dynamische Parameter schreiben mit SFC55 WR_PARM	124
5.5.2	Vordefinierten Datensatz/Parameter aus dem SDB schreiben mit SFC56 WR_DPARM	128

5.5.3	Alle vordefinierten Datensätze/Parameter aus dem SDB schreiben mit SFC57 PARM_MOD	129
5.5.4	Datensatz/Parameter schreiben mit SFC58 WR_REC	129
5.5.5	Datensatz lesen mit SFC59 RD_REC	132
5.5.6	Datensatz lesen mit SFB52 RDREC	133
5.5.7	Datensatz schreiben mit SFB53 WDREC	134

6 Anwendungsbeispiele zum Datenaustausch mit PROFIBUS-DP. 140

6.1	Datenaustausch mit Peripherie-Zugriffsbefehlen	140
6.2	Austausch konsistenter Daten mit SFC14 DPRD_DAT und SFC15 DPWR_DAT	142
6.2.1	Anwenderprogramm für I-Slave (S7-300 mit CPU315-2DP)	143
6.2.2	Anwenderprogramm für DP-Master (S7-400 mit CPU416-2DP)	146
6.2.3	Testen des Datenaustausches zwischen DP-Master und I-Slave	147
6.3	Prozessalarm mit S7-300 als I-Slave erzeugen und bearbeiten	148
6.3.1	Prozessalarm erzeugen mit S7-300 als I-Slave	148
6.3.2	Prozessalarm mit S7-400 als DP-Master bearbeiten	150
6.4	Datensätze und Parameter übertragen	151
6.4.1	Datensatzaufbau (DS1) für die Analog-Eingangsmodule der SIMATIC S7-300	152
6.4.2	Anwendungsbeispiel: Umparametrieren von Analog-Eingangsmodulen mit SFC55 WR_PARM	154
6.4.3	Umparametrieren des Analog-Eingangsmoduls mit SFC55 WR_PARM testen	156
6.4.4	Anwenderprogramm zum Umparametrieren des Analog-Eingangsmoduls mit SFC56 WR_DPARM	156
6.4.5	Umparametrieren des Analog-Eingangsmoduls mit SFC56 WR_DPARM testen	157
6.5	DP-Steuerkommandos SYNC/FREEZE auslösen	157
6.5.1	Anwendungsbeispiel für SYNC/FREEZE mit DP-Master IM467 erstellen	159
6.5.2	Anwenderprogramm für die Funktion SYNC/FREEZE erstellen	164
6.6	Datenaustausch über Querverkehr	167
6.6.1	Anwendungsbeispiel für Querverkehr mit I-Slaves (CPU 315-2DP)	167

7 Diagnosefunktionen für PROFIBUS-DP. 177

7.1	Diagnose über Anzeigenelemente der SIMATIC S7-CPUs, der DP-Master-Schnittstellen und der DP-Slaves	178
7.1.1	Anzeigenelemente der S7-300	178

7.1.2	Anzeigeelemente der S7-400-CPUs mit DP-Schnittstelle	180
7.1.3	Anzeigenelemente der DP-Slaves	182
7.2	Diagnose mit Online-Funktionen von STEP 7	183
7.2.1	Funktion Erreichbare Teilnehmer im SIMATIC Manager	183
7.2.2	Funktion ONLINE im SIMATIC Manager	187
7.2.3	Diagnose über die Funktion Baugruppenzustand	188
7.2.4	Diagnose über die Funktion Hardware diagnostizieren	194
7.3	Diagnose über das Anwenderprogramm	196
7.3.1	DP-Slave-Diagnose mit SFC13 DPNRM_DG	197
7.3.2	Diagnose über SFC51 RDSYSST im OB82	199
7.3.3	Diagnose über SFB54 RALRM	201
7.4	Diagnose mit dem SIMATIC S7-Diagnosebaustein FB125	203
7.4.1	Diagnosebaustein FB125	203
7.5	Diagnose mit einem PROFIBUS-Busmonitor	205
7.6	Diagnose mit dem Diagnose-Repeater	207
7.6.1	Topologieermittlung	208
7.6.2	Störstellenermittlung	209
7.6.3	Voraussetzungen für den Betrieb des Diagnose-Repeaters	211

8 Aufbau und Inbetriebnahme einer PROFIBUS-DP-Anlage 212

8.1	Tips zum Aufbau einer PROFIBUS-DP-Anlage	212
8.1.1	Anlagenaufbau mit geerdetem Bezugspotential	212
8.1.2	Anlagenaufbau mit ungeerdetem Bezugspotential	214
8.1.3	Verlegung des PROFIBUS-Kabels	214
8.1.4	Schirmung des PROFIBUS-Kabels	215
8.2	Tips zur (Erst-)Inbetriebnahme einer PROFIBUS-DP-Anlage	215
8.2.1	Buskabel und Busanschlussstecker	215
8.2.2	Prüfen des PROFIBUS-Buskabels und der Busanschlussstecker	215
8.2.3	Busabschluss	219
8.3	Busphysik-Testgerät „BT 200" für PROFIBUS-DP	219
8.3.1	Verdrahtungstest	220
8.3.2	Teilnehmertest (RS485)	220
8.3.3	Strangtest	221
8.3.4	Entfernungsmessung	221
8.3.5	Reflexionstest	221
8.4	Signaltest der DP-Ein- und Ausgänge	222

9 Weitere DP-relevante STEP 7-Funktionen 224

9.1 GSD-Dateien 224
9.1.1 Neue GSD installieren 224
9.1.2 Stations-GSD importieren............................ 224
9.2 PROFIBUS-Adresse vergeben 225
9.3 NETPRO 226
9.4 PG-Online-Funktionen 226
9.5 NCM-Diagnose 227

Glossar 229

Abkürzungsverzeichnis 243

Normen und Vorschriften 246

Stichwortverzeichnis 247

1 Grundlagen zum PROFIBUS

Einführung

Im Vergleich zu konventionell realisierten Automatisierungsstrukturen sind bereits auf den ersten Blick die Vorteile des Einsatzes von seriellen Feldbussystemen für den Anlagen- und Maschinenbauer zu erkennen. Zum einen ist die mögliche Kostenersparnis durch den reduzierten Verkabelungsaufwand bei dezentralen Peripheriestrukturen und zum anderen die Vielzahl der verfügbaren Feldgeräte zu nennen. Dies ist jedoch nur mit einem standardisierten und offenen Feldbussystem möglich. Entsprechend wurde im Jahre 1987 von der deutschen Industrie das Verbundprojekt PROFIBUS initiiert und die erarbeiteten Standards in der DIN E 19245 [2] PROFIBUS festgehalten. 1996 wurde diese nationale Feldbusnorm durch die EN 50170 zum internationalen Standard.

1.1 ISO/OSI-Modell

Die Architektur des PROFIBUS-Protokolls orientiert sich an den bereits bestehenden nationalen und internationalen Normen. So basiert die Protokollarchitektur auf dem OSI (*O*pen *S*ystems *I*nterconnenction)-Referenzmodell, entsprechend der internationalen Norm ISO (*I*nternational *S*tandard *O*rganisation).

Das im Bild 1.1 dargestellte ISO/OSI-Modell für Kommunikationsstandards besteht aus 7 Layern (Schichten) und lässt sich in zwei Klassen, der anwenderorientierten Layer 5 bis

Layer 7	Application
Layer 6	Presentation
Layer 5	Session
Layer 4	Transport
Layer 3	Network
Layer 2	Data Link
Layer 1	Physical

Layer 5–7: anwenderorientiert
Layer 1–4: netzorientiert

Bild 1.1
Das ISO/OSI-Modell für Kommunikationsstandards

7 und der netzorientierten Layer 1 bis 4 einteilen. Die Layer 1 bis 4 beschreiben den Transport der zu übertragenden Daten von einem Ort zum anderen, während die Layer 5 bis 7 dem Anwender den Zugriff auf das Netz-/Bussystem in entsprechender Form zur Verfügung stellen.

1.2 Protokollarchitektur und -varianten

Wie aus der Darstellung der PROFIBUS-Protokollarchitektur im Bild 1.2 zu erkennen ist, sind bei PROFIBUS Layer 1 und 2 sowie ggf. Layer 7 realisiert. Für Layer 1 und 2 wurden der USA-Standard EIA (*E*lectronic *I*ndustries *A*ssociation) RS485 [8], die internationale Norm IEC 870-5-1 [3] (Telecontrol Equipment and Systems) und der EN 60870-5-1 [4] zur Festlegung der Leitung und Übertragungsprotokolle herangezogen. Das Buszugriffsverfahren, die Datenübertragungs- und Managementdienste orientieren sich an der DIN 19241 Teil 1 bis 3 [5] und der Norm IEC 955 [6] Process Data Highway/Typ C. Die Management-Funktionen (FMA7) orientieren sich an ISO DIS 7498-4 (Management Framework). Aus Anwendersicht unterscheidet PROFIBUS die drei Protokollvarianten DP, FMS und PA.

	PROFIBUS-DP	PROFIBUS-FMS	PROFIBUS-PA
	PNO-Profile für DP-Geräte	PNO-Profile für FMS-Geräte	PNO-Profile für PA-Geräte
	Grundfunktionen Erweiterte Funktionen		Grundfunktionen Erweiterte Funktionen
	DP User Interface Direct Data Link Mapper (DDLM)	Application Layer Interface (ALI)	DP User Interface Direct Data Link Mapper (DDLM)
Layer 7 (Application)	↑	Appliction-Layer Fieldbus Message Specification (FMS)	↑
Layer 3 bis 6	↓ n i c h t a u s g e p r ä g t ↓		
Layer 2 (Link)	Data Link Layer Fieldbus Data Link (FDL)	Data Link Layer Fieldbus Data Link (FDL)	IEC-Interface
Layer 1 (Physik)	Physical-Layer (RS485/LWL)	Physical-Layer (RS485/LWL)	IEC1158-2

Bild 1.2 Die Protokollarchitektur von PROFIBUS

1.2.1 PROFIBUS-DP

PROFIBUS-DP verwendet die Layer 1 und 2 sowie das User Interface. Layer 3 bis 7 sind nicht ausgeprägt. Durch diese schlanke Architektur wird eine schnelle Datenübertragung erreicht. Der Direct Data Link Mapper (DDLM) stellt den Zugang zur Layer 2 dar. Die nutzbaren Anwendungsfunktionen sowie das System- und Geräteverhalten der verschiedenen PROFIBUS-DP Gerätetypen sind im User-Interface festgelegt.

Diese für den schnellen Nutzdatenaustausch optimierte PROFIBUS-Variante ist speziell für die Kommunikation zwischen Automatisierungssystemen und den dezentralen Peripheriegeräten in der Feldebene zugeschnitten.

1.2.2 PROFIBUS-FMS

Bei *PROFIBUS-FMS* sind die Layer 1, 2 und 7 ausgeprägt. Die Anwendungsschicht besteht aus FMS (*F*ieldbus *M*essage *S*pecification) und LLI (*L*ower *L*ayer *I*nterface). FMS enthält das Anwendungsprotokoll und stellt die Kommunikationsdienste zur Verfügung. Das LLI realisiert die verschiedenen Kommunikationsbeziehungen und bildet für FMS einen geräteunabhängigen Zugang zur Layer 2.

FMS wird für die Abwicklung des Datenaustausches in der Zellenebene (SPS und PC) eingesetzt. Die leistungsfähigen FMS-Services eröffnen einen breiten Anwendungsbereich und große Flexibilität bei der Bewältigung von umfangreichen Kommunikationsaufgaben.

PROFIBUS-DP und PROFIBUS-FMS verwenden die gleiche Übertragungstechnik und ein einheitliches Buszugriffsprotokoll und können deshalb simultan auf einem Kabel laufen.

1.2.3 PROFIBUS-PA

PROFIBUS-PA verwendet das erweiterte PROFIBUS-DP-Protokoll für die Datenübertragung. Darüber hinaus kommt das PA-Profil zum Einsatz, in dem das Geräteverhalten der Feldgeräte festgelegt wird. Die Übertragungstechnik gemäß IEC 1158-2 [7] ermöglicht die Eigensicherheit und die Energieversorgung der Feldgeräte über den Bus. PROFIBUS-PA-Geräte können durch den Einsatz von Segmentkopplern oder PROFIBUS-PA-Links auf einfache Weise in PROFIBUS-DP-Netze integriert werden.

PROFIBUS-PA ist speziell für den Bereich der Verfahrenstechnik konzipiert und erlaubt die Anbindung von Sensoren und Aktoren, auch in explosionsgefährdeten Bereichen, an eine gemeinsame Feldbusleitung.

1 Grundlagen zum PROFIBUS

1.3 PROFIBUS-Layer

1.3.1 Physical-Layer (Layer 1) für DP/FMS (RS485)

In der Grundversion für geschirmte und verdrillte 2-Drahtleitung entspricht Layer 1 des PROFIBUS der symmetrischen Datenübertragung nach dem Standard EIA RS485 [8] (auch als H2 bezeichnet). Die Busleitung eines Bussegmentes ist beidseitig abgeschlossen, verdrillt und abgeschirmt (Bild 1.3). Die Übertragungsgeschwindigkeit ist im Bereich zwischen 9,6 kBit/s und 12 MBit/s wählbar. Die gewählte Baudrate gilt hierbei einheitlich für alle Geräte, die sich am Bus (Segment) befinden.

Übertragungsverfahren

Das beim PROFIBUS eingesetzte RS485-Übertragungsverfahren basiert auf einer halbduplex, asynchronen, schlupffesten Synchronisierung. Die Daten werden innerhalb eines 11 Bit-Zeichenrahmens (Bild 1.4) im NRZ-Code (*N*on *R*eturn to *Z*ero) übertragen. Der Signalverlauf von Binär „0" nach „1" ändert sich während der Bitübertragungsdauer nicht.

Während der Übertragung entspricht eine binäre „1" einem positiven Pegel auf der Leitung R×D/T×D-P (*R*eceive/*T*ransmit-*D*ata-P) gegenüber R×D/T×D-N (*R*eceive/*T*ransmit-*D*ata-N). Der Ruhezustand (Idle) zwischen den einzelnen Telegrammen entspricht einem binären „1"-Signal (Bild 1.5). In der Literatur werden die beiden PROFIBUS-Datenleitung auch häufig als A-Leitung und B-Leitung bezeichnet. Die A-Leitung entspricht hierbei dem R×D/T×D-N und die B-Leitung dem R×D/T×D-P-Signal.

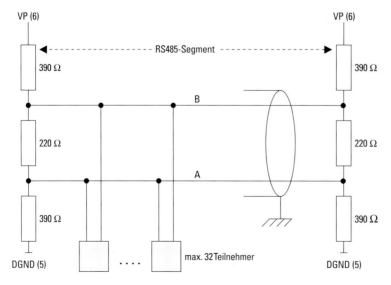

Bild 1.3 Aufbau eines RS485-Bussegmentes

1.3 PROFIBUS-Layer

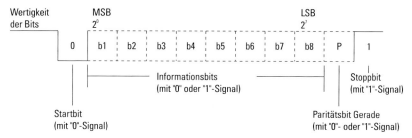

LSB Least Significant Bit (Niederwertiges Bit); MSB Most Significant Bit (Höchstwertiges Bit)

Bild 1.4 Der PROFIBUS UART-Zeichenrahmen

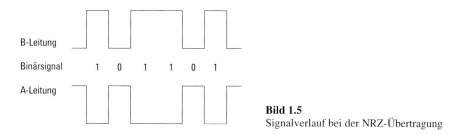

Bild 1.5 Signalverlauf bei der NRZ-Übertragung

Busleitung

Die in Tabelle 1.1 dargestellte, maximal zulässige Leitungslänge (Segmentlänge) eines PROFIBUS-Systems ist abhängig von der gewählten Übertragungsgeschwindigkeit. Innerhalb eines Segmentes dürfen maximal 32 Teilnehmer betrieben werden.

Tabelle 1.1 Maximale Segmentlänge in Abhängigkeit der Baudrate

Baudrate (kBit/s)	9,6–187,5	500	1.500	12.000
Segmentlänge (m)	1.000	400	200	100

Die Angaben zur maximalen Segmentlänge in Tabelle 1.1 beziehen sich auf den in der PROFIBUS-Norm spezifizierten und in Tabelle 1.2 dargestellten Kabeltyp A mit folgenden Parametern:

Tabelle 1.2 Spezifikation des PROFIBUS-RS485-Kabels Typ A

Wellenwiderstand	135 bis 165 Ω, bei einer Messfrequenz von 3 bis 20 MHz
Kabelkapazität	< 30 pF pro Meter
Aderquerschnitt	> 0,34 mm², entspricht AWG 22
Kabeltyp	paarweise verdrillt, 1 × 2 oder 2 × 2 oder 1 × 4 Leiter
Schleifenwiderstand	< 110 Ω pro km
Signaldämpfung	max. 9 dB über die ganze Länge des Leitungsabschnittes
Abschirmung	Kupfer-Geflechtschirm oder Geflechtschirm und Folienschirm

1 Grundlagen zum PROFIBUS

Busanschluss

Als Standard für die Verbindung der Busteilnehmer über die Busleitung wird in der PROFIBUS-Norm EN 50170 ein 9-poliger D-Sub-Stecker, wie in Tabelle 1.3 dargestellt, empfohlen. Der D-Sub-Steckverbinder mit den Buchsen-Kontakten befindet sich hierbei am Busteilnehmer und der D-Sub-Steckverbinder mit den Stift-Kontakten am Buskabel.

Die fett dargestellten Signale sind Mandatory-Signale und müssen zur Verfügung stehen.

Tabelle 1.3 Kontaktbelegung des 9-poligen D-Sub-Steckers.

Ansicht	Pin-Nr.	Signalname	Bezeichnung
	1	SHIELD	Schirm bzw. Funktionserde
	2	M24	Masse der 24 V-Ausgangsspannung (Hilfsenergie)
	3	**RxD/TxD-P**	**Empfangs-/Sendedaten-Plus B-Leitung**
	4	CNTR-P	Signal für Richtungssteuerung-P
	5	**DGND**	**Datenbezugspotential (Ground)**
	6	**VP**	**Versorgungsspannung-Plus**
	7	P24	24V-Plus der Ausgangsspannung (Hilfsenergie)
	8	**RxD/TxD-N**	**Empfangs-/Sendedaten-Minus A-Leitung**
	9	CNTR-N	Signal für Richtungssteuerung-N

Busabschluss

In Ergänzung zum beidseitigen Busleitungsabschluss der Datenleitungen A und B des EIA-RS485-Standards besteht der PROFIBUS-Leitungsabschluss zusätzlich aus einem Pulldown-Widerstand gegen das Datenbezugspotential DGND und einem Pullup-Widerstand gegen die Versorgungsspannung-Plus VP (siehe auch Bild 1.3). Durch diese beiden Widerstände wird ein definiertes Ruhepotential auf der Busleitung sichergestellt, wenn kein Teilnehmer sendet (Ruhezustand zwischen den Telegrammen). Die benötigten Busleitungsabschlusskombinationen sind in fast allen Standard-PROFIBUS-Busanschlusssteckern vorhanden und müssen lediglich durch Einlegen von Brücken oder Schaltern aktiviert werden.

Wird das Bussystem mit Übertragungsgeschwindigkeiten > 1.500 kBit/s betrieben, so müssen aufgrund der kapazitiven Last der angeschlossenen Teilnehmer und der dadurch hervorgerufenen Leitungsreflexionen Busanschlussstecker mit zusätzlichen Längsinduktivitäten eingesetzt werden (Bild 1.6).

1.3 PROFIBUS-Layer

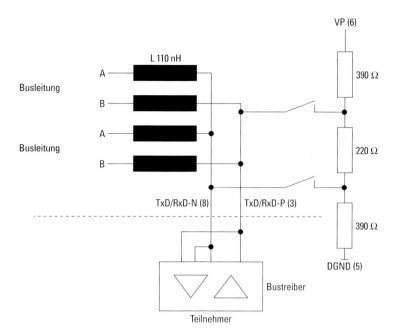

Bild 1.6
Aufbau des Bussteckers und Busabschlusses für Übertragungsgeschwindigkeiten > 1.500 kBit/s.

1.3.2 Physical-Layer (Layer 1) für DP/FMS (Lichtwellenleiter)

Eine weitere Ausführung des PROFIBUS-Layer 1, nach Richtline der PNO (*Profibus Nutzer Organisation*), „Optische Übertragungstechnik für PROFIBUS, Version 1.1 von 07.1993" [9], ist die optische Datenübertragung mit Hilfe von Lichtwellenleitern. Durch den Einsatz von LWL-Technik (*LichtWellenLeiter*) ist es möglich, Ausdehnungen bis zu 15 km zwischen den Teilnehmern innerhalb einer PROFIBUS-Anlage zu erreichen. LWL-Technik ist unempfindlich gegen elektromagnetische Störungen und stellt immer eine Potentialtrennung zwischen einzelnen Busteilnehmern sicher. Durch die immer einfacher gewordene Anschlusstechnik der LWL-Leiter, speziell bei Plastik-LWL über sehr einfach montierbare Simplexstecker, kommt diese Technik im Feld immer mehr zum Einsatz.

Busleitung

Als Übertragungsmedium werden Lichtwellenleiter mit Glas- oder Plastikfasern eingesetzt. Abhängig vom eingesetzten Leitungstyp sind derzeit bei Glasfasern Verbindungslängen bis zu 15 km und bei Plastikfasern bis zu 80 m möglich.

1 Grundlagen zum PROFIBUS

Busanschluss

Zum Anschluss der Busteilnehmer an das LWL-Medium gibt es verschiedene Anschlusstechniken.

▷ OLM-Technik (*Optical Link Module*).
Ähnlich wie beim RS485-Repeater verfügen die OLMs über zwei funktionell entkoppelte elektrische Kanäle und je nach Ausführung über einen oder zwei optische Kanäle. Die OLMs sind über eine RS485-Leitung mit den einzelnen Busteilnehmern oder dem Bussegment verbunden (Bild 1.7).

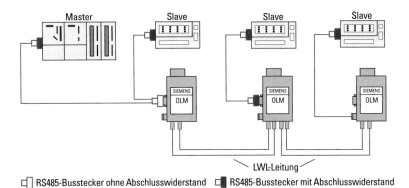

⊏▯ RS485-Busstecker ohne Abschlusswiderstand   ⊏▮ RS485-Busstecker mit Abschlusswiderstand

Bild 1.7 Beispiel einer Buskonfiguration mit OLM-Technik

▷ OLP-Technik (*Optical Link Plug*).
Mit OLPs lassen sich sehr einfach passive Busteilnehmer (Slaves) über einen optischen Einfaserring miteinander verbinden. Die OLPs werden direkt auf den 9-poligen D-Sub-Stecker des Busteilnehmers aufgesteckt. Der OLP wird vom Busteilnehmer mit Energie versorgt und benötigt dadurch keine eigene Spannungsversorgung. Es muss jedoch sicher-

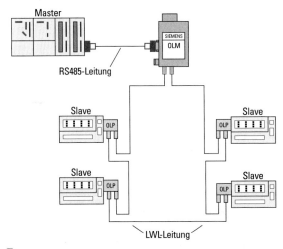

⊏▮ RS485-Busstecker mit Abschlußwiderstand

Bild 1.8
Optischer Einfaserring mit OLP-Technik.

gestellt sein, dass der +5-V-Teil der RS485-Schnittstelle des Busteilnehmers mindestens einen Strom von 80 mA zur Verfügung stellen kann. Wie aus Bild 1.8 ersichtlich ist, wird zum Anschluss des aktiven Busteilnehmers (Master) an einen OLP-Ring immer ein OLM benötigt.

▷ Integrierter LWL-Anschluss.
Direkter Anschluss von PROFIBUS-Teilnehmern an das LWL-Medium mit im Gerät integrierter LWL-Anschlusstechnik.

1.3.3 Physical-Layer (Layer 1) für PA

Bei PROFIBUS-PA kommt die Übertragungstechnik nach IEC 1158-2 zum Einsatz. Diese Technik ermöglicht die Eigensicherheit und Busspeisung der Feldgeräte direkt über die Busleitung. Zur Datenübertragung kommt ein bitsynchrones, manchestercodiertes Leitungsprotokoll mit gleichstromfreier Übertragung (auch als H1 bezeichnet) zum Einsatz. Bei der manchestercodierten Datenübertragung wird eine binäre „0" als Flankenwechsel von 0 nach 1 und eine binäre „1" als Flankenwechsel von 1 nach 0 übertragen. Mit einem Aufmodulieren von +/− 9 mA auf den Grundstrom des Bussystems I_B, werden die Daten übertragen (Bild 1.9). Die Übertragungsgeschwindigkeit beträgt 31,25 kBit/s. Als Übertragungsmedium kommt eine verdrillte geschirmte oder ungeschirmte Leitung zum Einsatz. Die Busleitung ist, wie aus Bild 1.10 ersichtlich, an den Segmentenden mit einem passiven Leitungsabschluss, in Form eines RC-Glieds, abgeschlossen. An einem PA-Bussegment sind maximal 32 Busteilnehmer anschließbar. Die maximale Segmentlänge ist stark abhängig vom eingesetzten Speisegerät, dem Leitungstyp und dem Stromverbrauch der angeschlossenen Busteilnehmer.

Busleitung

Als Übertragungsmedium ist bei PROFIBUS-PA ein 2-adriges Kabel vorgeschrieben, bei dem die technischen Daten nicht festgelegt/genormt sind. Die Eigenschaften des Buskabel-Typs bestimmen die Größe der maximalen Busausdehnung, die anschließbare Busteilnehmeranzahl und die Empfindlichkeit gegen elektromagnetische Störungen. Aus

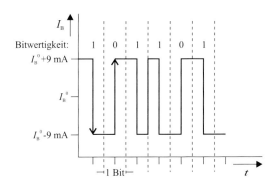

Bild 1.9
Datenübertragung bei PROFIBUS-PA durch Strommodulation (Manchester-II-Code)

1 Grundlagen zum PROFIBUS

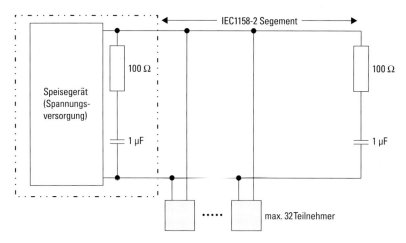

Bild 1.10 Aufbau eines PA-Bussegmentes

diesem Grund wurden für einige Standard-Kabeltypen die elektrischen und mechanischen Eigenschaften festgelegt. In der DIN 61158-2 sind für den Einsatz vier Standardkabeltypen, genannt Typ A ... D, für PROFIBUS-PA vorgeschlagenen (Tabelle 1.4).

Tabelle 1.4 Vorgeschlagene Kabeltypen für PROFIBUS-PA

	Typ A (Referenz)	Typ B	Typ C	Typ D
Kabelaufbau	verdrilltes Adernpaar, geschirmt	Ein oder mehrere verdrillte Paare, Gesamtschirm	Mehrere verdrillte Paare, nicht geschirmt	Mehrere nicht-verdrillte Paare, nicht geschirmt
Adernquerschnitt (nominell)	0,8 mm^2 (AWG 18)	0,32 mm^2 (AWG 22)	0,13 mm^2 (AWG 26)	1,25 mm^2 (AWG 16)
Schleifenwiderstand (Gleichstrom)	44 Ω/km	112 Ω/km	264 Ω/km	40 Ω/km
Wellenwiderstand bei 31.25 kHz	100 Ω ± 20 %	100 Ω ± 30 %	**	**
Wellendämpfung bei 39 kHz	3 dB/km	5 dB/km	8 dB/km	8 dB/km
Kapazitive Unsymmetrie	2 nF/km	2 nF/km	**	**
Gruppenlaufzeitverzerrung (7, 9 ... 39 kHz)	1.7 µs/km	**	**	**
Bedeckungsgrad des Schirms	90 %	**	–	–
Empfohlene Netzwerkausdehnung (incl. Stichleitungen)	1900 m	1200 m	400 m	200 m

** nicht spezifiziert

1.3.4 Fieldbus Data Link (Layer 2)

Nach dem OSI-Referenzmodell sind in der zweiten Layer die Funktionen der Buszugriffssteuerung (Abschnitt 1.2), die Datensicherung sowie die Abwicklung der Übertragungsprotokolle und der Telegramme realisiert. Die Layer 2 wird bei PROFIBUS als FDL-Layer (*Fieldbus Data Link*) bezeichnet.

Die Layer-2-Telegrammformate (Bild 1.11) ermöglichen eine große Übertragungssicherheit. Die Aufruftelegramme weisen einen Hamming-Abstand von HD (*Hamming Distance*) = 4 auf. Bei einer HD = 4 werden bis zu drei gleichzeitig verfälschte Bits im Datentelegramm erkannt. Dies wird durch die Anwendung der Vorschriften der internationalen Norm IEC 870-5-1 durch Auswahl von besonderen Start- und Endezeichen der Telegramme, durch eine schlupffeste Synchronisierung, Paritätsbit und Kontrollbyte erreicht. Folgende Fehler werden hierbei erkannt:

▷ Zeichenformatfehler (Parität, Overrun, Framing-Error)

▷ Protokoll-Fehler

▷ Start- und End-Delimiter-Fehler

▷ Frame-Check-Byte-Fehler

▷ Telegrammlängen-Fehler

Telegramme, bei denen ein Fehler erkannt wurde, werden automatisch mindestens einmal wiederholt. Es besteht die Möglichkeit, diese innerhalb der Layer 2 laufenden Telegrammwiederholungen auf bis zu 8 Wiederholungen (Busparameter „Retry") einzustellen. Die Layer 2 ermöglicht neben der logischen Punkt-zu-Punkt-Datenübertragung auch Mehrpunktübertragung mit Broadcast- und Multicast-Kommunikation.

Bei Broadcast-Kommunikation sendet ein aktiver Teilnehmer eine Nachricht an alle anderen Teilnehmer (Master und Slaves). Der Empfang der Daten wird nicht quittiert.

Bei Multicast-Kommunikation sendet ein aktiver Teilnehmer eine Nachricht an eine Gruppe von Teilnehmern (Master und Slaves). Der Empfang der Daten wird nicht quittiert.

Die im Layer 2 angebotenen Datendienste sind in Tabelle 1.5 aufgelistet.

Tabelle 1.5 Die PROFIBUS-Übertragungsdienste

Dienst	Funktion	DP	PA	FMS
SDA	Send Data with Acknowledge Daten senden mit Quittung			×
SRD	Send and Request Data with Acknowledege Daten senden und empfangen mit Quittung	×	×	×
SDN	Send Data with No Acknowledge Daten senden unquittiert	×	×	×
CSRD	Cyclic Send and Request Data with reply Zyklisches Senden und Empfangen mit Quittung			×

Format mit fester Informationsfeldlänge

Format mit fester Informationsfeldlänge mit Daten

Format mit variabler Informationsfeldlänge

Kurzquittung

SC

Token-Telegramm

SD4	DA	SA

L		Informationsfeldlänge
SC (Single Character)		Einzelzeichen, wird nur für Quittung eingesetzt
SD1 (Start Delimiter) bis SD4		Startbyte unterscheidet verschiedene Telegrammformate
LE/LEr (LEngth)		Längenbyte gibt die Länge des Informationsfeldes bei Telegrammen mit variabler Länge an
DA (Destination Adress)		Zieladressbyte gibt den Empfänger der Nachricht an
SA (Source Adress)		Quelladressbyte gibt den Sender der Nachricht an
FC (Frame Control)		Kontrollbyte enthält Informationen über den Dienst zu dieser Nachricht und die Nachrichtenpriorität
Data Unit		Datenfeld enthält neben einer möglichen Adresserweiterung die Nutzinformation eines Telegramms
FCS (Frame Check Sequence)		Prüfbyte enthält eine Telegrammprüfsumme, die durch eine „Und"-Verknüpfung ohne Carry-Bit über alle Telegrammelemente gebildet wird
ED (End Delimiter)		Endebyte zeigt das Ende eines Telegramms an

Bild 1.11 PROFIBUS-Telegrammformate

Bei PROFIBUS-DP und -PA wird jeweils ein spezifischer Subset der Layer-2-Dienste verwendet. So benutzt z. B. PROFIBUS-DP ausschließlich die Dienste SRD und SDN.

Die Dienste werden über die Dienstzugangspunkte, den SAPs (*Service Access Point*), der Layer 2 von den übergeordneten Layer aufgerufen. Bei PROFIBUS-FMS werden diese Dienstzugangspunkte für die Adressierung der logischen Kommunikationsbeziehungen benutzt. Bei PROFIBUS-DP und -PA ist jedem verwendeten Dienstzugangspunkt eine genau festgelegte Funktion zugeordnet. Bei allen aktiven und passiven Teilnehmern können mehrere Dienstzugangspunkte parallel benutzt werden. Es wird zwischen Quell-

Dienstzugangspunkten SSAP (*Source Service Access Point*) und Ziel-Dienstzugangspunkten DSAP (*Destination Service Access Point*) unterschieden.

1.3.5 Application Layer (Layer 7)

Die Layer 7 des ISO/OSI-Referenzmodells stellt die für den Anwender nutzbaren Kommunikationsdienste zur Verfügung. Diese Anwendungsschicht besteht beim PROFIBUS aus der FMS (*Fieldbus Message Specification*) und der LLI-Schnittstelle (*Lower Layer Interface*).

FMS-Profile

Um die FMS-Kommunikationsdienste auf den tatsächlich benötigten Funktionsumfang der konkreten Anforderungen abzustimmen und anwendungsspezifische Vereinbarungen für die Gerätefunktionen zu treffen, wurden durch die PNO FMS-Profile definiert. Diese FMS-Profile stellen sicher, dass Geräte unterschiedlicher Hersteller auch dieselbe Kommunikationsfunktionalität besitzen. Für FMS wurden bisher folgende Profile definiert:

Kommunikation zwischen Controllern (3.002)

Dieses Kommunikationsprofil legt fest, welche FMS-Dienste für die Kommunikation zwischen SPS-Steuerungen verwendet werden. Anhand von klar definierten Controller-Klassen werden die Dienste, Parameter und Datentypen festgelegt, die jede SPS unterstützen muss.

Profil für die Gebäudeautomation (3.011)

Dieses Profil ist ein Branchenprofil und Basis für viele öffentliche Ausschreibungen in der Gebäudeautomation. Es beschreibt, wie die Überwachung, Steuerung, Regelung, Bedienung, Alarmbehandlung und Archivierung der Gebäudeautomatisierungssysteme über FMS erfolgen.

Niederspannungsschaltgeräte (3.032)

Dieses Profil ist ein branchenorientiertes FMS-Anwendungsprofil. Es legt das Anwendungsverhalten der Niederspannungsschaltgeräte bei der Kommunikation über FMS fest.

DP-User-Interface und DP-Profile

PROFIBUS-DP verwendet nur die Layer 1 und 2. Durch das User Interface sind die nutzbaren Anwendungsfunktionen sowie das System- und Geräteverhalten der verschiedenen PROFIBUS-DP-Gerätetypen festgelegt.

Das PROFIBUS-DP-Protokoll definiert ausschließlich, wie die Nutzdaten zwischen den Teilnehmern über den Bus übertragen werden. Eine Auswertung der übertragenen Nutzdaten durch das Übertragungsprotokoll findet nicht statt. Die Bedeutung der Nutzdaten wird erst durch die DP-Profile festgelegt. Durch die genau festgelegten anwendungsbezogenen Parameter sind durch den Einsatz der Profile einzelne Komponenten unterschiedlicher Hersteller problemlos austauschbar. Folgende PROFIBUS-DP Profile wurden bisher festgelegt:

Profil für NC/RC (3.052)

Das Profil beschreibt, wie Handhabungs- und Montageroboter über PROFIBUS-DP gesteuert werden. Anhand konkreter Ablaufdiagramme ist die Bewegungs- und Programmsteuerung der Roboter aus der Sicht der überlagerten Automatisierungseinrichtung beschrieben.

Profil für Encoder (3.062)

Das Profil beschreibt die Ankopplung von Dreh-, Winkel- und Linear-Encodern mit Singleturn- oder Multiturn-Auflösung an PROFIBUS-DP. Zwei Geräteklassen definieren Basisfunktionen und Zusatzfunktionen, wie z. B. Skalierung, Alarmbehandlung und erweiterte Diagnose.

Profil für drehzahlveränderbare Antriebe (3.072)

Die führenden Hersteller der Antriebstechnik haben gemeinsam das PROFIDRIVE-Profil erarbeitet. Das Profil legt fest, wie die Antriebe parametriert und die Soll- und Istwerte übertragen werden. Dadurch wird die Austauschbarkeit von Antrieben verschiedener Hersteller ermöglicht.

Das Profil beinhaltet die notwendigen Festlegungen für die Betriebsart Drehzahlregelung und Positionierung. Es legt die grundsätzlichen Antriebsfunktionen fest und lässt genügend Freiraum für anwendungsspezifische Erweiterungen und Weiterentwicklungen. Das Profil beinhaltet eine Abbildung der Anwendungsfunktionen auf DP oder alternativ auch auf FMS.

Profil für Bedienen und Beobachten, HMI (Human Machine Interface) (3.082)

Das Profil für einfache Bedien- und Beobachtungsgeräte (HMI) legt die Ankopplung dieser Geräte über PROFIBUS-DP an überlagerte Automatisierungskomponenten fest. Das Profil nutzt für die Kommunikation die erweiterten PROFIBUS-DP Funktionen.

Profil für fehlersichere Datenübertragung mit PROFIBUS-DP (3.092)

In diesem Profil sind zusätzliche Datensicherheitsmechanismen für die Kommunikation mit fehlersicheren Komponenten, wie z.B. Not-AUS festgelegt. Der hier spezifizierte Sicherheitsmechanismus wurde von TÜV und BIA abgenommen.

1.4 Bustopologie

1.4.1 RS485-Technik

Topologisch besteht ein PROFIBUS-System aus einer beidseitig aktiv abgeschlossenen Linien-Busstruktur, die auch als RS485-Bussegment bezeichnet wird. An ein Bussegment können nach dem RS485-Standard bis zu 32 RS485-Teilnehmer angeschlossen werden. Jeder am Bus angeschlosse Teilnehmer, egal ob Master oder Slave, stellt eine RS485-Stromlast dar.

RS485 ist die preiswerteste und auch die am häufigsten eingesetzte Übertragungstechnik bei PROFIBUS.

Repeater

Sollen an einem PROFIBUS-System mehr als 32 Teilnehmer angeschlossen werden, muss mit mehreren Bussegmenten gearbeitet werden. Diese einzelnen Bussegmente mit jeweils maximal 32 Teilnehmern werden über Repeater (Leitungsverstärker) miteinander verbunden. Der Repeater verstärkt den Pegel des Übertragungssignales. Nach EN 50170 ist eine zeitliche Regeneration der Bitphasen innerhalb des Übertragungssignales (Signalauffrischung) durch den Repeater nicht vorgesehen. Durch die entstehende Verzerrung und Verzögerung der Bitsignale dürfen nach EN 50170 nur maximal drei Repeater, die als reine Leistungsverstärker arbeiten, in Reihe geschaltet werden. In der Praxis wurde jedoch bei den Repeater-Schaltungen eine Signalauffrischung realisiert. Die Anzahl der Repeater, die in Reihe geschaltet werden dürfen, ist damit repeater- und herstellerabhängig. So dürfen zum Beispiel bis zu 9 Repeater vom Typ 6ES7 972-0AA00-0XA0 der Firma Siemens hintereinander geschaltet werden.

Die maximal Entfernung zwischen zwei Busteilnehmern ist abhängig von der Baudrate. In Tabelle 1.6 sind die Werte für einen Repeater vom Typ 6ES7 972-0AA00-0XA0 angegeben.

Tabelle 1.6
Maximal mögliche Ausdehnung einer PROFIBUS-Konfiguration bei einer Reihenschaltung von 9 Repeatern, in Abhängigkeit von der Baudrate

Baudrate (kBit/s)	9,6–187,5	500	1.500	12.000
Gesamtlänge aller Segmente in m	10.000	4.000	2.000	1.000

1 Grundlagen zum PROFIBUS

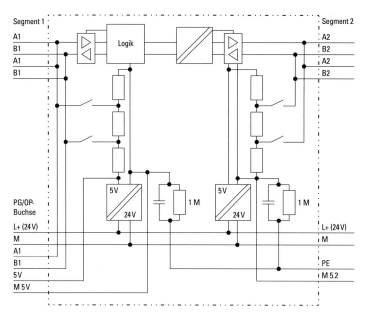

Bild 1.12 Prinzipschaltbild des RS485-Repeaters Typ 6ES7 972-0AA00-0XA0

Das Prinzipschaltbild, dargestellt im Bild 1.12, verdeutlicht die Eigenschaften des RS 485-Repeaters.

▷ Bussegment 1, PG/OP-Buchse und Bussegment 2 sind voneinander potentialgetrennt.

▷ Die Signale zwischen Bussegment 1, PG/OP-Buchse und Bussegment 2 werden verstärkt und aufgefrischt.

▷ Der Repeater besitzt für Bussegment 1 und 2 zuschaltbare Abschlusswiderstände

▷ Durch Auftrennen der Brücke M/PE kann der Repeater erdfrei betrieben werden

Nur durch den Einsatz von Repeatern kann die maximal mögliche Teilnehmerzahl bei einer PROFIBUS-Konfiguration erreicht werden. Des weiteren können Repeater auch zur Realisierung von Baum- und Stern-Busstrukturen eingesetzt werden. Auch ein erdfreier Aufbau (Trennung von Bussegmenten untereinander) ist mit Hilfe eines Repeaters und einer erdfreien 24-V-Stromversorgung möglich (Bild 1.13).

Auch ein Repeater stellt eine Last für die RS485-Schnittstelle dar. Je eingesetztem RS485-Repeater reduziert sich dadurch die Anzahl der maximal betreibbaren Busteilnehmer in einem Bussegment um 1. Befindet sich in einem Bussegment ein Repeater, so können nur noch maximal 31 weitere Busteilnehmer in diesem Bussegment betrieben werden. Die Zahl der Repeater in der Gesamtbuskonfiguration hat aber keine Auswirkung auf die maximale Anzahl der Busteilnehmer (ein Repeater belegt keine logische Busadresse).

Stichleitungen

Durch das direkte Aufstecken von Busteilnehmern, z.B. an den aufgesetzten 9-poligen D-Sub-Steckern der Busanschlussstecker, entstehen Stichleitungen an der Linienstruktur

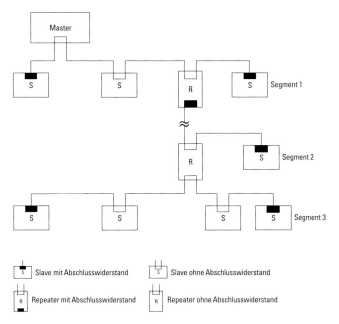

Bild 1.13 Buskonfiguration mit Repeater

des Bussystems. Nach EN 50170 sind bei einer Übertragungsgeschwindigkeit von 1.500 kBit/s Stichleitungen von < 6,6 m pro Segment zulässig. Im Regelfall jedoch sollten Stichleitungen bereits bei der Projektierung des Bussystems vermieden werden. Eine Ausnahme bilden hier Stichleitungen durch temporär angeschlossene Programmiergeräte oder Diagnosewerkzeuge. Stichleitungen können, je nach Zahl und Länge, Leitungsreflexionen verursachen und so zu Störungen des Telegrammverkehrs führen. Bei Übertragungsgeschwindigkeiten > 1.500 kBit/s sind Stichleitungen nicht zugelassen. Programmiergeräte und Diagnosewerkzeuge dürfen hier nur über „aktive" Busanschlussleitungen an den Bus angeschlossen werden.

1.4.2 LWL-Technik

Bei Einsatz von LWL-Technik gibt es zu den bereits bekannten Busstrukturen, wie Linie, Baum oder Stern, noch eine weitere Variante, die Ringstruktur. Mit den OLMs lassen sich sowohl Einfaserringe als auch redundante optische Zweifaserringe realisieren (Bild 1.14). Beim Einfaserringe sind die OLMs durch Simplex-LWL-Leiter miteinander verbunden. Kommt es zu einer Störung, wie z. B. Unterbrechung der LWL-Leitung oder Ausfall eines OLMs, ist der komplette Ring gestört. Bei einem redundanten LWL-Ring können die über je zwei Duplex-LWL-Leiter miteinander verbundenen OLMs die Unterbrechung einer LWL-Strecke erkennen und konfigurieren (schalten) selbständig das Bussystem in eine Linien-Struktur um. Störungen der Übertragungsstrecke werden über entsprechende Meldekontakte gemeldet und können weiterverarbeitet werden. Sobald die Unterbrechung der einen LWL-Strecke wieder behoben ist, konfiguriert sich das Bussystem wieder in einen redundanten Ring um.

1 Grundlagen zum PROFIBUS

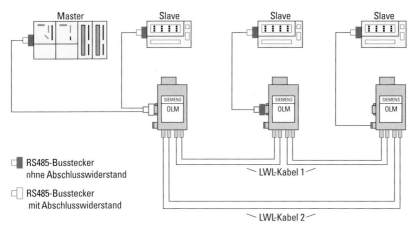

Bild 1.14 Redundanter Zweifaserring

1.4.3 Technik nach IEC 1158-2 (PROFIBUS-PA)

Mit PROFIBUS-PA lassen sich Linien-, Baum- und Stern-Busstrukturen im einzelnen oder auch kombiniert realisieren. Die Anzahl der an einem Bussegment betreibbaren Busteilnehmer ist abhängig von der eingesetzten Spannungsversorgung, der Stromaufnahme der Busteilnehmer, dem eingesetzten Buskabel und der Ausdehnung des Bussystems. An einem Bussegment können bis zu 32 Teilnehmer angeschlossen werden. Um die Anlagenverfügbarkeit zu erhöhen, ist es möglich, Bussegmente redundant auszuführen. Der Anschluss (Verbindung) eines PA-Bussegmentes an ein PROFIBUS-DP-Bussegment erfolgt mit Hilfe eines Segmentkopplers (Bild 1.15) oder eines DP/PA-Link.

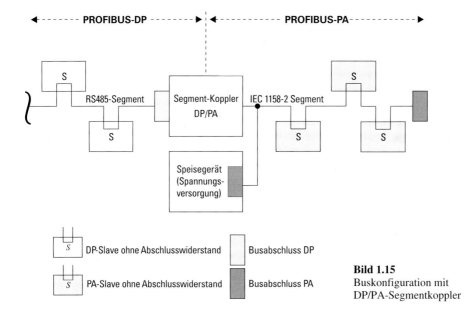

Bild 1.15 Buskonfiguration mit DP/PA-Segmentkoppler

1.5 Buszugriffssteuerung beim PROFIBUS

Die Buszugriffssteuerung des PROFIBUS erfüllt zwei wesentliche Forderungen aus dem verfahrens- und fertigungstechnischen Anwendungsbereich der Feldbusse. Einerseits ist für die Kommunikation zwischen gleichberechtigten Automatisierungsgeräten oder PCs sicherzustellen, dass jeder Busteilnehmer innerhalb eines definierten Zeitfensters ausreichend Gelegenheit für die Abwicklung seiner Kommunikationsaufgabe erhält. Andererseits wird für den Datenaustausch zwischen einem komplexen Automatisierungsgerät oder einem PC und einer einfachen dezentralen Prozessperipherie ein schneller Datenaustausch mit einem möglichst geringen Protokollaufwand gefordert.

Dies wird durch die hybrid aufgebaute Buszugriffssteuerung, bestehend aus einem dezentralen *Token-Passing*-Verfahren zwischen den *aktiven* Busteilnehmern (Master) und einem zentralen *Master-Slave*-Verfahren für den Datenaustausch zwischen den *aktiven* und den *passiven* Busteilnehmern, beim PROFIBUS erreicht.

Ein aktiver Busteilnehmer, der im Besitz des Token ist, übernimmt in dieser Zeit die Masterfunktion am Bus, um mit passiven sowie aktiven Busteilnehmern zu kommunizieren. Der Austausch von Nachrichten am Bus erfolgt hierbei über eine Teilnehmeradressierung. Jedem PROFIBUS-Teilnehmer ist eine busweit eindeutige Adresse zugewiesen. Der maximal nutzbare Adressbereich innerhalb eines Bussystems liegt zwischen den Adressen 0 und 126. Damit liegt die maximale Teilnehmeranzahl innerhalb eines Gesamt-Bussystems bei 127 Teilnehmern.

Mit dieser Buszugriffsteuerung können folgende Systemkonfigurationen realisiert werden:

▷ Reines Master-Master-System (Token-Passing).

▷ Reines Master-Slave-System (Master-Slave)

▷ Eine Kombination aus beiden Verfahren.

Das Buszugriffsverfahren ist bei PROFIBUS unabhängig vom eingesetzten Übertragungsmedium, z. B. Kupfer oder LWL, und entspricht dem in der EN 50170, Volume 2, festgelegten „Token-Bus-Verfahren" und dem „Master-Slave-Verfahren".

1.5.1 Token-Bus-Verfahren

Die am PROFIBUS angeschlossenen aktiven Busteilnehmer bilden in numerisch aufsteigender Reihenfolge ihrer Busadresse einen logischen *Token-Ring* (Bild 1.16). Unter einem Token-Ring ist hierbei eine organisatorische Aneinanderreihung von aktiven Teilnehmern zu verstehen, in der ein Token immer von einem Teilnehmer zum nächsten weitergereicht wird. Das Token und damit das Recht, auf das Übertragungsmedium zuzugreifen, wird hierbei über ein spezielles Token-Telegramm zwischen den aktiven Busteilnehmern weitergegeben. Eine Ausnahme bildet der aktive Teilnehmer mit der höchsten am Bus vorhandenen Busadresse HSA (*H*ighest *S*tation *A*ddress). Dieser gibt das Token ausschließlich an den aktiven Teilnehmer mit der niedrigsten Busadresse weiter, um den logischen Token-Ring wieder zu schließen.

Die Zeit für das einmalige Rotieren des Token über alle aktiven Busteilnehmer wird als Token-Umlaufzeit bezeichnet. Mit Hilfe der einstellbaren Token-Soll-Umlaufzeit Ttr (*T*ime *T*arget *R*otation) wird die maximal erlaubte Zeit des Feldbussystems für einen Token-Umlauf festgelegt.

Mit den aktiven Teilnehmern etabliert die Buszugriffssteuerung, auch Medium-Access-Control (MAC) genannt, in der Bus-Initialisierungs- und Hochlaufphase den Token-Ring. Hierzu werden von der Buszugriffsteuerung für die Tokenverwaltung selbständig die Adressen aller am Bus vorhandenen aktiven Busteilnehmer ermittelt und mit der eigenen Teilnehmeradresse in die LAS (*L*ist of *A*ctive *S*tations) eingetragen. Für die Tokenverwaltung sind hierbei besonders die Adressen der Vorgänger-Station PS (*P*revious *S*tation), von der das Token empfangen wird, und der Nachfolger-Station NS (*N*ext *S*tation), an die das Token wieder abgegeben wird wichtig. Außerdem wird die LAS auch benötigt, um im laufenden Betrieb einen ausgefallenen oder defekten *aktiven* Teilnehmer aus dem Ring auszutragen bzw. einen neu hinzukommenden Teilnehmer aufzunehmen, ohne den laufenden Datenaustausch am Bus zu stören.

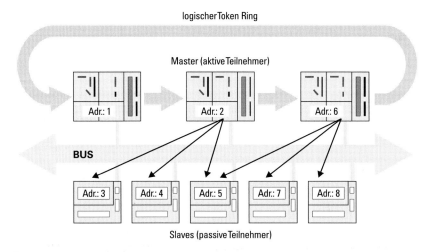

Bild 1.16 Token-Bus-Verfahren

1.5.2 Master-Slave-Verfahren

Besteht ein logischer Token-Ring nur aus einem aktiven Teilnehmer und befinden sich am Bus mehrere passive Teilnehmer, dann entspricht dies einem reinem Master-Slave-System (Bild 1.17).

Das Master-Slave-Verfahren ermöglicht es dem Master (aktiver Teilnehmer), der gerade die Sendeberechtigung besitzt, die ihm zugeordneten Slave-Geräte (passive Teilnehmer) anzusprechen. Der Master hat hierbei die Möglichkeit, Nachrichten an die Slaves zu übermitteln bzw. Nachrichten von den Slaves abzuholen.

Die typische Standard PROFIBUS-DP-Buskonfiguration basiert auf diesem Buszugriffsverfahren. Eine aktive Station (DP-Master) tauscht in zyklischer Reihenfolge Daten mit den passiven Stationen (DP-Slaves) aus.

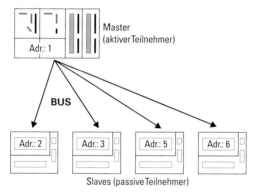

Bild 1.17   Master-Slave-Verfahren

1.6 Busparameter

Eine einwandfreie Funktion eines PROFIBUS-Netzes ist nur dann gewährleistet, wenn die eingestellten Busparameter aufeinander abgestimmt sind. Die an einem Teilnehmer parametrierten Busparameter müssen auch an jedem anderen Teilnehmer dieses Netzes eingestellt werden, so dass diese im gesamten PROFIBUS-Netz identisch sind. Generell sind die Busparameter von der gewählten Baudrate abhängig und werden vom jeweiligen Projektierungswerkzeug vorgegeben. Eine Änderung dieser Parametersätze sollte nur von erfahrenem Personal durchgeführt werden. Die wichtigsten Busparameter und ihre Bedeutung:

Ttr: Die Soll-Token-Umlaufzeit (*Target-Rotation-Time*) ist die maximal zur Verfügung gestellte Zeit für einen Tokenumlauf aller Busteilnehmer. In dieser Zeit bekommen alle aktiven Teilnehmer einmal das Recht (Token), Daten auf den PROFIBUS zu senden. Die Differenz zwischen der Soll-Token-Umlaufzeit und der realen Token-Haltezeit eines Teilnehmers bestimmt, wie viel Zeit den anderen aktiven Teilnehmer für das Senden von Telegrammen noch zur Verfügung steht.

GAP-Faktor: Der GAP-Faktor (GAP = Lücke) legt fest, nach wie vielen Token-Umläufen versucht wird einen neuen, aktiven Teilnehmer in den logischen Token-Ring aufzunehmen.

RETRY-Limit: Mit dem RETRY-Limit wird festgelegt, wie oft ein Telegramm nach fehlerhafter Quittung oder Timeout maximal wiederholt wird.

Min_TSDR: Die minimale Protokoll-Bearbeitungszeit (*min. station delay responder*) ist die Zeit, die ein passiver Teilnehmer mindestens warten muss um auf ein Telegramm antworten zu dürfen.

Max_TSDR: Die maximale Protokoll-Bearbeitungszeit (*max. station delay responder*) ist die Zeit, die ein passiver Teilnehmer maximal benötigen darf um auf ein Telegramm zu antworten.

Tslot: Die Warte-auf-Empfang-Zeit (*slot time*) legt fest, wie lange der Sender maximal auf eine Antwort vom angesprochenen Teilnehmer wartet.

Tset: Die Auslösezeit (*setup time*) ist die Zeitspanne, die zwischen dem Empfang eines Telegramms und der Reaktion darauf im Teilnehmer ablaufen darf.

Tqui: Die Modulator-Ausklingzeit (*Quiet-Time for Modulator*) beschreibt, wie lange ein sendender Teilnehmer nach dem Sendetelegrammende für das Umstellen auf Empfangen benötigen darf.

Tid1: Die Ruhezustandzeit 1 (idle time 1) legt fest, nach welcher Zeit ein sendender Teilnehmer nach dem Empfang einer Antwort frühesten wieder ein Telegramm senden darf.

Tid2: Die Ruhezustandszeit 2 (*idle time 2*) ist die Zeit, die ein Teilnehmer nach dem Senden eines unquittierten Telegramms (Broadcast) warten muss um ein weiteres Telegramm zu versenden.

Trdy: Die Bereitschaftszeit (*ready-time*) beschreibt, nach welcher Zeit ein sendender Teilnehmer ein Antworttelegramm empfangen kann.

Alle Busparameter beschreiben somit Zeiten, die exakt aufeinander abgestimmt werden müssen. Die Einheit für die Angabe dieser Busparameter ist tBIT (*time_Bit*). Ein tBIT ist die Buslaufzeit für ein Bit und wird auch Bitlaufzeit genannt. Diese Zeit ist abhängig von der Baudrate und errechnet sich wie folgt:

$tBIT = 1 /$ Baudrate (bit/s)

Beispielsweise ist für eine Baudrate von 12 MBit/s die Bitlaufzeit 83 ns oder für eine Baudrate von 1,5 MBit/s ist die Bitlaufzeit 667 ns.

2 Gerätetypen und Datenaustausch bei PROFIBUS-DP

Einführung

PROFIBUS-DP erfüllt die hohen zeitlichen Anforderungen für den Datenaustausch im Bereich der dezentralen Peripherie und der Feldgeräte. Die typische DP-Konfiguration besitzt eine Mono-Master-Struktur (Bild 2.1). Die Kommunikation zwischen dem DP-Master und den DP-Slaves erfolgt nach dem Master-Slave-Prinzip. Das bedeutet, die DP-Slaves dürfen nur auf Anforderung des Masters hin am Bus aktiv werden. Die DP-Slaves werden hierzu innerhalb einer Aufrufliste (Polling-Liste) vom DP-Master nacheinander angesprochen. Die Nutzdaten zwischen dem DP-Master und den DP-Slaves werden ohne Berücksichtigung des Inhaltes der Nutzdaten ständig (zyklisch) ausgetauscht. Das Bild 2.2 zeigt die prinzipielle Abarbeitung der Polling-Liste im DP-Master. Ein Nachrichtenzyklus zwischen dem DP-Master und einem DP-Slave besteht aus einem Request-Frame (Aufruftelegramm) des DP-Masters und dem zugehörigen Acknowledgement- oder Response-Frame (Quittungs- oder Antworttelegramm) des DP-Slaves.

Durch die in der EN 50170 festgelegten Eigenschaften in Layer 1 und 2 der PROFIBUS-Teilnehmer, kann ein DP-System jederzeit auch eine Multimaster-Struktur aufweisen. In der Praxis kann das bedeuten, dass an einer Busleitung mehrere DP-Master-Stationen angeschlossen sind. Auch die Koexistenz von DP-Master/-Slaves, FMS-Master/-Slaves und weiteren aktiven oder passiven Busteilnehmern auf einer Busleitung ist möglich (Bild 2.3).

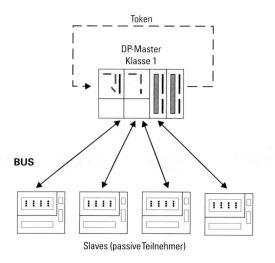

Bild 2.1 DP-Mono-Master-Struktur

2 Gerätetypen und Datenaustausch bei PROFIBUS-DP

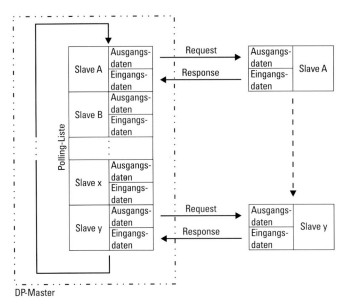

Bild 2.2   Abarbeitung der Polling-Liste im DP-Master

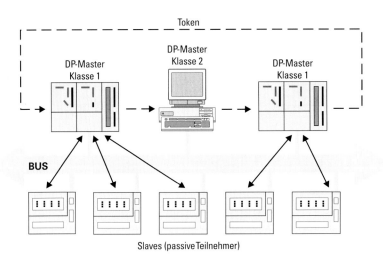

Bild 2.3   PROFIBUS-Multimaster-Struktur

2.1 Gerätetypen

2.1.1 DP-Master (Klasse 1)

Dieser DP-Master tauscht mit dem DP-Slave zyklisch Nutzdaten aus. Im einzelnen hat er Aufgaben, die mit folgenden Protokollfunktionen ausgeführt werden:

- *Set_Prm* und *Chk_Cfg*

Durch die Parametrierung der DP-Slaves in der Anlauf-, Wiederanlauf- und Datentransferphase des DP-Systems werden busweite und spezifische DP-Slave-Parameterdaten übergeben. Bei der Konfigurierung werden die Anzahl der Ein- und Ausgangsdaten-Bytes für den jeweiligen DP-Slave festgelegt.

- *Data_Exchange*

Zyklischer Austausch der Ein- und Ausgangsdaten mit dem zugeordneten DP-Slave.

- *Slave_Diag*

In der Anlaufphase oder während des zyklischen Nutzdatenaustausches werden die Diagnoseinformationen vom DP-Slave gelesen.

- *Global_Control*

Über Steuerkommandos teilt der DP-Master den DP-Slaves seinen Betriebszustand mit. Weiterhin können Steuerkommandos zu einzelnen oder auch zu festgelegten Gruppen von DP-Slaves zum Synchronisieren der Ausgangs- und Eingangsdaten (Sync- und Freeze-Kommando) gesendet werden.

2.1.2 DP-Slave

Der DP-Slave tauscht nur mit dem DP-Master Nutzdaten aus, der ihn vorher parametriert und konfiguriert hat. Ein DP-Slave ist in der Lage, lokale Diagnose- oder Prozessereignisse an den DP-Master weiterzumelden.

2.1.3 DP-Master (Klasse 2)

Als DP-Master (Klasse 2) werden Programmier-, Diagnose- und Bus-Managementgeräte bezeichnet, die außer den bereits genannten DP-Master-Funktionen (Klasse 1) noch weitere spezielle Funktionen unterstützen. Diese sind:

- *RD_Inp* und *RD_Outp*

Die Ein- und Ausgangsdaten von DP-Slaves werden parallel zum Datenaustausch mit dem DP-Master (Klasse 1) gelesen.

- *Get_Cfg*

Mit dieser Funktion werden die aktuellen Konfigurationsdaten eines DP-Slaves ausgelesen.

- *Set_Slave_Add*

Diese Funktion ermöglicht es dem DP-Master, einem DP-Slave eine neue Busadresse zuzuweisen, soweit dieser dies unterstützt.

Des weiteren sind über den DP-Master (Klasse 2) noch eine Reihe von Kommunikationsfunktionen zum DP-Master (Klasse 1) möglich.

2.1.4 DP-Kombinationsgeräte

Eine Kombination zwischen den genannten DP-Gerätetypen innerhalb einer Baugruppe, DP-Master (Klasse 1) und (Klasse 2) sowie DP-Slave, ist möglich und in der Praxis auch realisiert. Typische Kombinationen sind zum Beispiel

- DP-Master (Klasse 1) mit DP-Master (Klasse 2)
- DP-Slave mit DP-Master (Klasse 1)

2.2 Datenaustausch zwischen den DP-Gerätetypen

2.2.1 DP-Kommunikationsbeziehungen und DP-Datenaustausch

Der Initiator eines Kommunikationsauftrages wird bei PROFIBUS-DP als Requester (Dienstanforderer) und der entsprechende Kommunikationspartner als Responder (Diensterbringer) bezeichnet. Alle Request-Telegramme (Aufruftelegramme) der DP-Master (Klasse 1) werden mit der Telegrammdienstklasse „high-prio" in Layer 2 abgewickelt. Die entsprechenden Response-Telegramme (Antworttelegramme) der DP-Slaves besitzen, mit einer Ausnahme, die Telegrammdienstklasse „low-prio" in Layer 2. Der DP- Slave hat die Möglichkeit, über einen einmaligen Wechsel der *Data_Exchange*-Response-Telegrammdienstklasse von „low-prio" auf „high-prio" dem DP-Master mitzuteilen, dass aktuelle Diagnose- oder Status-Meldungen/-Ereignisse vorliegen. Die Übertragung der Daten erfolgt verbindungslos über *one-to-one*- oder *one-to-many*-Verbindungen (nur Steuerkommandos und Querverkehr). In der Tabelle 2.1 sind die Kommunikationsmöglichkeiten, getrennt nach Requester- und Responder-Funktion, für die DP-Master und den DP-Slave aufgelistet.

Tabelle 2.1 Kommunikationsbeziehungen zwischen den DP-Gerätetypen

Funktion/Dienst (nach EN 50170)	DP-Slave		DP-Master (Klasse 1)		DP-Master (Klasse 2)		über SAP-Nummer	über layer 2 Dienst
	Requ	Resp	Requ	Resp	Requ	Resp		
Data_Exchange		M	M		O		Default-SAP	SRD
RD_Inp		M			O		56	SRD
RD_Outp		M			O		57	SRD
Slave_Diag		M	M		O		60	SRD
Set_Prm		M	M		O		61	SRD
Chk_Cfg		M	M		O		62	SRD
Get_Cfg		M			O		59	SRD
Global_Control		M	M		O		58	SRD
Set_Slave_Add		O			O		55	SRD
M-M-Kommunikation			O	O	O	O	54	SRD/SDN
DP-V1-Dienste		O	O		O		51/50	SRD

Requ = Requester, Resp = Responder, M = Mandatory Funktion, O = Optionale Funktion

2.2.2 Initialisierungsphase, Wiederanlauf und Nutzdatenverkehr

Wie aus Bild 2.4 zu entnehmen ist, muss der DP-Master den DP-Slave parametrieren und konfigurieren, bevor er mit dem DP-Slave Nutzdaten austauschen kann. Dies geschieht, indem als erstes geprüft wird, ob der DP-Slave sich am Bus meldet. Ist das der Fall, wird die Betriebsbereitschaft des DP-Slaves mit Hilfe der vom DP-Master angeforderten Diagnosedaten geprüft. Meldet sich der DP-Slave bereit für die Parametrierung, schickt ihm der DP-Master anschließend die Parametrierungs- und Konfigurierungsdaten. Nach nochmaliger Prüfung der Betriebsbereitschaft des DP-Slaves über die Diagnosedaten, tauscht der DP-Master mit dem DP-Slave zyklisch Nutzdaten aus.

Parametrierungsdaten (Set_Prm)

Über die Parametrierungsdaten werden dem DP-Slave wichtige lokale und globale Parameter, Eigenschaften und Funktionen mitgeteilt. Der Inhalt der Parametrierungsdaten wird mit dem Projektierungswerkzeug des DP-Masters festgelegt. Dies geschieht während der Projektierung des DP-Slaves, teilweise im direkten Dialog oder indirekt über den Zugriff auf vorhandene Parameter und DP-Slave-spezifische GSD-Daten (*Geräte Stamm Daten*) mit dem Projektierungswerkzeug. Der Aufbau des Parametrierungstelegramms besteht aus einem in der EN 50170 festgelegten Teil und, falls gewünscht bzw.

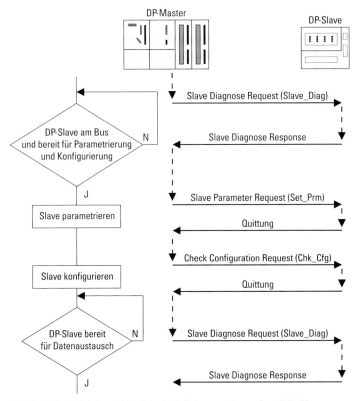

Bild 2.4 Prinzipieller Ablauf der Intialisierungsphase eines DP-Slaves

erforderlich, einem DP-Slave- und herstellerspezifischen Teil. Das Parametrierungstelegramm kann maximal eine Länge von 244 Bytes aufweisen. Die wichtigsten Inhalte des Parametrierungstelegramms sind:

- *Stations-Status*

Der Stations-Status beinhaltet Slave-spezifische Funktionen und Einstellungen. So wird hier z.B. festgelegt, ob die Ansprechüberwachung aktiviert werden soll. Es wird festgelegt, ob der Zugriff auf den DP-Slave durch andere DP-Master freigegeben oder gesperrt ist und – falls dies in der Projektierung vorgesehen wurde – ob bei diesem Slave mit Sync- oder Freeze-Steuerkommandos gearbeitet werden soll.

- *Watchdog*

Der Watchdog (Ansprechüberwachung) soll den Ausfall eines DP-Masters erkennen. Ist die Ansprechüberwachung aktiviert und erkennt der DP-Slave den Ausfall des DP-Masters, werden die lokalen Ausgangsdaten gelöscht bzw. in einen sicheren Zustand gebracht (Ausgabe von Ersatzwerten). Ein DP-Slave kann mit oder ohne Ansprechüberwachung am Bus betrieben werden. Das Projektierungswerkzeug schlägt anhand der Buskonfiguration und der eingestellten Übertragungsgeschwindigkeit eine Ansprechüberwachungszeit vor, die bei der Projektierung übernommen werden kann (siehe auch Busparameter).

- *Ident-Number*

Die Ident-Number des DP-Slaves wird von der PNO (*P*rofibus-*N*utzer-*O*rganisation) bei der Zertifizierung vergeben. Die Ident-Number des DP-Slaves ist in der GSD-Datei hinterlegt. Ein DP-Slave akzeptiert ein Parametriertelegramm nur, wenn die erhaltene Ident-Number mit der eigenen übereinstimmt. Hierdurch werden unbeabsichtigte Fehlparametrierungen verhindert.

- *Group-Ident*

Über den Group-Ident ist es möglich, DP-Slaves für die Steuerkommandos „Sync" und „Freeze" in Gruppen zusammenzufassen. Maximal sind 8 Gruppen möglich.

- *User-Prm-Data*

Über die DP-Slave-Parametrierungsdaten (User-Prm-Data) werden anwendungsspezifische Daten für den DP-Slave festgelegt. Dies können z.B. Voreinstellungen oder Reglerparameter sein.

Konfigurationsdaten (Chk_Cfg)

Über das Konfigurationsdatentelegramm teilt der DP-Master dem DP-Slave durch Kennungsformate den (gewünschten) Umfang und die Struktur des auszutauschenden Ein-/Ausgangsbereiches mit. Diese Bereiche, auch Module genannt, werden in Form von Byte- oder Wortstrukturen (Kennungsformate) zwischen dem DP-Master und dem DP-Slave vereinbart. Über dieses Kennungsformat können maximal 16 Byte/Worte große Ein- oder Ausgangs- bzw. Ein- und Ausgangsbereiche pro Modul festgelegt werden. Für den Aufbau des Konfigurationstelegramms sind folgende DP-Slave-typabhängige Festlegungen zu unterscheiden:

- Der DP-Slave besitzt einen statisch festgelegten Ein- und Ausgangsbereich, z.B. Blockperipherie ET200B.
- Der DP-Slave hat einen, je nach benutzter Konfiguration/Bestückung, dynamischen Ein- und Ausgangsbereich (z.B. Modulare Peripherie, wie bei ET200M oder Antrieben).
- Der Ein-/Ausgangsbereich des DP-Slaves wird über spezielle Kennungsformate, die DP-Slave- und herstellerabhängig sind (z.B. DPS7-Slaves, wie ET200B-Analog, DP/AS I-Link und ET200M) festgelegt.

Ein-, und Ausgangsdatenbereiche, die vom Inhalt her eine in sich zusammenhängende Information enthalten und die nicht in einer Byte- oder Wort-Struktur untergebracht werden können, müssen als konsistente Daten behandelt werden. Hierzu gehören z.B. Parameterbereiche für Regler oder Antriebsparametersätze. Mit Hilfe von speziellen Kennungsformaten (DP-Slave und herstellerspezifisch) können Ein- und Ausgangsbereiche (Module) mit einer Länge von maximal 64 Bytes/Worten festgelegt werden.

Die für den DP-Slave nutzbaren Ein- und Ausgangsdatenbereiche (Module) sind in der GSD-Datei hinterlegt und werden bei der Projektierung des DP-Slaves vom Projektierungswerkzeug entsprechend vorgeschlagen.

Diagnosedaten (Slave_Diag)

Durch das Anfordern der Diagnosedaten prüft der DP-Master in der Anlaufphase, ob der DP-Slave vorhanden und für die Parametrierung bereit ist. Die vom DP-Slave mitgeteilten Diagnosedaten bestehen aus einem in der EN 50170 festgelegten Diagnosedatenteil und, falls vorhanden, spezifischen DP-Slave-Diagnoseinformationen. Über die Diagnosedaten teilt der DP-Slave dem DP-Master seinen Betriebszustand und im Diagnosefall die Ursache für die Diagnosemeldung mit. Ein DP-Slave hat die Möglichkeit, über die Layer-2-Telegrammpriorität „high-prio" des Data_Exchange-Response-Telegrammes in Layer 2 dem DP-Master ein lokales Diagnoseereignis zu melden, woraufhin der DP-Master die Diagnosedaten zur Auswertung anfordert. Liegen keine aktuellen Diagnoseereignisse vor, besitzt das Data_Exchange-Response-Telegramm eine „low-prio"-Kennung. Die Diagnosedaten eines DP-Slaves können jedoch auch ohne spezielle Meldung von Diagnoseereignissen jederzeit von einem DP-Master angefordert werden.

Nutzdaten (Data_Exchange)

Der DP-Slave überprüft die vom DP-Master empfangenen Parametrierungs- und Konfigurationsdaten. Liegen keine Fehler vor und sind die vom DP-Master gewünschten Einstellungen erlaubt, meldet der DP-Slave über die Diagnosedaten, dass er für den zyklischen Nutzdatenaustausch bereit ist. Ab diesem Zeitpunkt tauscht der DP-Master die projektierten Nutzdaten mit dem DP-Slave (Bild 2.5) aus. Beim Nutzdatenaustausch reagiert der DP-Slave ausschließlich auf das *Data_Exchange*-Request-Telegramm des DP-Masters (Klasse 1), der ihn parametriert und konfiguriert hat. Andere Nutzdatentelegramme werden vom DP-Slave verworfen. Innerhalb der Nutzdaten gibt es keinerlei zusätzliche Steuer- oder Strukturzeichen zur Beschreibung der übertragenen Daten, d. h. es werden

2 Gerätetypen und Datenaustausch bei PROFIBUS-DP

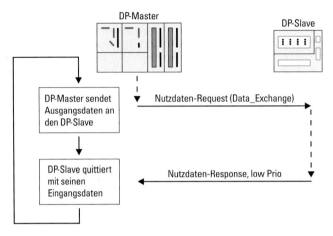

Bild 2.5 DP-Slave im zyklischen Nutzdatenaustausch mit dem DP-Master

die reinen Nutzdaten übertragen. Wie in Bild 2.6 dargestellt, kann der DP-Slave durch das Ändern der Telegrammdienstklasse innerhalb der Response von „low-prio" auf „high-prio" dem DP-Master mitteilen, dass aktuelle Diagnoseereignisse oder Statusmeldungen vorliegen. Die eigentliche Diagnose- oder Statusinformation teilt der DP-Slave über das daraufhin einmalig vom DP-Master angeforderte Diagnosetelegramm mit. Nach dem Abholen der Diagnosedaten werden wieder die projektierten Nutzdaten mit dem DP-Slave ausgetauscht. Mit einem Request-/Response-Telegramm, können zwischen dem DP-Master und dem DP-Slave in beide Richtungen bis zu 244 Byte Nutzdaten ausgetauscht werden.

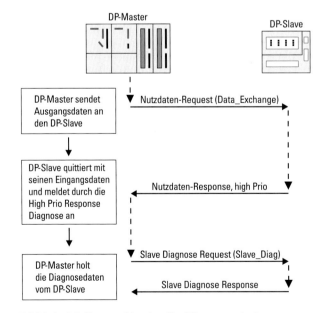

Bild 2.6 DP-Slave meldet aktuelles Diagnoseereignis

2.3 PROFIBUS-DP-Zyklus

2.3.1 Aufbau eines PROFIBUS-DP-Zyklusses

Bild 2.7 zeigt den Aufbau eines DP-Zyklus in einem DP-Monomaster-Bussystem. Die feste Basis des DP-Zyklusses bildet hierbei der Anteil der zyklischen Telegramme, bestehend aus der Buszugriffsteuerung (Tokenmanagement und Teilnehmerstatus) und dem E/A-Datenaustausch (Data_Exchange) mit den DP-Slaves. Dieses Telegrammaufkommen stellt einen zeitlich festen Bestandteil eines DP-Zyklusses dar.

Neben diesem zyklischen Datenverkehr gibt es jedoch auch eine Reihe von ereignisbedingten, azyklischen Telegrammen innerhalb eines DP-Zyklusses. Zu diesem azyklischen Telegrammanteil zählen:

- der Datenaustausch während der Initialisierungsphase eines DP-Slaves
- die DP-Slave-Diagnosefunktionen
- die DP-Master Klasse 2-Kommunikation
- die DP-Master-, Master-Kommunikation
- Layer 2 bedingte Telegrammwiederholungen bei Störungen (Retry)
- der azyklische Datenverkehr nach DPV1
- die PG-Online-Funktionen
- die HMI-Funktionen

Je nach Anteil dieser azyklischen Telegramme im aktuellen DP-Zyklus kann sich der DP-Zyklus entsprechend verlängern.

Damit besteht ein Buszyklus zeitlich immer aus einem festen zyklischen und falls vorhanden, einem ereignisbedingten, variablen, azyklischen Telegrammanteil.

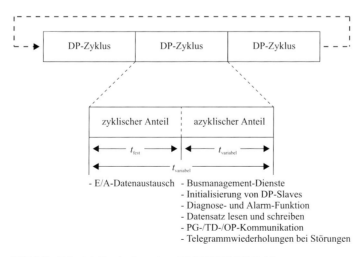

Bild 2.7 Prinzipieller Aufbau eines PROFIBUS-DP-Zyklusses

2.3.2 Aufbau eines äquidistanten PROFIBUS-DP-Zyklusses

Bei bestimmten Anwendungen im Automatisierungsbereich ist es vorteilhaft, wenn von einem zeitlich exakt gleichbleibenden DP-Buszyklus und damit E-/A-Datenaustausch ausgegangen werden kann. Speziell im Bereich der Antriebstechnik, zum Beispiel zum Einsynchronisieren von mehreren Antrieben, finden derartige Anwendungen ihren Einsatz.

Im Unterschied zum normalen DP-Zyklus, wird bei einem äquidistanten DP-Zyklus vom (Äquidistanz-) DP-Master für den azyklischen Kommunikationsanteil ein bestimmter Zeitanteil vorgesehen (reserviert). Wie im Bild 2.8 dargestellt ist, sorgt der DP-Master dafür, dass dieser reservierte Zeitanteil nicht überschritten wird, indem er nur eine bestimmte Anzahl von azyklischen Telegrammereignissen zulässt. Wird die reservierte Zeit nicht benötigt, so überbrückt der DP-Master die noch fehlende Differenz zur eingestellten Äquidistanzzeit mit Telegrammen die er an sich selbst sendet (Pause). Dadurch wird gewährleistet, dass die vorgesehene Äquidistanzzeit auf die Mikrosekunde genau eingehalten wird.

Die Zeitvorgabe für den Äquidistanten DP-Buszyklus erfolgt über das Projektierungswerkzeug STEP 7. Der von STEP 7 vorgeschlagene (Default-)Zeitwert, richtet sich nach der projektierten Anlagenkonfiguration und berücksichtigt einen bestimmten, typischen Anteil an azyklischen Diensten. Bei der Projektierung der Äquidistanzzeit gibt es die Möglichkeit, die vorgeschlagene Äquidistanzzeit in STEP 7 zu verändern.

Derzeit ist ein äquidistanter DP-Zyklus nur im Mono-Master-Betrieb einstellbar.

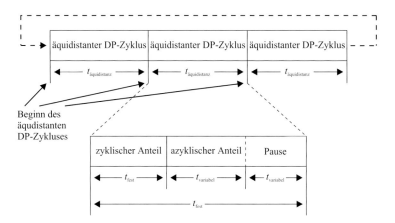

Bild 2.8   Aufbau eines äquidistanten PROFIBUS-DP-Zyklusses

2.4 Datenaustausch über Querverkehr

Eine weitere Möglichkeit des Datenaustausches bei PROFIBUS-DP innerhalb von SIMATIC S7-Anwendungen stellen die Kommunikationsbeziehungen über „Querverkehr" dar. Beim projektierten Querverkehr antwortet der DP-Slave dem DP-Master innerhalb seiner Response nicht mit einem *one-to-one*-Telegramm (Slave -> Master), sondern mit einem speziellen *one-to-many*-Telegramm (Slave -> nn). Damit stehen die im Response-Telegramm enthaltenen Eingangsdaten des Slaves nicht nur dem zugehörigen Master, sondern auch allen entsprechend am Bus betriebenen DP-Teilnehmern zur Verfügung.

Die bei Querverkehr möglichen Kommunikationsbeziehungen „Master-Slave" und „Slave-Slave", die nicht alle SIMATIC S7-DP-Master und Slave-Varianten unterstützen, werden mit Hilfe von STEP 7 projektiert. Ein Mix aus beiden Kommunikationsbeziehungsvarianten ist möglich.

2.4.1 Master-Slave-Kommunikationsbeziehung bei Querverkehr

Im Bild 2.9 sind die möglichen Master-Slave-Kommunikationsbeziehungen anhand einer DP-Multimaster-Konfiguration, bestehend aus drei DP-Mastern und vier DP-Slaves dargestellt. Alle in diesem Bild dargestellten Slaves senden ihre Eingangsdaten als *one-to-many*-Telegramm. Der DP-Master A, dem die Slaves 5 und 6 zugordnet sind, empfängt damit auch die Eingangsdaten der Slaves 7 und 8. Ebenso empfängt der DP-Master B, dem die Slaves 7 und 8 zugordnet sind, auch die Eingangsdaten der Slaves 5 und 6. Dem im Bild als Master C dargestellten DP-Master sind keine Slaves zugordnet. Dennoch empfängt dieser Master die Eingangsdaten aller am Bussystem betriebenen Slaves (5, 6, 7 und 8).

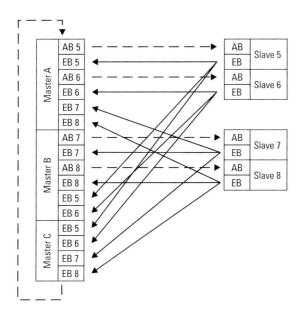

——— Querverkehrverbindung (one-to-many)

– – – Master-Slave-Verbindung (one-to-one)

Bild 2.9 Master-Slave-Kommunikationsbeziehung bei Querverkehr

2.4.2 Slave-Slave-Kommunikationsbeziehung bei Querverkehr

Eine weitere Variante des Datenaustausches beim Querverkehr stellt die im Bild 2.10 dargestellte Slave-Slave-Kommunikationsbeziehung beim Einsatz von I-Slaves (siehe Abschnitt 3.4.3), wie zum Beispiel die CPU315-2DP, dar.

Hierbei ist auch ein I-Slave in der Lage, Eingangsdaten von weiteren DP-Slaves zu empfangen.

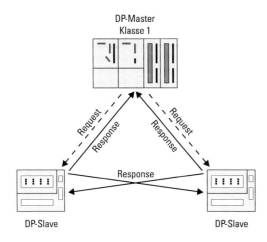

Bild 2.10 Slave-Slave-Kommunikationsbeziehung bei Querverkehr

2.5 DPV1-Funktionserweiterungen

Die immer komplexer werdenden Anforderungen an DP-Slaves erfordern eine erweiterte Kommunikationsfunktionalität des PROFIBUS-DP. Dies betrifft den azyklischen Datenverkehr genauso wie die Alarmfunktionalität.

Um diese Anforderungen zu erfüllen, wurde die internationale Feldbusnorm EN 50170, Volume 2 erweitert. Die in der Norm beschriebenen Erweiterungen betreffen sowohl DP-Slave- als auch DP-Master-Baugruppen. Diese Funktionserweiterungen, auch DPV1-Erweiterungen genannt, sind optional zum Standard-Protokoll. Dadurch wird garantiert, dass bisherige PROFIBUS-DP-Feldgeräte und Geräte mit DPV1-Erweiterungen zusammen betrieben werden können und so eine Interoperabilität gewährleistet ist.

Hierbei gelten folgende Regeln:

- Ein DP-Slave mit DPV1-Erweiterung kann an einem DP-Master ohne DPV1-Funktionaltität betrieben werden. Die DPV1-Funktionalität des DP-Slaves kann nicht genutzt werden.

2.5 DPV1-Funktionserweiterungen

- Ein DP-Slave ohne DPV1-Erweiterung kann ohne Einschränkungen an einem DPV1-Master betrieben werden.

Im Sprachgebrauch wird ein DP-Master mit DPV1-Erweiterungen auch DPV1-Master genannt. Dies gilt auch für DP-Slaves, die mit den Erweiterungen der EN 50170 als DPV1-Slaves bezeichnet werden.

Durch die Erweiterung der Norm ist somit der Weg für eine neue Feldgerätegeneration geschaffen worden. Für Planer und Projekteure stellt sich jedoch meistens die Frage, was genau die Unterschiede zwischen den verschiedenen DP-Slave-Varianten sind.

- **DP-Norm-Slaves** beherrschen nur die Grundfunktionalität, die in der Norm EN 50170 beschrieben ist, also ohne DPV1-Erweiterungen. Somit ist bei einem DP-Norm-Slave kein azyklischer Datenverkehr möglich und im Alarmmodell des Slaves ist nur der Diagnosealarm vorgesehen. DP-Norm-Slaves werden über eine GSD-Datei (*Geräte-StammDaten-Datei*) im jeweiligen Projektierungswerkzeug projektiert.

- **DPS7-Slaves** sind weiterentwickelte DP-Norm-Slaves der Firma SIEMENS. Diese Erweiterungen können jedoch nur mit SIMATIC S7-DP-Masterbaugruppen genutzt werden. Mit DPS7-Slaves ist ein azyklischer Datenverkehr möglich. Ebenso ist ein erweitertes Alarmmodell implementiert. Wird ein DPS7-Slave über eine GSD-Datei projektiert und an DP-Masterbaugruppen anderer Hersteller angeschlossen, verhält sich ein DPS7-Slave als DP-Norm-Slave ohne DPV1-Erweiterungen nach EN 50170, Volume 2. Die volle Funktionalität von DPS7-Slaves wird nur durch Projektierung mit SIMATIC STEP 7 und Betrieb an einer SIMATIC S7-DP-Masterbaugruppe erreicht.

- **DPV1-Slaves** sind Slaves mit DPV1-Erweiterungen der EN 50170, Volume 2. Diese Erweiterungen betreffen das Alarmmodell und die Standardisierung des azyklischen Datenverkehrs. Ein DPV1-Slave kann an jedem DPV1-Master mit voller Funktionalität betrieben werden. Diese Slaves verfügen über eine GSD-Datei nach Revision (Ausgabestand) 3.

Die Tabelle 2.2 zeigt eine Übersicht, welche Diagnose- bzw. Alarmereignisse von welchem DP-Slave-Typ ausgelöst werden können. Voraussetzung hierfür ist, dass der Slave an einem entsprechenden DP-Master betrieben wird.

Tabelle 2.2 Verfügbarkeit der Alarme und des azyklischen Datenverkehrs bei DP-Slaves

	DP-Norm-Slave	DPS7-Slave	DPV1-Slave
Diagnosealarm	×	×	×
Prozessalarm	–	×	×
Ziehenalarm	–	×	×
Steckenalarm	–	×	×
Statusalarm	–	–	×
Updatealarm	–	–	×
Herstellerspezifischer Alarm	–	–	×
Azyklischer Datenverkehr	Nein	Ja, mit S7-DP-Master-Baugruppen	Ja, mit DPV1-Master-Baugruppen

3 PROFIBUS-DP in SIMATIC S7-Systemen

Einführung

Der PROFIBUS ist ein integraler Bestandteil der SIMATIC S7-Systeme. Die dezentral über DP angeschlossene Peripherie wird durch die Einbindung über das Projektierungswerkzeug STEP 7 bereits bei der Projektierung wie zentral gesteckte Peripherie behandelt. Das Ausfall-, Diagnose- und Alarm-Systemverhalten von SIMATIC DPS7-Slaves entspricht ebenfalls dem von zentral gesteckter Peripherie. Über die bereits integrierten oder steckbaren PROFIBUS-DP-Schnittstellen können auch Feldgeräte mit komplexen technischen Funktionen an die Automatisierungssysteme angeschlossen werden. Die bei PROFIBUS in Layer 1 und 2 festgelegten Eigenschaften und die Durchgängigkeit der systeminternen Kommunikationsmöglichkeiten (S7-Funktionen) ermöglichen das Betreiben von Programmiergeräten (PG), PCs sowie Bedien- und Beobachtungsgeräten an einem SIMATIC S7-PROFIBUS-DP-System.

3.1 PROFIBUS-DP-Schnittstellen in SIMATIC S7-Systemen

Innerhalb der SIMATIC S7-300- und S7-400-Systeme werden zwei Varianten von PROFIBUS-DP-Schnittstellen unterschieden:

▷ In den CPUs *integrierte* DP-Schnittstellen (z. B. CPU315-2DP, CPU318-2DP, CPU412-1, CPU417-4)

▷ Über IM (*Interface Modul*) oder CP (*Communication Processor*) *steckbare* DP-Schnittstellen (IM467, CP443-5, CP342-5).

Je nach CPU-Leistungsdaten unterscheiden sich auch die Leistungsdaten der DP-Schnittstellen. In den Tabellen 3.1 bis 3.4 sind die wichtigsten technischen Daten der in den CPUs integrierten und der steckbaren PROFIBUS-DP-Schnittstellen für die SIMATIC S7-300 und S7-400-Systeme dargestellt. Mit Ausnahme des CP342-5 wird die über die DP-Schnittstellen angeschlossene dezentrale Peripherie aus Projektierungssicht und vom Programmzugriff her wie zentrale Peripherie behandelt. Die DP-Schnittstelle des CP342-5 arbeitet hingegen losgelöst von der CPU. Der Austausch der DP-Nutzdaten geschieht über spezielle FUNCTION CALLs (FC) aus dem Anwenderprogramm heraus.

Die DP-Schnittstellen der S7-400-CPUs ab Firmware V3.0 sowie die S7-300-DP-Schnittstellen der CPU315-2DP bzw. des CP342-5 lassen sich sowohl als DP-Master als auch als DP-Slave in DP-Systemen betreiben. Beim Betrieb der DP-Schnittstelle als DP-Slave besteht bezüglich der Buszugriffssteuerung die Möglichkeit, zwischen den Betriebsarten „DP-Slave als aktiver Busteilnehmer" oder „DP-Slave als passiver Busteilnehmer" zu wählen. Ein DP-Slave, der als aktiver Busteilnehmer eingesetzt wird, verhält sich während des Datenaustausches mit dem DP-Master aus DP-Protokollsicht wie ein (passiver) DP-Slave. Sobald dieser „aktive DP-Slave" in Tokenbesitz ist, können jedoch auch Daten über weitere Kommunikationsdienste, wie FDL oder S7-Funktionen, mit anderen Busteilnehmern ausgetauscht werden. Dies ermöglicht, gleichzeitig zu den DP-Funktionen, die Kommunikation mit PGs, OPs, PCs und den Datenaustausch von S7-CPUs untereinander über die DP-Schnittstellen der SIMATIC S7.

Tabelle 3.1 Technische Daten der integrierten PROFIBUS-DP-Schnittstellen in S7-300-Systemen

Baugruppe	CPU315-2DP		CPU 315-2DP		CPU 316-2DP	
MLFB-Nummer	6ES7 315-2AF01 6ES7 315-2AF02		6ES7 315-2AF03-0AB0		6ES7 316-2AG00-0AB0	
Anzahl Schnittstellen	2 (1. Schnittstelle nur MPI)		2 (1. Schnittstelle nur MPI)		2 (1. Schnittstelle nur MPI)	
Betriebsart	DP-Master	DP-Slave	DP-Master	DP-Slave	DP-Master	DP-Slave
Baudraten kBits/s	9,6 … 12.000		9,6 … 12.000		9,6 … 12.000	
Max. DP-Slave-Anzahl	64	–	64	–	64	–
Max. Anzahl der Module	512	32	512	32	512	32
E-bytes pro Slave	Max. 122	–	Max. 244	–	Max. 244	–
A-bytes pro Slave	Max. 122	–	Max. 244	–	Max. 244	–
E-bytes als Slave	–	Max. 122	–	Max. 244	–	Max. 244
A-bytes als Slave	–	Max. 122	–	Max. 244	–	Max. 244
Konsistente Datenmodule	Max. 32 Byte	Max. 32 Byte	Max. 32 Byte	Max. 32 Byte	Max. 32 Byte	Max. 32 Byte
Max. E-Bereich	1 kByte		1 kByte		2 kByte	
Max. A-Bereich	1 kByte		1 kByte		2 kByte	
Max. Para.-Daten pro Slave	244 Byte		244 Byte		244 Byte	
Max. Konf.-Daten pro Slave	244 Byte		244 Byte		244 Byte	
Max. Diag.-Daten pro Slave	240 Byte		240 Byte		240 Byte	
Querverkehrunterstützung	Nein	Nein	Ja	Ja	Ja	Ja
Äquidistanz	Nein	–	Ja	–	Ja	–
SYNC/FREEZE	Nein	Nein	Ja	Nein	Ja	Nein
DPV1-Mode	Nein	Nein	Nein	Nein	Nein	Nein

Fortsetzung Seite 50

Tabelle 3.1 Fortsetzung

Baugruppe	CPU 318-2DP		
MLFB-Nummer	6ES7 318-2AJ00-0AB0		
Anzahl Schnittstellen	2		
	1. Schnittstelle	2. Schnittstelle	1. und 2. Schnittstelle
Betriebsart	MPI / DP-Master	DP-Master / MPI	DP-Slave
Baudraten kBits/s	9,6 … 12.000	9,6 … 12.000	9,6 … 12.000
Max. DP-Slave Anzahl	32	125	–
Max. Anzahl der Module	512	1024	32
Eingangsbytes pro Slave	Max. 244	Max. 244	–
Ausgangsbytes pro Slave	Max. 244	Max. 244	–
Eingangsbytes als Slave	–	–	Max. 244
Ausgangsbytes als Slave	–	–	Max. 244
Konsistente Datenmodule	–	–	Max. 32 Byte
Nutzbarer Eingangsbereich	2 kByte	8 kByte	–
Nutzbarer Ausgangsbereich	2 kByte	8 kByte	–
Max. Para.-Daten pro Slave	244 Byte	244 Byte	–
Max. Konf.-Daten pro Slave	244 Byte	244 Byte	–
Max. Diag.-Daten pro Slave	240 Byte	240 Byte	–
Querverkehrunterstützung	Ja	Ja	Ja
Äquidistanz	Ja	Ja	–
SYNC/FREEZE	Ja	Ja	Nein
DPV1-Mode	Ab FW 3.0	Ab FW 3.0	Ab FW 3.0

Tabelle 3.2 Technische Daten der steckbaren PROFIBUS-DP-Schnittstellen in S7-300-Systemen

Baugruppe	CP342-5		CP342-5	
MLFB-Nummer	6GK7 342-5DA00-0XA0 6GK7 342-5DA01-0XA0		6GK7 342-5DA02-0XA0	
Betriebsart	DP-Master	DP-Slave	DP-Master	DP-Slave
Baudraten kBits/s	9,6 … 1.500	9,6 … 1.500	9,6 … 12.000	9,6 … 12.000
Max. DP-Slave Anzahl	64	–	124	–
Max. Anzahl der Module	–	32	–	32
Eingangsbytes pro Slave	Max. 240	–	Max. 240	–
Ausgangsbytes pro Slave	Max. 240	–	Max. 240	–
Eingangsbytes als Slave	–	Max. 86	–	Max. 86
Ausgangsbytes als Slave	–	Max. 86	–	Max. 86
Konsistente Datenmodule	Max. 240 Byte	Max. 86	Max. 240 Byte	Max. 86
Nutzbarer Eingangsbereich	Max. 240 Byte	Max. 86	240 Byte	Max. 86
Nutzbarer Ausgangsbereich	Max. 240 Byte	Max. 86	Max. 240 Byte	Max. 86
Max. Para.-Daten pro Slave	242 Byte	–	242 Byte	–
Max. Konf.-Daten pro Slave	242 Byte	–	242 Byte	–
Max. Diag.-Daten pro Slave	240 Byte	–	240 Byte	–
Querverkehrunterstützung	Nein	Nein	Nein	Nein
Äquidistanz	Nein	Nein	Nein	Nein
SYNC/FREEZE	Ja	Nein	Ja	Nein
DPV1-Mode	Nein	Nein	Nein	Nein

Tabelle 3.3 Technische Daten der integrierten PROFIBUS-DP-Schnittstellen in S7-400-Systemen

Baugruppe	CPU412-1	CPU412-2		CPU413-2
MLFB-Nummer	6ES7 412-1XF03-0AB0	6ES7 412-2XG00-0AB0		6ES7 413-2XG0?-0AB0
Anzahl Schnittstellen	1	2		2 (1. Schnittstelle nur MPI)
	1. Schnittstelle	1. Schnittstelle	2. Schnittstelle	2. Schnittstelle
Betriebsart	MPI / DP-Master	MPI / DP-Master	DP-Master	DP-Master / MPI
Baudraten kBits/s	9,6 ... 12.000	9,6 ... 12.000	9,6 ... 12.000	9,6 ... 12.000
Max. DP-Slave Anzahl	32	32	125	64
Eingangsbytes pro Slave	Max. 244	Max. 244	Max. 244	Max. 122
Ausgangsbytes pro Slave	Max. 244	Max. 244	Max. 244	Max. 122
Konsistente Datenmodule	Max. 128 Byte	Max. 128 Byte	Max. 128 Byte	Max. 122 Byte
Nutzbarer Eingangsbereich	2 kByte	2 kByte	2 kByte	2 kByte
Nutzbarer Ausgangsbereich	2 kByte	2 kByte	2 kByte	2 kByte
Max. Para.-Daten pro Slave	244 Byte	244 Byte	244 Byte	244 Byte
Max. Konf.-Daten pro Slave	244 Byte	244 Byte	244 Byte	244 Byte
Max. Diag.-Daten pro Slave	240 Byte	240 Byte	240 Byte	240 Byte
Querverkehrunterstützung	Ja	Ja	Ja	Nein
Äquidistanz	Ja	Ja	Ja	Nein
SYNC/FREEZE	Ja	Ja	Ja	Nur über ext. Baugruppe (CP/IM)
DPV1-Mode	Ab FW 3.0	Ab FW 3.0	Ab FW 3.0	Nein

Fortsetzung rechte Seite

3.1 DP-Schnittstellen in SIMATIC S7-Systemen

Tabelle 3.3 Fortsetzung

Baugruppe	CPU414-2		CPU414-2		CPU414-3	
MLFB-Nummer	6ES7 414-2X?00-0AB0 6ES7 414-2X?01-0AB0 6ES7 414-2X?02-0AB0		6ES7 414-2XG03-0AB0		6ES7 414-3XJ00-0AB0	
Anzahl Schnittstellen	2 (1. Schnittstelle nur MPI)		2		3 (3. Schnittstelle IF 964-DP als DP-Master steckbar)	
	2. Schnittstelle		1. Schnittstelle	2. Schnittstelle	1. Schnittstelle	2. Schnittstelle
Betriebsart	DP-Master		MPI / DP-Master	DP-Master / MPI	MPI / DP-Master	DP-Master / MPI
Baudraten kBits/s	9,6 ... 12.000		9,6 ... 12.000	9,6 ... 12.000	9,6 ... 12.000	9,6 ... 12.000
Max. DP-Slave Anzahl	96		32	125	32	125
Eingangsbytes pro Slave	Max. 122		Max. 244	Max. 244	Max. 244	Max. 244
Ausgangsbytes pro Slave	Max. 122		Max. 244	Max. 244	Max. 244	Max. 244
Konsistente Datenmodule	Max. 122 Byte		Max. 128 Byte	Max. 128 Byte	Max. 128 Byte	Max. 128 Byte
Nutzbarer Eingangsbereich	4 kByte		2 kByte	6 kByte	2 kByte	6 kByte
Nutzbarer Ausgangsbereich	4 kByte		2 kByte	6 kByte	2 kByte	6 kByte
Max. Para.-Daten pro Slave	244 Byte		244 Byte	244 Byte	244 Byte	244 Byte
Max. Konf.-Daten pro Slave	244 Byte		244 Byte	244 Byte	244 Byte	244 Byte
Max. Diag.-Daten pro Slave	240 Byte		240 Byte	240 Byte	240 Byte	240 Byte
Querverkehrunterstützung	Nein		Ja	Ja	Ja	Ja
Äquidistanz	Nein		Ja	Ja	Ja	Ja
SYNC/FREEZE	Nur über ext. Baugruppe (CP/IM)		Ja	Ja	Ja	Ja
DPV1-Mode	Nein		Ab FW 3.0	Ab FW 3.0	Ab FW 3.0	Ab FW 3.0

Fortsetzung Seite 54

Tabelle 3.3 Fortsetzung

Baugruppe	CPU416-2		CPU416-2		CPU416-3	
MLFB-Nummer	6ES7 416-2X?00-0AB0 6ES7 416-2X?01-0AB0		6ES7 416-2XK02-0AB0		6ES7 416-3XL00-0AB0	
Anzahl Schnittstellen	2 (1. Schnittstelle nur MPI)		2		3 (3. Schnittstelle IF 964-DP als DP-Master steckbar)	
	2. Schnittstelle		1. Schnittstelle	2. Schnittstelle	1. Schnittstelle	2. Schnittstelle
Betriebsart	DP-Master		MPI / DP-Master	DP-Master / MPI	MPI / DP-Master	DP-Master / MPI
Baudraten kBits/s	9,6 ... 12.000		9,6 ... 12.000	9,6 ... 12.000	9,6 ... 12.000	9,6 ... 12.000
Max. DP-Slave Anzahl	96		32	125	32	125
Eingangsbytes pro Slave	Max. 122		Max. 244	Max. 244	Max. 244	Max. 244
Ausgangsbytes pro Slave	Max. 122		Max. 244	Max. 244	Max. 244	Max. 244
Konsistente Datenmodule	Max. 122 Byte		Max. 128 Byte	Max. 128 Byte	Max. 128 Byte	Max. 128 Byte
Nutzbarer Eingangsbereich	8 kByte		2 kByte	8 kByte	2 kByte	8 kByte
Nutzbarer Ausgangsbereich	8 kByte		2 kByte	8 kByte	2 kByte	8 kByte
Max. Para.-Daten pro Slave	244 Byte		244 Byte	244 Byte	244 Byte	244 Byte
Max. Konf.-Daten pro Slave	244 Byte		244 Byte	244 Byte	244 Byte	244 Byte
Max. Diag.-Daten pro Slave	240 Byte		240 Byte	240 Byte	240 Byte	240 Byte
Querverkehrunterstützung	Nein		Ja	Ja	Ja	Ja
Äquidistanz	Nein		Ja	Ja	Ja	Ja
SYNC/FREEZE	Nur über ext. Baugruppe (CP/IM)		Ja	Ja	Ja	Ja
DPV1-Mode	Nein		Ab FW 3.0	Ab FW 3.0	Ab FW 3.0	Ab FW 3.0

Fortsetzung rechte Seite

3.1 DP-Schnittstellen in SIMATIC S7-Systemen

Tabelle 3.3 Fortsetzung

Baugruppe	CPU417-4		IF 964-DP
MLFB-Nummer	6ES7 417-4XL00-0AB0		6ES7 964-2AA00-0AB0
Anzahl Schnittstellen	4 (3. und 4. Schnittstelle IF 964-DP als DP-Master steckbar)		1
	1. Schnittstelle	2. Schnittstelle	1. Schnittstelle
Betriebsart	MPI / DP-Master	DP-Master / MPI	In S7-400-CPUs nur DP-Master
Baudraten kBits/s	9,6 … 12.000	9,6 … 12.000	9,6 … 12.000
Max. DP-Slave Anzahl	32	125	Max . 125 (bei S7-400-CPUs)
Eingangsbytes pro Slave	Max. 244	Max. 244	Max. 244 (bei S7-400-CPUs)
Ausgangsbytes pro Slave	Max. 244	Max. 244	Max. 244 (bei S7-400-CPUs)
Konsistente Datenmodule	Max. 128 Byte	Max. 128 Byte	Max. 128 Byte (bei S7-400-CPUs)
Nutzbarer Eingangsbereich	2 kByte	8 kByte	CPU-abhängig
Nutzbarer Ausgangsbereich	2 kByte	8 kByte	CPU-abhängig
Max. Para.-Daten pro Slave	244 Byte	244 Byte	244 Byte (bei S7-400-CPUs)
Max. Konf.-Daten pro Slave	244 Byte	244 Byte	244 Byte (bei S7-400-CPUs)
Max. Diag.-Daten pro Slave	240 Byte	240 Byte	240 Byte (bei S7-400-CPUs)
Querverkehrunterstützung	Ja	Ja	CPU-abhängig
Äquidistanz	Ja	Ja	CPU-abhängig
SYNC/FREEZE	Ja	Ja	CPU-abhängig
DPV1-Mode	Ab FW 3.0	Ab FW 3.0	CPU-abhängig

Tabelle 3.4 Technische Daten der steckbaren PROFIBUS-DP-Schnittstellen in S7-400-Systemen

Baugruppe	IM467 / IM467-FO	IM467	CP443-5 Ext.	CP443-5 Ext.
MLFB-Nummer	6ES7 467-5?J00-0AB0 6ES7 467-5?J01-0AB0	6ES7 467-5GJ02-0AB0	6GK7 443-5DX00-0XE0 6GK7 443-5DX01-0XE0	6GK7 443-5DX02-0XE0
Anzahl Schnittstellen	1	1	1	1
Betriebsart	DP-Master	DP-Master	DP-Master	DP-Master
Baudraten kBits/s	9,6 … 12.000	9,6 … 12.000	9,6 … 12.000	9,6 … 12.000
Max. DP-Slave Anzahl	125	125	125	125
Eingangsbytes pro Slave	max. 244	Max. 244	max. 244	max. 244
Ausgangsbytes pro Slave	max. 244	Max. 244	max. 244	max. 244
Konsistente Datenmodule	max. 128 Byte	Max. 128 Byte	max. 128 Byte	max. 128 Byte
Nutzbarer Eingangsbereich	4 kByte	4 kByte	4 kByte	4 kByte
Nutzbarer Ausgangsbereich	4 kByte	4 kByte	4 kByte	4 kByte
Max. Para.-Daten pro Slave	244 Byte	244 Byte	244 Byte	244 Byte
Max. Konf.-Daten pro Slave	244 Byte	244 Byte	244 Byte	244 Byte
Max. Diag.-Daten pro Slave	240 Byte	240 Byte	240 Byte	240 Byte
Querverkehrunterstützung	Nein	Ja	Nein	Ja
Äquidistanz	Nein	Ja	Nein	Ja
SYNC/FREEZE	Ja	Ja	Ja	Ja
DPV1-Mode	Nein	Nein	Nein	Ab 6GK7 443-5DX03-0XE0

3.2 Weitere Kommunikationsmöglichkeiten über DP-Schnittstellen

Die *aktiven* DP-Schnittstellen (DP-Master und *aktive* DP-Slaves) der SIMATIC S7-300 und S7-400 unterstützen zusätzlich zu den DP-Funktionen folgende Kommunikationsmöglichkeiten:

▷ S7-Funktionen über integrierte und steckbare DP-Schnittstellen und

▷ PROFIBUS-FDL-Dienste nur über CPs.

3.2.1 S7-Funktionen

Die S7-Funktionen bieten Kommunikationsdienste zwischen S7-CPUs untereinander und zu SIMATIC-HMI-Systemen (*H*uman *M*achine *I*nterface). Die Abwicklung der S7-Funktionen ist integraler Bestandteil aller SIMATIC S7-Geräte. Die S7-Funktionen beinhalten im einzelnen:

▷ Die komplette Online-Funktionalität von STEP 7 für Programmierung, Test, Inbetriebnahme und Diagnose der SIMATIC S7-Automatisierungsgeräte (S7-300/400),

▷ das Schreiben und Lesen von Variablen sowie das automatische Senden von Daten an HMI-Systeme,

▷ das Übertragen von Daten und Datenbereichen bis max. 64 kByte zwischen einzelnen SIMATIC S7-Stationen,

▷ das Schreiben und Lesen von Daten ohne zusätzliches Kommunikations-Anwenderprogramm im Kommunikationspartner zwischen SIMATIC S7-Stationen,

▷ das Auslösen von Steuerfunktionen, wie STOP, Neustart und Wiederanlauf der CPU des Kommunikationspartners,

▷ das Liefern von Überwachungsfunktionen, wie den aktuellen Betriebszustand einer CPU des Kommunikationspartners.

3.2.2 FDL-Dienste

Die Kommunikation über die innerhalb Layer 2 des PROFIBUS laufenden FDL-Verbindungen ermöglicht das Senden und Empfangen von Datenblöcken bis zu einer Länge von 240 Byte. Der auf SDA-Telegrammen (*S*end *D*ata with *A*cknowledge) basierende Datenaustausch kommt sowohl bei der Kommunikation innerhalb von SIMATIC S7-Automatisierungssystemen als auch beim Datenaustausch zwischen SIMATIC S7- und S5-Systemen sowie zu PCs zum Einsatz. Die FDL-Dienste werden in der SIMATIC S7 über FUNCTION CALLs (*AG_SEND* und *AG_RECV*) innerhalb des Anwenderprogrammes abgewickelt.

3.3 Systemverhalten der DP-Schnittstellen in der SIMATIC S7

Mit Ausnahme des CP342-5 fügen sich die DP-Master-Schnittstellen, wie in den Abschnitten 3.3.1 bis 3.3.8 beschrieben, in das SIMATIC S7-System ein.

3.3.1 Anlaufverhalten der DP-Master-Schnittstellen in der SIMATIC S7

Gerade bei dezentralen Anlagenstrukturen ist es oft aus technischen und topologischen Gründen nicht möglich, alle elektrischen Maschinen- oder Anlagenteile gleichzeitig einzuschalten. In der Praxis kann dies unter Umständen bedeuten, dass beim Anlauf des DP-Masters noch nicht alle projektierten DP-Slaves zur Verfügung stehen. Bedingt durch das zeitlich versetzte Hochlaufen von Spannungsversorgungen und damit DP-Slaves, ist es dem DP-Master erst nach einer gewissen Anlaufphase möglich, alle ihm zugeordneten DP-Slaves zu parametrieren, zu konfigurieren und anschließend zyklisch mit den DP-Slaves Nutzdaten auszutauschen. Für die S7-300- und S7-400-Systeme ist es deshalb möglich, die maximale Zeit für die Fertigmeldung aller DP-Slaves nach NETZ-EIN, mit dem projektierbaren Parameter „Fertigmeldung durch Baugruppen" einzustellen. Der einstellbare Wertebereich liegt zwischen 1 ms bis 65.000 ms. Als Defaultwert sind 65.000 ms eingestellt. Nach Ablauf dieser Wartezeit geht die CPU je nach Einstellung des Parameters „Anlauf bei Sollausbau ungleich Istausbau" in den STOP- oder RUN-Zustand.

3.3.2 Ausfall/Wiederkehr von DP-Slave-Stationen

Der Ausfall eines DP-Slaves, z.B. durch einen Spannungsausfall, eine unterbrochene Busleitung oder einen Defekt, wird durch den Aufruf des Organisationsbausteines OB86 (Baugruppenträger-, DP-Netz- oder DP-Slave-Ausfall) vom Betriebssystem der CPU mitgeteilt. Der OB86 wird vom Betriebssystem sowohl bei einem kommenden als auch bei einem gehenden Ereignis aufgerufen. Wurde der OB86 nicht programmiert, wechselt die CPU bei einem DP-Netz- oder Slave-Ausfall in den Betriebszustand STOP. Damit verhält sich das SIMATIC S7-System bei Ausfall von dezentraler Peripherie identisch wie bei Ausfall von zentraler Peripherie.

3.3.3 Ziehen-/Stecken-Alarm von DP-Slave-Stationen

Zentral wird das Ziehen und Stecken von projektierten Baugruppen in SIMATIC S7-Systemen überwacht. Dezentral können SIMATIC DPS7-Slaves und DPV1-Slaves dieses Ereignis ebenfalls überwachen und beim Auftreten an den DP-Master melden. Dadurch wird in der CPU der Organisationsbaustein OB83 gestartet, wobei beim Ziehen einer Baugruppe dieser als kommendes Ereignis und beim Stecken einer Baugruppe als gehendes Ereignis gestartet wird. Beim Stecken einer Baugruppe in einen projektierten Steckplatz im Betriebszustand RUN prüft das BetriebsSystem der CPU, ob Baugruppentyp der gesteckten Baugruppe mit der Projektierung übereinstimmt. Anschließend wird der OB83 gestartet, und bei Übereinstimmung des projektierten mit dem gesteckten Baugruppentyp erfolgt die Parametrierung. Ist der OB83 beim Eintreffen eines Ziehen/Stecken-Alarms nicht programmiert, wechselt die CPU in den Betriebszustand STOP.

3.3.4 Diagnosealarm von DP-Slave-Stationen

Diagnosefähige Baugruppen im Bereich der dezentralen Peripherie sind in der Lage, Ereignisse, wie zum Beispiel einen teilweisen Stationsausfall, Drahtbruch bei Signalbaugruppen, Kurzschluss/Überlast eines Peripheriekanals oder Ausfall der Lastspannungsversorgung, über einen Diagnosealarm zu melden. Bei einem kommenden und gehenden Diagnosealarm wird vom CPU-Betriebssystem der Organisationsbaustein für Diagnosealarmbehandlung OB82 aufgerufen. Tritt ein Diagnosealarm auf und der OB82 ist nicht programmiert, geht die CPU in den STOP-Zustand. Die möglichen Diagnoseereignisse und deren Meldestruktur sind, je nach Komplexität des DP-Slaves, teilweise in der Norm EN 50170 oder slave- und herstellerspezifisch festgelegt. Innerhalb der SIMATIC DPS7-Slaves sind die möglichen Diagnoseereignisse auf die SIMATIC S7-Systemdiagnose abgestimmt.

3.3.5 Prozessalarm von DP-Slave-Stationen

Prozessalarmfähige SIMATIC DPS7-Slaves und DPV1-Slaves können Prozessalarmereignisse, wie zum Beispiel eine Über- oder Unterschreitung eines Analogeingangswertes, über den Bus an den DP-Master (CPU) melden. Für die Bearbeitung der Prozessalarme sind in den SIMATIC S7-Systemen die Organisationsbausteine OB40 bis OB47 reserviert, die im Falle eines Alarmes vom Betriebssystem der CPU aufgerufen werden. Ist der entsprechende Organisationsbaustein nicht programmiert, bleibt die CPU im RUN und wechselt nicht in die Betriebsart STOP. Damit ist die Behandlung von zentral und dezentral ausgelösten Prozessalarmen in den SIMATIC S7-Systemen identisch. Es muss jedoch berücksichtigt werden, dass die Alarmreaktionszeiten gegenüber zentral ausgelösten Prozessalarmen, bedingt durch die Telegrammlaufzeiten am Bus und der Weiterverarbeitung des Alarmes im DP-Master, entsprechend höher liegen.

3.3.6 Statusalarm von DP-Slave-Stationen

DPV1-Slaves können Statusalarme auslösen. Wechselt beispielsweise eine Baugruppe bzw. ein Modul eines DPV1-Slaves seinen Betriebszustand, z. B. von der Betriebsart RUN nach STOP, so kann dieser Zustandswechsel durch einen Statusalarm an den DP-Master gemeldet werden. Die genauen Ereignisse, die einen Statusalarm auslösen, werden durch den Hersteller festgelegt und können der Dokumentation des DPV1-Slaves entnommen werden. Durch einen Statusalarm wird vom Betriebssystem der CPU der Organisationsbaustein OB55 aufgerufen. Ist dieser OB nicht programmiert, bleibt die CPU trotzdem im RUN. Der OB55 steht nur bei DPV1-fähigen S7-CPUs zur Verfügung.

3.3.7 Update-Alarm von DP-Slave-Stationen

Ein DPV1-Slave kann beispielsweise die Übernahme einer Parameteränderung eines Moduls durch einen Update-Alarm an den DP-Master signalisieren. Dadurch wird in der CPU der OB56 aufgerufen. Der OB56 ist nur bei DPV1-fähigen S7-CPUs programmierbar. Die CPU bleibt beim Eintreffen eines Update-Alarms immer im RUN, also auch wenn der OB56 nicht programmiert ist. Die Festlegung, welches Ereignis von einem DPV1-Slave als Update-Alarm gemeldet wird, wird vom Hersteller des Slaves festgelegt. Genaue Informationen hierzu können der Beschreibung des DPV1-Slaves entnommen werden.

3.3.8 Herstellerspezifischer Alarm von DP-Slave-Stationen

Ein herstellerspezifischer Alarm kann nur von einem Steckplatz eines DPV1-Slaves an den DP-Master gemeldet werden. Dadurch wird in der CPU der Organisationsbaustein OB57 aufgerufen. Der Organisationsbaustein für herstellerspezifische Alarme steht nur bei DPV1-fähigen S7-CPUs zur Verfügung. Ist der OB57 in der CPU nicht programmiert, bleibt die CPU trotzdem im RUN-Zustand. Die Festlegung, wann ein DPV1-Slave einen herstellerspezifischen Alarm auslöst, hängt vom Slave bzw. bei intelligenteren Slaves von dessen Applikation ab und wird im Allgemeinen vom Hersteller bestimmt. Informationen, ob und wann ein DPV1-Slave einen herstellerspezifischen Alarm auslöst kann der Dokumentation des Slaves entnommen werden.

3.4 DP-Slave-Varianten in SIMATIC S7-Systemen

Je nach Aufbau und Funktionen sind die bei S7-Systemen einsetzbaren DP-Slaves, in drei Gruppen

▷ *Kompakte* DP-Slaves

▷ *Modulare* DP-Slaves

▷ *Intelligente* DP-Slaves (I-Slaves)

einteilbar.

3.4.1 *Kompakte* DP-Slaves

Die kompakten DP-Slaves besitzen eine nicht veränderbare Peripherie-Struktur im Ein- und Ausgangsbereich. Die Reihe der digitalen ET 200B-Stationen (B für Blockperipherie) stellen solche DP-Slaves dar. Je nach Anzahl der benötigten Peripheriekanäle und des Spannungsbereiches können aus dem ET 200B-Baugruppenspektrum die geeigneten Baugruppen ausgewählt werden.

3.4.2 *Modulare* DP-Slaves

Bei den modular aufgebauten DP-Slaves ist die Struktur des verwendeten Ein-und Ausgangsbereiches variabel und wird erst bei der Projektierung des DP-Slaves festgelegt. Typische Vertreter dieses DP-Slavetyps sind die ET 200M-Stationen. An eine ET 200M-Kopfbaugruppe (IM 153) können bis zu acht Peripheriebaugruppen aus dem S7-300-Spektrum (modular) angeschlossen werden.

3.4.3 *Intelligente* DP-Slaves (I-Slaves)

S7-300-Automatisierungssysteme können über die CPU315-2, CPU316-2, CPU318-2 oder den CP342-5 als DP-Slaves betrieben werden. Solche signalvorverarbeitende Feldgeräte werden innerhalb von SIMATIC S7-Systemen als „Intelligente DP-Slaves", kurz I-Slaves bezeichnet. Die Struktur des verwendeten Ein-/Ausgangsbereiches für die S7-300 als DP-Slave wird über das Projektierungswerkzeug *HW Konfig* festgelegt.

Ein Merkmal der intelligenten DP-Slaves ist, dass der dem DP-Master zur Verfügung gestellte Ein-/Ausgangsbereich nicht einer real vorhandenen Peripherie, sondern einem Ein-/Ausgangsbereich, der durch eine vorverarbeitenden CPU abgebildet wird, entspricht.

4 Programmierung und Projektierung von PROFIBUS-DP mit STEP 7

Einführung

Das Softwarepaket STEP 7 ist die Basisprogrammier- und -projektierungssoftware für SIMATIC S7-Systeme. Dieses Kapitel beschreibt die für den Einsatz von PROFIBUS-DP relevanten Tools des Basispaketes STEP 7 Version 5.0 unter Windows 95 oder Windows NT. Eine lauffähige Installation des Softwarepaketes STEP 7 auf dem PG oder dem PC und entsprechende Kenntnisse für das Arbeiten unter Windows 95 oder Windows NT werden vorausgesetzt. Das STEP 7-Basispaket setzt sich aus verschiedenen Applikationen zusammen (Bild 4.1). Diese werden eingesetzt zum

▷ Konfigurieren und Parametrieren der Hardware,

▷ Konfigurieren von Netzwerken und Verbindungen sowie

▷ Erstellen und Testen der Anwenderprogramme.

Durch eine Reihe von Optionspaketen, z.B. Programmiersprachpakete wie SCL, S7GRAPH oder HiGraph, ist das Basispaket STEP 7 für die jeweiligen Applikationen erweiterbar. Mit dem zentralen Werkzeug SIMATIC Manager sind alle benötigten Applikationen graphisch erreich- und aufrufbar. Alle Daten und Einstellungen für eine Automatisierungsanlage werden innerhalb eines Projektes strukturiert und als Objekte dargestellt. Das STEP 7-Softwarepaket ist mit einer umfangreichen Online-Hilfe bis hin zu einer kontextabhängigen Hilfe über markierte Behälter, Objekte und auftretende Fehlermeldungen ausgestattet.

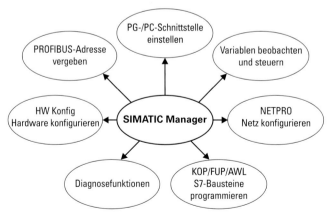

Bild 4.1
Aus dem SIMATIC Manager aufrufbare, PROFIBUS-DP-relevante STEP 7-Applikationen

4.1 STEP 7-Grundlagen

4.1.1 STEP 7-Objekte

Bild 4.2 zeigt, wie sich ein STEP 7-Projekt aus verschiedenen Behältern und Objekten zusammensetzt, vergleichbar mit den Verzeichnisstrukturen innerhalb des Windows-Explorers. Als Behälter bezeichnet man hierbei Objekte, die ihrerseits wieder Behälter und/oder Objekte enthalten können. So enthält zum Beispiel der Behälter für eine über den SIMATIC Manager projektierte S7-Station weitere Behälter für die eingesetzte Hardware und das S7-Programm. Das S7-Programm besitzt wiederum weitere Behälter für die Ablage von textuellen oder grafischen Quellen und STEP 7-Programmbausteinen. Im Bausteinbehälter sind dann die erstellten Bausteine als Objekte hinterlegt.

Objektorientiertes Arbeiten mit STEP 7

Bei der Bearbeitung der verschiedenen Objekt-Typen im SIMATIC Manager wird automatisch die dazugehörige Applikation aufgerufen. Diese typbezogene Verknüpfung der Objekte mit der dazugehörigen Applikation ermöglicht ein sehr einfaches und durchgängiges Vorgehen bei der Bearbeitung von STEP 7-Projekten. Alle mit einem Objekttyp verknüpften Applikationen lassen sich entweder durch Anklicken des zu bearbeitenden Objektes oder über das Kontext-Menue (Markierung des Objektes im SIMATIC Manager und rechte Maustaste betätigen) mit OBJEKT ÖFFNEN starten.

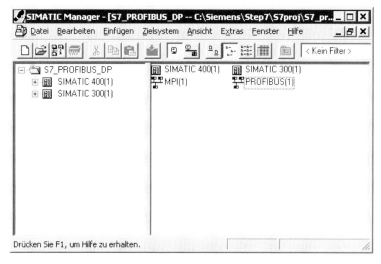

Bild 4.2 Beispiel für die Behälter- und Objekt-Strukturen bei STEP 7

4 Programmierung und Projektierung von PROFIBUS-DP mit STEP 7

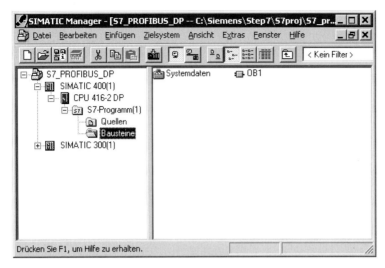

Bild 4.3   Objekthierarchie in einem STEP 7-Projekt

4.1.2 STEP 7-Projekte

Das Hauptobjekt im SIMATIC Manager ist das Projekt. Innerhalb eines Projektes sind alle Daten und Programme, die zur Abwicklung einer Automatisierungsaufgabe benötigt werden, in einer Baumstruktur (Projekthierarchie) abgelegt (Bild 4.3). Die innerhalb eines Projektes zusammengefassten Informationen sind:

▷ Konfigurationsdaten über den Hardware-Aufbau

▷ Parametrierungsdaten für die eingesetzten Baugruppen

▷ Projektierungsdaten für Netze und die Kommunikation

▷ Programme für programmierbare Baugruppen

4.2 Beispielprojekt mit PROFIBUS-DP

Dieses Kapitel behandelt anhand der Erstellung eines Beispielprojektes die STEP 7-Applikationen, die zum Erstellen von Automatisierungsprojekten in Verbindung mit PROFIBUS-DP relevant sind. In der Hauptsache sind dies die Applikationen *STEP 7 Manager* und *HW Konfig*.

Die hier im Anschluss vorgeschlagene Vorgehensweise bei der Erstellung eines SIMATIC S7-Projektes soll Ihnen helfen, einen möglichst einfachen und schnellen Einstieg in das Projektierungswerkzeug STEP 7 zu erhalten.

Im nachfolgend beschriebenen Projektierungsbeispiel wird eine S7-400-Station mit einer CPU416-2DP eingesetzt. Über die integrierte DP-Schnittstelle der CPU sind die DP-Slaves ET200B-16DI/16DO, ET200M und S7-300/CPU315-2 angeschlossen. Als Übertragungsgeschwindigkeit ist eine Baudrate von 1.500 kBit/s gewählt.

4.2.1 Neues STEP 7-Projekt anlegen

Zum Anlegen eines neuen Projektes innerhalb des *SIMATIC Manager*s können Sie wie folgt vorgehen:

- Über DATEI/NEU gelangen Sie zum Fenster (Bild 4.4) zum Anlegen eines neuen Projektes.

- Wählen Sie den Auswahlknopf „Neues Projekt" und stellen Sie den Ablageort (Pfad) für das neu zu erstellende Projekt ein.

- Geben Sie den gewünschten Namen, für unser Projektierungsbeispiel *S7-PROFIBUS-DP*, für das neu anzulegende Projekt ein und verlassen Sie die Maske über OK.

Nach dem Verlassen des Fensters mit OK gelangen Sie wieder in das Hauptmenue des *SIMATIC Manager*s. Zum nun eingerichteten Objekt-Behälter S7_PROFIBUS_DP wurde automatisch das Objekt *MPI* (*M*ulti *P*oint *I*nterface) eingerichtet, das sich in der rechten Hälfte des Projektfensters befindet. Das Objekt *MPI* wird automatisch beim Anlegen eines Projektes durch STEP 7 eingerichtet und stellt die Standard-PG- und Kommunikationsschnittstelle der CPU dar.

4.2.2 Objekte in das STEP 7-Projekt einfügen

Markieren Sie das Projekt und öffnen Sie mit Hilfe der rechten Maustaste das Kontextmenue. Wählen Sie über NEUES OBJEKT EINFÜGEN eine SIMATIC 400-Station aus. Das neu eingefügte Objekt erscheint in der rechten Hälfte des Projektfensters. Sie haben hier, wie auch bei allen anderen Objekten, die Möglichkeit, einen projektspezifischen Namen

Bild 4.4
Fenster zum Anlegen eines neuen Projektes

für das Objekt zu vergeben. Weiterhin können Sie unter OBJEKTEIGENSCHAFTEN noch weitere Daten für jedes Objekt festlegen.

Fügen Sie als nächstes das Objekt *PROFIBUS* in das unter Abschnitt 4.2.1 angelegte STEP 7-Projekt ein. Gehen Sie hierzu genau wie beim Einfügen der SIMATIC 400-Station vor.

4.2.3 PROFIBUS-Netzeinstellungen

Mit dem Kontextmenue OBJEKT ÖFFNEN gelangen Sie zum graphischen Projektierungswerkzeug NetPro. Hier kommen Sie bei angewähltem PROFIBUS-Subnetz mit dem Kontextmenue OBJEKTEIGENSCHAFTEN über das Fenster „Eigenschaften-PROFIBUS" zu dem im Bild 4.5 dargestellten Register „Netzeinstellungen". Innerhalb dieses Registers haben Sie die Möglichkeit, alle relevanten Netzeinstellungen für das PROFIBUS-Subnetz vorzunehmen.

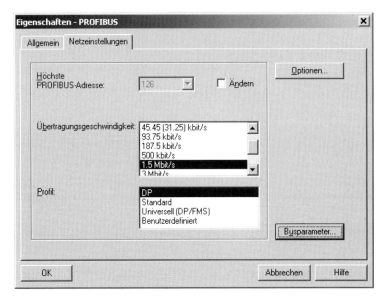

Bild 4.5 PROFIBUS-Netzeinstellungen

Für das Beispielprojekt übernehmen Sie bitte die vorgeschlagenen Einstellungen (Defaulteinstellungen) mit OK. Wenn Sie jetzt direkt mit dem Erstellen des Beispielprojektes fortfahren möchten, gehen Sie bitte weiter zu Abschnitt 4.2.4.

Im Register „Netzeinstellungen" des Fensters „Eigenschaften-PROFIBUS" können folgenden Parameter eingestellt werden:

Höchste PROFIBUS-Adresse

Dieser Parameter, in der EN 50170 als HSA (*H*ighest-*S*tation-*A*ddress) bezeichnet, dient zur Optimierung der Buszugriffssteuerung (Tokenmanagement) bei Multi-Master-Buskonfigurationen. Bei einer Mono-Master-PROFIBUS-DP-Konfiguration sollte die Defaulteinstellung von 126 für diesen Parameter nicht verändert werden.

Baudrate

Die hier einstellbare Übertragungsgeschwindigkeit gilt für das gesamte PROFIBUS-Subnetz. Das bedeutet, alle Teilnehmer die an diesem PROFIBUS-Subnetz betrieben werden sollen, müssen die gewählte Baudrate unterstützen. Es sind Baudraten von 9,6 bis 12.000 kBit/s wählbar. Als Defaulteinstellung wird eine Baudrate von 1.500 kBit/s vorgeschlagen.

Profil

Die Busprofile stellen Standards (Voreinstellungen der Busparameter) für die verschiedenen PROFIBUS-Anwendungen dar. Hinter den jeweiligen Busprofilen stehen die PROFIBUS-Busparameter, die von STEP 7 konfigurations-, profil- und baudratenabhängig errechnet und eingestellt werden. Die Busparameter gelten busweit für alle am PROFIBUS-Subnetz angeschlossen Busteilnehmer.

Für spezielle Anwendungen besteht die Möglichkeit, über das Profil „*Benutzerdefiniert*" die voreingestellten Busparameter der Profile „*DP*", „*Standard*" oder „*Universell(DP/FMS)*" zu übernehmen und zu verändern. Anpassungen dieser Art sollten jedoch nur von Spezialisten durchgeführt werden. Die einzustellenden Busprofile sind abhängig von der PROFIBUS-Konfiguration. Hierbei bestehen folgende Abhängigkeiten:

Profil „*DP*"

Dieses Profil ist ausschließlich für reine SIMATIC S7- und SIMATIC M7-PROFIBUS-DP-Mono-Master- und Multi-Master-Konfigurationen zu wählen. Die für dieses Profil optimiert berechneten Busparameter berücksichtigen auch die Kommunikationslast für weitere mögliche Kommunikationsverbindungen, wie (ein) PG am Bus, B&B-Dienste, sowie für projektierte azyklische FDL-Verbindungen, FMS-Verbindungen und die S7-Verbindungen, am PROFIBUS-Subnetz.

Bei diesem Busprofil werden nur diejenigen PROFIBUS-Teilnehmer berücksichtigt, die innerhalb des entsprechenden PROFIBUS-Subnetzes (STEP 7-Projektes) bekannt sind, d.h. auch projektiert wurden.

Profil „*Standard*"

Unter diesem Profil besteht die Möglichkeit, über den Button „Optionen" im Register „Netzteilnehmer" (Bild 4.9) weitere, nicht mit STEP 7 projektierbare Busteilnehmer oder nicht zum aktuell bearbeiteten STEP 7-Projekte gehörende Busteilnehmer, für die Berechnung der Busparameter zu berücksichtigen.

Solange die Option „Folgende Netzkonfiguration berücksichtigen" nicht angewählt wurde, werden die Busparameter nach dem gleichen optimierten Algorithmus wie unter dem Profil „*DP*" berechnet. Bei angewählter Option werden die Busparameter nach einem vereinfachten, „pauschalen" Algorithmus berechnet.

Das Profil „*Standard*" ist somit speziell für alle weiteren SIMATIC S7- und SIMATIC M7- Multi-Master-Buskonfigurationen (DP/FMS/FDL), sowie allen STEP 7 projektübergreifenden Buskonfigurationen einzusetzen.

Profil „*Universell (DP/FMS)*"

Dieses Busprofil steht für die Busparametereinstellungen der PROFIBUS-Komponenten des SIMATIC S5-Spektrums, wie z.B. CP5431 oder AG95U, und muss dann gewählt werden, wenn an einem PROFIBUS-Subnetz SIMATIC S7- und SIMATIC S5-Teilnehmer gleichzeitig betrieben werden sollen.

Busparameter

Hinter dem Button „Busparameter..." befinden sich die von STEP 7 berechneten Busparameter. Anhand der über das STEP 7-Projekt bekannten Buskonfiguration und Anzahl der Busteilnehmer errechnet STEP 7 die Werte für den Busparameter „Ttr" (*T*ime *t*arget *r*otation) =Token-Soll-Umlauf-Zeit und den Busparameter „Ansprechüberwachung", der nur für PROFIBUS-DP-Slaves relevant ist.

Der von STEP 7 berechnete und hier dargestellte Busparameter „Ttr" (*T*ime_*t*arget_*r*otation) stellt nicht die reale Tokenumlaufzeit, sondern einen erlaubten Maximalwert dar und kann damit auch nicht zur Bestimmung der Reaktionszeiten am Bussystem herangezogen werden.

Die im Bild 4.6 angezeigten Werte sind nur bei gewähltem Profil „Benutzerdefiniert" veränderbar. Eine sichere Funktion des PROFIBUS-Subnetzes ist nur dann gegeben, wenn die Busparameter für das entsprechende Busprofil aufeinander abgestimmt sind. Veränderungen der voreingestellten Werte sollten deshalb nur von entsprechenden Experten vorgenommen werden.

Alle Werte für die Busparameter sind in der Einheit tBIT (*t*ime_*B*it/Bitlaufzeit) angegeben. Die in der Tabelle 4.1 dargestellte Bitlaufzeit ist baudratenabhängig und berechnet sich nach folgender Formel:

$tBIT\ [\mu s] = 1\ /\ MBit/s$

Tabelle 4.1 Bitlaufzeit in Abhängigkeit der Baudrate

Baudrate	tBIT (µs)
9,6 kBit/s	104,167
19,2 kBit/s	52,083
45,45 kBit/s	22,002
93,75 kBit/s	10,667
187,5 kBit/s	5,333
500 kBit/s	2,000
1.500 kBit/s	0,667
3.000 kBit/s	0,333
6.000 kBit/s	0,167
12.000 kBit/s	0,083

4.2 Beispielprojekt mit PROFIBUS-DP

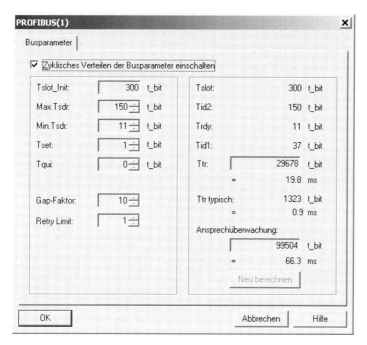

Bild 4.6 Busparameter-Einstellungen

Zyklisches Verteilen der Busparameter einschalten

Mit Aktivieren dieser Funktion werden die für das betreffende PROFIBUS-Subnetz eingestellten Busparameter in bestimmten Zeitabständen zyklisch von einem Teilnehmer an alle sich am PROFIBUS-Subnetz in Betrieb befindlichen Teilnehmer gesendet. Die Übertragung der Daten erfolgt hierbei über den Layer 2-Dienst SDN (*Send Data with No Acknowledge*) mit DSAP (*Destination Service Access Point*) 63 als Multicast-Telegramm.

Diese Funktion ermöglicht einen sehr einfachen und komfortablen temporären Anschluss von Programmiergeräten an ein in Betrieb befindliches PROFIBUS-Subnetz, auch wenn die am PROFIBUS-Subnetz eingestellten Busparameter dem PG-Benutzer nicht bekannt sind (siehe auch 7.2 „PG/PC-Schnittstelle einstellen").

Diese Funktion sollte nicht aktiviert werden, wenn Äquidistanz-Betrieb gewählt wurde (Verlängerung des Buszyklus) oder sich weitere Teilnehmer (Fremdgeräte) am PROFIBUS-Subnetz befinden, die den DSAP 63 für Multicast-Funktionen benutzen.

Optionen... „Äquidistanz"

Über den Button „Option" und Anwahl des Registers „Äquidistanz" gelangen Sie zur Grundeinstellungsmaske für den äquidistanten PROFIBUS-DP-Betrieb (Bild 4.7). Durch die Anwahl über das entsprechende Kontrollkästchen „Äquidistanten Buszyklus aktivieren" stellen Sie für das PROFIBUS-Subnetz einen konstanten Buszyklus ein (siehe 2.3.2 „Äquidistanter PROFIBUS-Zyklus"). Dies bedeutet, dass der zeitliche Abstand aufeinanderfolgender Sendeberechtigungen für den DP-Master konstant ist.

4 Programmierung und Projektierung von PROFIBUS-DP mit STEP 7

Die Projektierung eines äquidistanten Buszyklus für PROFIBUS-Subnetze ist nur möglich, solange sich nur ein einziger DP-Master (Klasse 1) am Subnetz befindet. DP-Master (Klasse 1) sind DP-Master, die ihre zugeordneten DP-Slaves zum Austauschen der E-/A-Daten zyklisch ansprechen.

Der für die jeweilige projektierte Anlagenkonfiguration von STEP 7 errechnete und vorgeschlagene Zeitwert für den äquidistanten DP-Zyklus reicht aus, um den zyklischen Nutzdatenverkehr mit den DP-Slaves und den azyklischen Datenaustausch für den Betrieb von PGs, OPs und TDs innerhalb der vorgeschlagenen Zeit abzuwickeln. In der im Bild 4.7 dargestellten Maske haben Sie die Möglichkeit, über den Parameter „Anzahl PGs/OPs/TDs am PROFIBUS" Buszykluszeit für weitere, am Bus betriebene PGs, OPs und TDs zu reservieren.

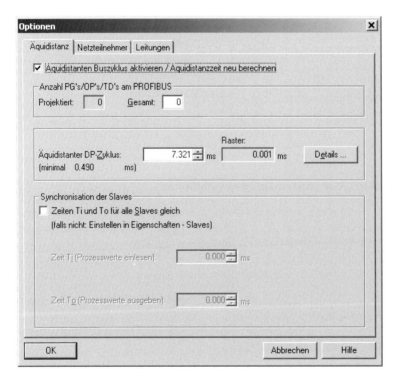

Bild 4.7 Einstellung der Zeitwerte für den äquidistanten DP-Zyklus (Grundwerte)

Die von STEP 7 vorgeschlagene Äquidistanzzeit in dieser Maske ist veränderbar. Wobei eine Vergrößerung des vorgeschlagenen Wertes unproblematisch ist. Bei einer Verkleinerung, bis hin zum angezeigten minimalen Wert für die Äquidistanz-Zeit, sollten Sie beachten, dass es bei dieser Einstellung aufgrund von Störungen, wie zum Beispiel Ausfall und Wiederaufnahme von DP-Slaves, zu einer Überschreitung der eingestellten Äquidistanz-Zeit kommen kann. Weiterhin ist bei dieser Einstellung die für die weiteren aktiven Teilnehmer, wie zum Beispiel PGs zur Verfügung gestellte Zeit für den azyklischen Datenaustausch auf ein Minimum reduziert. Dies kann in ungünstigen Fällen zu Verzögerungen oder zum Erliegen der azyklischen Kommunikation führen.

4.2 Beispielprojekt mit PROFIBUS-DP

Über den Button „Details" gelangen Sie in die im Bild 4.8 dargestellte Äquidistanz-Detail-Maske. Hier werden die einzelnen Zeitanteile, aus der sich die vorgeschlagene Äquidistanz-Zeit zusammensetzt, angezeigt. Die angezeigte Zeit für den zyklischen Anteil ist fest und kann nicht verändert werden. Es besteht jedoch auch hier die Möglichkeit, den azyklischen Zeitanteil und den die für PGs, OPs und TDs zur Verfügung stehenden Zeitanteil zu verändern.

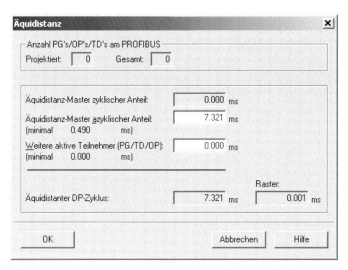

Bild 4.8 Einstellung der Zeitwerte für den äquidistanten DP-Zyklus (Detailwerte)

Optionen... „Netzteilnehmer"

Da es unter Umständen nicht möglich ist, alle Busteilnehmer einer PROFIBUS-Anlage über ein STEP 7-Projekt zu erfassen, besteht die Möglichkeit, über das im Bild 4.9 dargestellte Register „Netzteilnehmer" weitere aktive und passive Busteilnehmer für die entsprechende Busparameterberechnung zu berücksichtigen. Diese Option ist bei angewähltem Profil „DP" nicht möglich.

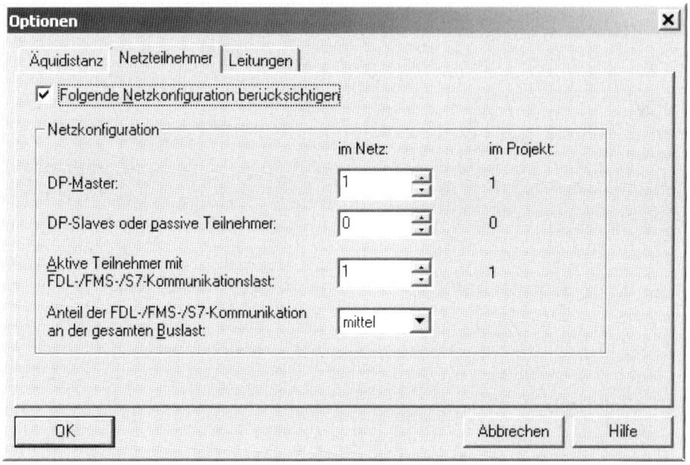

Bild 4.9 Angabe von weiteren Netzteilnehmern für das PROFIBUS-Subnetz

Optionen... „Leitungen"

Auch der Einsatz von RS485-Repeatern oder Optical Link Modulen (OLM) bei Lichtwellenleitertechnik hat zusammen mit der Leitungslänge Einfluss auf die Berechnung der Busparameter. Über das Register „Leitungen" gelangen Sie in die Maske zur Angabe dieser entsprechenden Größen (Bild 4.10).

Bild 4.10 Maske „Leitungen" zur Berücksichtigung von Repeatern, OLMs und Leitungslängen

4.2.4 Hardware konfigurieren mit *HW Konfig*

Im nächsten Schritt des Projektierungsbeispiels (siehe Abschnitt 4.2.1) wird die im Automatisierungssystem S7-400 eingesetzte Hardware projektiert. Hierzu öffnen Sie in der linken Hälfte des Projektfensters den Objektbehälter S7_PROFIBUS_DP. Anschließend markieren Sie das Objekt *SIMATIC 400(1)* und starten entweder über das Kontextmenue OBJEKT ÖFFNEN oder durch Doppelklick auf das Hardwareobjekt in der rechten Hälfte des Projektfensters die Applikation *HW Konfig*. Das zunächst noch leere, zweigeteilte Stationsfenster zum Konfigurieren der Hardware für die SIMATIC 400-Station erscheint.

Baugruppenträger projektieren

Öffnen Sie über den Symbolmenü-Befehl „Katalog" den Hardware-Katalog und die Hardware-Auswahl für SIMATIC 400. Wählen Sie nun einen Baugruppenträger unter

4.2 Beispielprojekt mit PROFIBUS-DP

„RACK-400" aus. Für unser Projektierungsbeispiel wählen Sie das Universal-Rack (UR2) mit 9 Einbauplätzen aus. Ziehen Sie den markierten Baugruppenträger durch Drag&Drop in das obere Stationsfenster.

Der S7-400 Baugruppenträger erscheint in Form einer Konfigurationstabelle mit Steckplatznumerierung im oberen Teil des Stationsfensters. Im unteren Teil des Stationsfensters wird der Baugruppenträger in Detailsicht mit zusätzlichen Angaben, wie z. B. Bestellnummer, MPI-Adresse, E-/A-Adressen, dargestellt.

Plazieren Sie nun aus dem Hardware-Katalog „PS-400" die Stromversorgung *PS407 10A* auf den Steckplatz 1 des Baugruppenträgers. Die gewählte Stromversorgung belegt zwei Steckplätze (1 und 2).

Als nächstes wählen Sie aus dem Hardware-Katalog „CPU 400 → CPU 416-2DP" die CPU416-2DP mit der Bezeichnung „6ES7 416-2XK00-0AB0" aus und schieben die Baugruppe durch Drag&Drop auf Steckplatz 3 des Baugruppenträgers. Es wird automatisch das Fenster „Eigenschaften-PROFIBUS Teilnehmer DP-Master", Register „Netzteilnehmer" zum Parametrieren der auf der CPU integrierten DP-Masterschnittstelle geöffnet. Stellen sie die PROFIBUS-Adresse „2" ein und markieren Sie das gewünschte PROFIBUS-Subnetz (im Beispiel ist nur ein PROFIBUS-Subnetz projektiert), mit dem Sie die DP-Masterschnittstelle der CPU verbinden möchten (Bild 4.11).

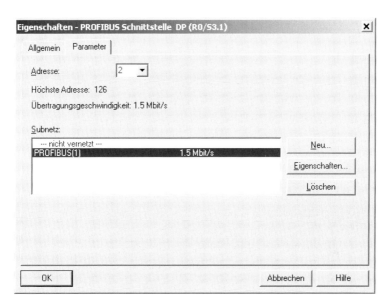

Bild 4.11 PROFIBUS-Netzzuordnung „Eigenschaften-PROFIBUS Teilnehmer DP-Master"

In dieser Maske haben Sie auch die Möglichkeit, ein neues PROFIBUS-Subnetz einzurichten oder ein bereits bestehendes zu löschen.

Durch OK gelangen Sie wieder zurück zur Hauptmaske von *HW Konfig*.

4 Programmierung und Projektierung von PROFIBUS-DP mit STEP 7

4.2.5 DP-Slaves projektieren

Bild 4.12 zeigt das *HW Konfig* Stationsfenster der bisher projektierten S7-400-Station. In der oberen Hälfte ist die S7-400-Station mit dem projektierten DP-Mastersystem dargestellt.

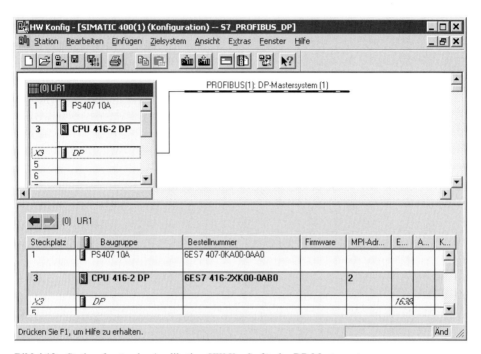

Bild 4.12 Stationsfenster der Applikation *HW Konfig* für das DP-Mastersystem

ET 200B-Station

Innerhalb unseres Projektierungsbeispiels werden jetzt die geplanten DP-Slaves an das DP-Mastersystem angeschlossen. Dazu müssen Sie als erstes im Hardware-Katalog die „PROFIBUS-DP" Hardware-Auswahl öffnen. Wählen Sie unter dem Katalog „ET 200B" die *ET 200B-16DI/16DO*-Station aus und schließen Sie diesen DP-Slave durch Drag& Drop an das DP-Mastersystem an. Im folgenden Fenster „Eigenschaften-PROFIBUS Teilnehmer ET 200B 16DI/16DO" stellen Sie die PROFIBUS-Adresse „4" für diesen DP-Slave ein und gehen über OK zurück zum *HW Konfig*-Stationsfenster.

In der Detailansicht zur projektierten ET 200B-Station (ET 200B-Station muss markiert sein) werden die von diesem DP-Slave belegten Adressen (Eingangsbyte „0" bis „1" und Ausgangsbyte „0" bis „1") angezeigt (Bild 4.13). Diese vom Projektierungswerkzeug vorgeschlagenen Adressen können Sie über Doppelklicken auf der entsprechenden Detailzeile in der unteren Hälfte des Stationsfensters ändern. Die hier dargestellte Struktur der Ein- und Ausgangsdaten wird dem DP-Slave während der Anlaufphase über das Konfigurationstelegramm mitgeteilt.

4.2 Beispielprojekt mit PROFIBUS-DP

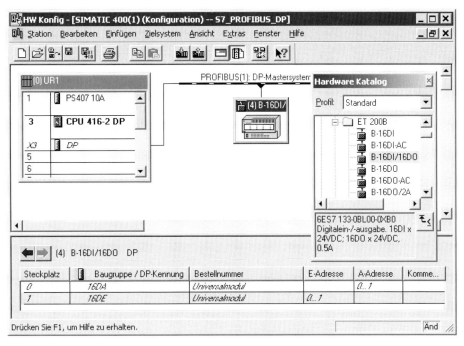

Bild 4.13 *HW Konfig*-Stationsfenster mit ET 200B DP-Slave

Die Bedeutung der Detailansicht ist über den „Pfeil"-Button umschaltbar. Der Pfeil von rechts nach links bedeutet „Detailansicht des markierten DP-Slaves" (Defaulteinstellung). Wird der Pfeil umgeschaltet und zeigt von links nach rechts, handelt es sich um eine „Detailansicht des DP-Mastersystems".

Durch Doppelklick auf den in der oberen Hälfte des *HW Konfig*-Stationsfensters dargestellten DP-Slaves gelangen Sie zu dem im Bild 4.14 dargestellten Fenster „Eigenschaften-DP-Slave", Register „Allgemein" des projektierten DP-Slaves. In diesem Fenster sind, außer weiteren Daten zum eingesetzten DP-Slave (Bestellnummer, Familie, Typ und Bezeichnung), noch eine Reihe wichtiger Eigenschaften festgelegt bzw. festzulegen.

Diagnoseadresse

Über die hier vom Projektierungswerkzeug vorgeschlagene, ggf. auch änderbare Diagnoseadresse meldet die CPU einen Ausfall des betreffenden DP-Slaves über den OB86 „Baugruppenträger-/DP-Slaveausfall". Weiterhin kann unter dieser Adresse die Diagnose des DP-Slaves ausgelesen werden.

SYNC/FREEZE-Fähigkeiten

Hier wird angezeigt, ob der DP-Slave das Steuerkommando SYNC und/oder FREEZE des DP-Masters ausführen kann. Die entsprechende Information holt sich das Projektierungswerkzeug aus der GSD-Datei des DP-Slaves. Bei den hier angezeigten SYNC/FREEZE-Fähigkeiten handelt es sich ausschließlich um eine Anzeige.

4 Programmierung und Projektierung von PROFIBUS-DP mit STEP 7

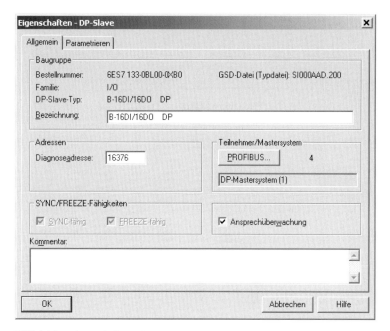

Bild 4.14 Eigenschaftsmaske des DP-Slaves

Ansprechüberwachung

Durch eine eingeschaltete Ansprechüberwachung haben Sie die Möglichkeit, dass der DP-Slave beim Ausfall des Datenverkehrs mit dem DP-Masters innerhalb der projektierten Ansprechüberwachungszeit reagiert. Nach Ablauf der eingestellten Ansprechüberwachungszeit geht der DP-Slave in einen sicheren Zustand, d. h. alle Ausgänge werden auf Signalzustand „0" gesetzt oder, falls vom DP-Slave unterstützt, werden Ersatzwerte ausgegeben.

Sie sollten sich darüber bewusst sein, dass es bei ausgeschalteter Ansprechüberwachung zu gefährlichen Anlagenzuständen kommen kann. Die Ansprechüberwachung ist für jeden einzelnen DP-Slave ein- und abschaltbar.

Unter dem Register „Parametrieren" des Fensters „Eigenschaften-DP-Slave" werden die Slave-spezifischen Parametrierungsdaten des DP-Slaves angegeben. Der Inhalt und die Bedeutung dieser Daten sind aus der Dokumentation des entsprechenden DP- Slave zu entnehmen. Für die im Beispiel projektierte ET 200B-Station sind keine Einstellungen über Parameterdaten möglich. Es müssen jedoch 5 Bytes mit Inhalt „00" angegeben werden (Defaulteinstellung). Die hier hinterlegten Daten werden dem DP-Slave über das Parametriertelegramm mitgeteilt.

Bei DPS7-Slaves entfällt die Angabe der Parameterdaten im Hexadezimalformat. Die entsprechenden Einstellungen für die Daten des Parametriertelegrammes erfolgen innerhalb des Projektierungswerkzeugs *HW Konfig* direkt bei der Projektierung des DP-Slaves.

4.2 Beispielprojekt mit PROFIBUS-DP

ET 200M-Station

Zum Projektieren der modular aufgebauten ET 200M-Station, bestückt mit einer 8DI/8DO-, einer AI2×12Bit- und einer AO2×12Bit-Baugruppe, gehen Sie wie bei der Projektierung der ET 200B-Station vor. Wählen Sie aus der geöffneten Hardware Auswahl „PROFIBUS-DP" unter dem Katalog „ET 200M" die Kopfbaugruppe *IM 153-2* aus und schließen Sie die Baugruppe durch Drag&Drop an das DP-Mastersystem an. Projektieren Sie für diesen DP-Slave in der Maske „Eigenschaften-PROFIBUS Teilnehmer ET 200M IM153-2" die PROFIBUS-Adresse „5".

In der Detailansicht der projektierten ET 200M-Station erscheint eine achtzeilige Konfigurationstabelle mit den Zeilen 4 bis 11. Diese 8 Zeilen stehen für die maximal 8 steckbaren Baugruppen aus dem S7-300-Baugruppenspektrum in der ET 200M. Durch das Öffnen der Hardware-Auswahl zur IM 153-2 im Hardware-Katalog gelangen Sie zu den Unterkatalogen für die hier steckbaren Baugruppentypen. Öffnen Sie dort den Unterkatalog „DI/DO-300", wählen das Signal-Modul *SM323 8DI/8DO × 24V/0,5A* aus und positionieren es durch Drag&Drop auf den Steckplatz „4" der Detailansicht für die ET 200M-Station. Anschließend positionieren Sie, wie im Bild 4.15 dargestellt, auf die gleiche Weise das Analog-Eingangsmodul *SM331 AI2 ×12Bit* auf Steckplatz „5" und das Analog-Ausgangsmodul *SM332 AO2 ×12Bit* auf den Steckplatz „6" der ET 200M-Station.

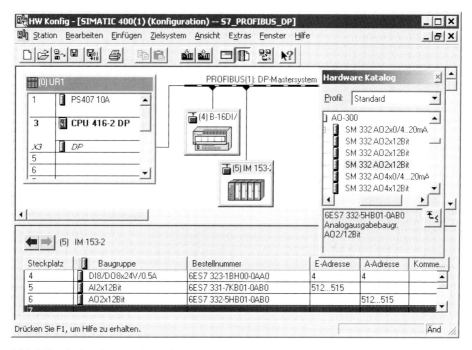

Bild 4.15 Stationsfenster mit Detailansicht der ET 200M-Station in *HW Konfig*

Durch Doppelklick auf das Analog-Eingangsmodul *SM331 AI2 ×12Bit* (Zeile 5 der Detailansicht) gelangen Sie in das Fenster „Eigenschaften-AI2×12Bit". Im Register „Eingänge" des Fensters sind die gewünschten Parameter der Analogeingänge einstellbar. Es sind hier folgende Einstellungen möglich:

- Generelle Freigabe der Alarme
- Separate Freigabe der Diagnosealarme
- Freigabe und Einstellung der Grenzwerte für Prozessalarme
- Messart
- Messbereich
- Stellung des Messbereichsmoduls
- Integrationszeit

Geben Sie in diesem Fenster die Diagnosealarme für die Baugruppe frei und verlassen mit OK das Register „Eingänge".

Im Register „Ausgänge" des Eigenschaftsfensters für das Analog-Ausgangsmodul *SM332 AO2×12Bit* (Doppelklick auf Zeile 6 der Detailansicht) sind folgende Parameter einstellbar:

- Freigabe Diagnosealarm
- Ausgabeart
- Ausgabebereich
- Verhalten bei CPU-STOP
- ggf. Ersatzwerte

Im Projektierungsbeispiel werden für die Analogausgabebaugruppe die vorgeschlagenen Defaulteinstellungen übernommen.

S7-300/CPU315-2DP als I-Slave

Vor dem Anschließen der S7-300-Steuerung an das DP-Mastersystem muss diese Steuerung (Objekt) erst innerhalb des Projektes eingerichtet werden. Gehen Sie dazu wie beim Einfügen der S7-400-Station in unserem Projekt vor (siehe Abschnitt 4.2.2).

Zum Projektieren der Baugruppen für die S7-300-Station öffnen Sie aus dem *SIMATIC Manager* heraus das Stationsfenster für die S7-300 in *HW-Konfig* (siehe auch Abschnitt 4.2.4). Über den Hardware-Katalog und die Hardware-Auswahl für SIMATIC 300 wählen Sie nun unter „RACK-300" das Objekt *Profilschiene* aus. Ziehen Sie die markierte Profilschiene durch Drag&Drop in das Stationsfenster. Die S7-300-Profilschiene erscheint in Form einer Konfigurationstabelle mit Steckplatznumerierung im oberen Teil des Stationsfensters. Plazieren Sie nun aus dem Hardware-Katalog „PS-300" die Stromversorgung *PS307 2A* auf den Steckplatz 1 des Baugruppenträgers. Als nächstes wählen Sie aus dem Hardware-Katalog unter „CPU 300 → CPU 315-2DP" die CPU 315-2DP mit der Bezeichnung „6ES7 315-2AF01-0AB0" aus und schieben Sie die Baugruppe durch Drag&Drop auf Steckplatz 2 des Baugruppenträgers.

Es wird automatisch das Fenster „Eigenschaften-PROFIBUS Teilnehmer DP-Master", Register „Netzanschluss", zum Parametrieren der auf der CPU integrierten DP-Schnittstelle geöffnet. Stellen sie die PROFIBUS-Adresse „6" ein und markieren Sie das gewünschte PROFIBUS-Subnetz (im Beispiel ist nur ein PROFIBUS-Subnetz projektiert), mit dem Sie die DP-Schnittstelle der CPU verbinden möchten.

4.2 Beispielprojekt mit PROFIBUS-DP

Da die S7-300-Steuerung in unserem Beispielprojekt als DP-Slave eingesetzt werden soll, muss im Fenster „Eigenschaften-DP-Master" unter dem Register „Betriebsart" die DP-Schnittstelle der CPU315-2DP als DP-Slave (um)projektiert werden. In dieses Fenster gelangen Sie durch Doppelklick auf die DP-Master-Schnittstelle der CPU315-2DP im Stationsfensters von *HW Konfig*. Wählen Sie über das Kontrollkästchen „DP-Slave" die entsprechende Betriebsart. Wechseln Sie nun in das Register „Konfiguration" und wählen Sie „neu".

- Die Konfiguration des Ein-/Ausgangsbereiches im DP-Slave für eine Master-Slave-Kommunikation
- Die Konfiguration des Ein-/Ausgangsbereiches im DP-Slave für den direkten Datenaustausch (Querverkehr)
- Die lokale Diagnoseadresse der DP-Slave-Schnittstelle (die Diagnoseadresse im Register „Adressen" ist bei der Slave-Betriebsart der CPU nicht relevant).

Füllen Sie die Maske wie im Bild 4.16 dargestellt aus. Klicken Sie auf „OK". Die eingegebene Konfiguration wird als Modul übernommen. Geben Sie analog zu dieser Vorgehensweise ein zweites Modul ein, jedoch mit Adresstyp „Ausgang", Adresse „1000", Länge „10" und Konsistenz „gesamte Länge". Wählen Sie „OK" zum Übernehmen der Werte. Anschließend wird die im Bild 4.17 dargestellte Konfiguration angezeigt.

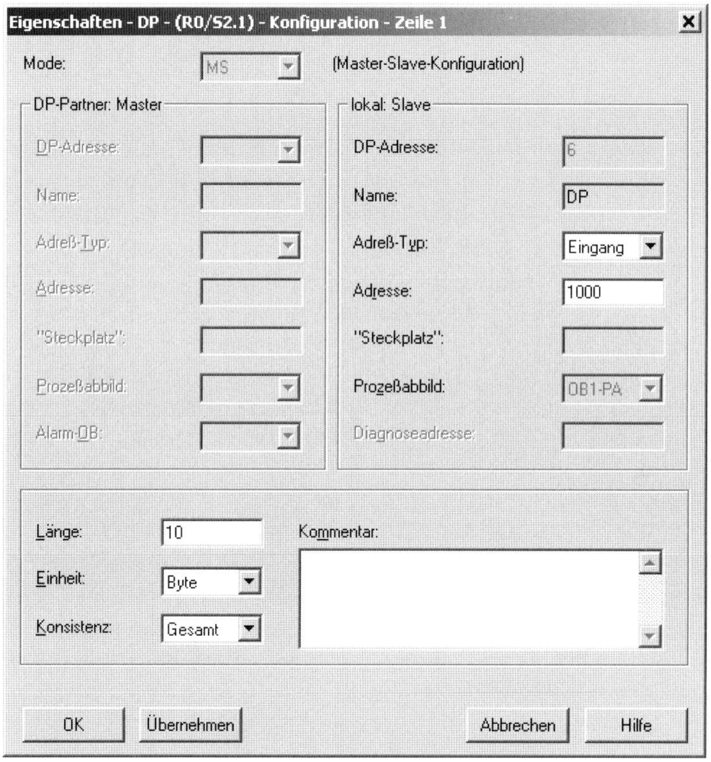

Bild 4.16 *HW Konfig*, „Eigenschaften-DP-Konfiguration"

4 Programmierung und Projektierung von PROFIBUS-DP mit STEP 7

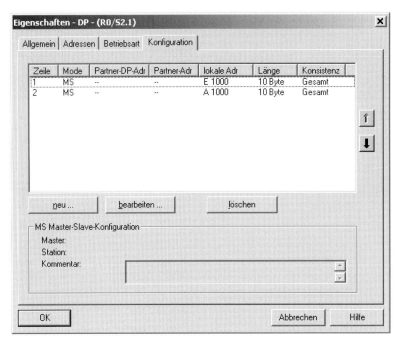

Bild 4.17 *HW Konfig*, „Eigenschaft-DP-Schnittstelle"

Mit OK gelangen Sie zurück zum *HW Konfig*-Stationsfenster der S7-300-Station. Die Anzeige der DP-Schnittstelle zeigt nun die neu projektierte Betriebsart „DP-Slave" an. Speichern Sie nun die Stationskonfiguration für die S7-300-Station in *HW Konfig* ab und wechseln Sie über die Tastenkombination „CTRL"+„TAB" wieder zurück zum Stationsfenster für die S7-400-Station.

Zum Projektieren der S7-300-Station als DP-Slave öffnen Sie im Hardware-Katalog unter „PROFIBUS-DP" Hardware-Auswahl den Unterkatalog „bereits projektierte Stationen" und schließen die *CPU315-2DP* durch Drag&Drop an das DP-Mastersystem an. Durch Doppelklick auf den so neu projektierten DP-Slave gelangen Sie zum Fenster „Eigenschaften-DP-Slave", Wählen Sie das im Bild 4.18 dargestellte Register „Kopplung" an, markieren Sie die dort im Auswahlfenster angebotene SIMATIC 300-Station (PROFIBUS-Adresse „6") und verbinden Sie diese mit Hilfe des Button „Koppeln" mit dem DP-Mastersystem der SIMATIC 400-Station. Zum Schluss wechseln Sie in das Fenster „Konfiguration" und öffnen mit einem Doppelklick auf die erste Zeile den Konfigurations-Dialog. Ergänzen Sie dort die im Bild 4.19 angegebenen, masterrelevanten Parameter Adress-Typ und Adresse und übernehmen Sie diese mit „OK". Öffnen Sie nun über einen Doppelklick die Konfiguration der zweiten Zeile und ergänzen Sie den Adress-Typ mit „Eingang" und die Adresse mit dem Wert „1000". Mit OK übernehmen Sie die Werte und befinden sich wieder im Fenster „DP-Slave Eigenschaften" (Bild 4.20).

4.2 Beispielprojekt mit PROFIBUS-DP

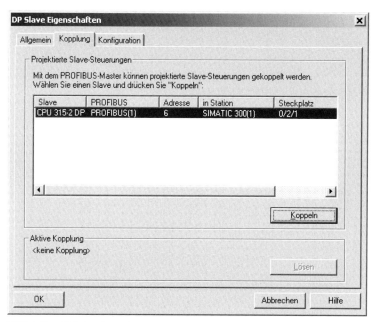

Bild 4.18 *HW Konfig*, „Eigenschaft-DP-Slave", Register „Kopplung"

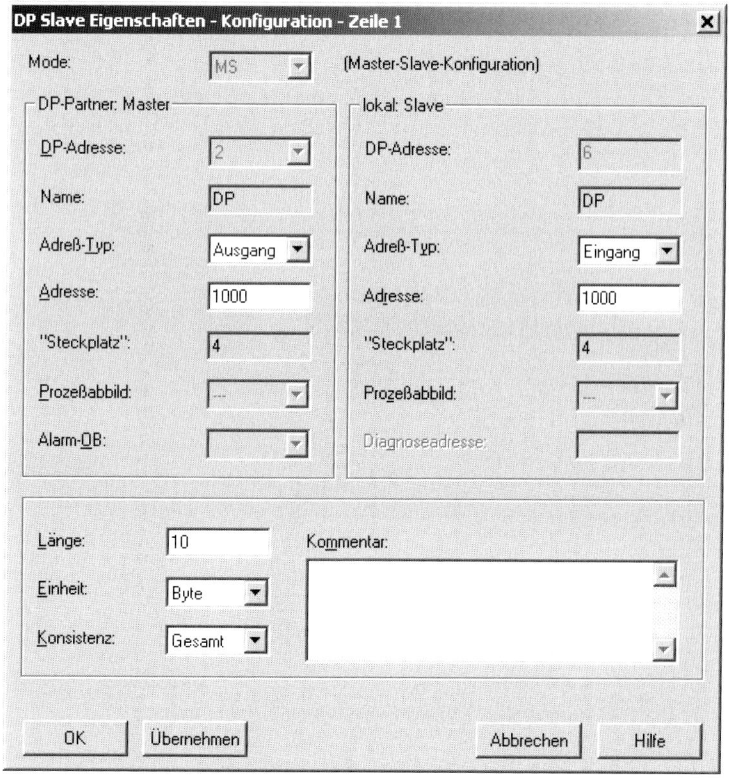

Bild 4.19 *HW Konfig*, „Eigenschaft-DP-Master", Register „Slave-Konfiguration"

4 Programmierung und Projektierung von PROFIBUS-DP mit STEP 7

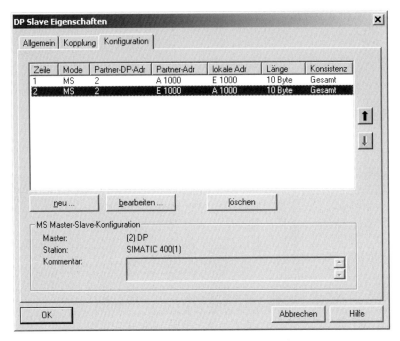

Bild 4.20 *HW Konfig,* „Eigenschaften-DP-Slave-Konfiguration"

Die hier angegebenen Bereiche sind frei für unser Projektierungsbeispiel gewählt. Sie können jederzeit auch andere Bereiche und Adressen vergeben. Es muss lediglich darauf geachtet werden, dass ein Ausgangsbereich des DP-Masters immer einem Eingangsbereich des DP-Slaves und umgekehrt zugeordnet ist. Mit OK kommen Sie zum *HW Konfig*-Stationsfenster der SIMATIC 400-Station zurück (Bild 4.21).

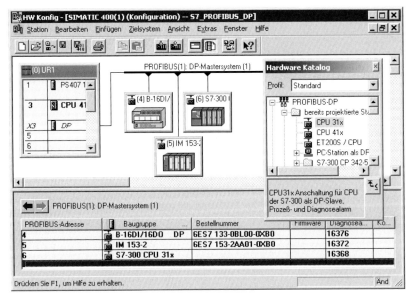

Bild 4.21 *HW Konfig,* Stationsfenster der SIMATIC 400-Station des Beispielprojektes

5 DP-Anwenderprogrammschnittstellen

Einführung

Die an ein SIMATIC S7-System angeschlossene dezentrale Peripherie wird aus Sicht des Anwenderprogramms wie zentrale Peripherie behandelt. Der Datenaustausch zu den DP-Slaves wird über das Prozessabbild der Ein- und Ausgänge der CPUs oder über direkte Peripherie-Zugriffsbefehle aus dem Anwenderprogramm heraus abgewickelt.

Für die Behandlung und Auswertung von Prozess- und Diagnosealarmen stehen entsprechende Schnittstellen und Funktionen zur Verfügung. Ebenso ermöglichen die S7-CPUs ein Um- oder Nachparametrieren von DPS7-Slaves und DPV1-Slaves aus dem Anwenderprogramm heraus.

Der Datenaustausch mit DP-Slaves, die komplexere Funktionen und Datenstrukturen aufweisen, ist aufgrund der oft benötigten Datenkonsistenz nicht über einfache Peripheriezugriffe aus dem Anwenderprogramm heraus möglich. Für die Kommunikation mit diesen DP-Slaves sind in den SIMATIC S7-Systemen spezielle Systemfunktionen vorgesehen.

Dieses Kapitel beschreibt in einer Übersicht die allgemeinen DP-relevanten Funktionen und Schnittstellen des Anwenderprogramms in den SIMATIC S7-CPUs. Es dient damit gleichzeitig als Grundlage für das Verständnis und die Umsetzung der praktischen Anwendungsbeispiele in Kapitel 6 und 7.

5.1 Grundlagen zu den DP-Anwenderprogrammschnittstellen

5.1.1 Organisationsbausteine (OBs)

Zur Abarbeitung des Anwenderprogrammes stellen die SIMATIC S7-CPUs eine Reihe von OBs (*O*rganisations*b*austeinen) zur Verfügung. Die OBs sind die Schnittstelle zwischen dem abzuarbeitenden Anwenderprogramm und dem Betriebssystem der CPU. Mit Hilfe von OBs werden innerhalb der Abarbeitung des Anwenderprogramms spezielle Programmteile gezielt (ereignisgesteuert) abgearbeitet. So wird zum Beispiel beim Eintreffen eines Prozessalarms, ausgelöst durch einen DPS7- oder einen DPV1-Slave, oder bei Ausfall eines DP-Slaves vom Betriebssystem der S7-CPU ein jeweils für dieses Ereignis reservierter OB aufgerufen. Über die Organisationsbausteine ist somit eine ereignisgesteuerte Abarbeitung des Anwenderprogramms möglich. Da der Aufruf eines OBs durch das Betriebssystem beim Eintreffen eines bestimmten Ereignisses in den meisten Fällen gleichzeitig die Unterbrechung des gerade bearbeiteten OBs bedeutet, ist die Ab-

5 DP-Anwenderprogrammschnittstellen

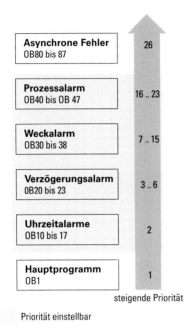

Bild 5.1
Prioritätsklassen der Organisationsbausteine

arbeitung der OBs bei allen S7-CPUs nach einem Prioritätsklassensystem festgelegt (Bild 5.1). Hierbei bedeutet „1" die niedrigste und „29" die höchste Priorität.

Jeder OB liefert beim Aufruf durch das Betriebssystem 20 Byte an Lokaldaten (Variablen), die verschiedene Informationen bereitstellen. Die Bedeutung dieser Lokaldaten ist OB-abhängig. Eine Erklärung der bereitgestellten Lokaldaten erfolgt jeweils bei der Beschreibung der betreffenden OBs. Die Bedeutung der bereitgestellten Lokaldaten wird bei der Beschreibung der jeweiligen OBs in den Abschnitten 5.2.1 bis 5.2.7 erklärt. Die Variablenbezeichnungen entsprechen den Standardbezeichnungen bei STEP 7.

5.1.2 Grundlagen zu den DP-relevanten Systemfunktionen (SFCs)

Über den Aufruf von im Betriebssystem der S7-CPUs integrierten Funktionen, den SFCs (*System Function Call*), sind in den SIMATIC S7-Systemen eine Reihe von wichtigen DP-relevanten Systemfunktionen realisiert.

Allgemeine Bedeutung einzelner SFC-Parameter

Eine Reihe von SFC-Parametern sind von ihrer Bedeutung und Funktion her für alle nachfolgend beschriebenen SFC-Aufrufe identisch. Dies gilt insbesondere für die SFC-Eingangsparameter REQ, BUSY, LADDR und den SFC-Ausgangsparameter RET_VAL.

SFC-Parameter REQ

Einige der SFCs besitzen zum Starten der Systemfunktion den Parameter REQ. Übergibt der Parameter REQ beim Aufruf der Funktion eine logische „1" an die SFC, so wird die aufgerufene Funktion ausgeführt. Beachtet werden muss, dass einige der SFCs asynchron, d.h. über mehrere SFC-Aufrufe und somit auch über mehrere CPU-Zyklen, abgearbeitet werden (Parameter BUSY berücksichtigen).

SFC-Parameter BUSY

Der Parameter BUSY zeigt an, ob die aufgerufene SFC abgeschlossen ist. Solange der Parameter BUSY = „1" ist, ist die aufgerufene Funktion noch aktiv.

SFC-Parameter LADDR

An dem Eingangsparameter LADDR werden je nach aufgerufener SFC die in *HW Konfig* projektierte logische Anfangsadresse oder die Diagnoseadressen des DP-Slaves bzw. des Ein-/Ausgangsmodules angegeben. Zu beachten ist, dass diese Adresse in *HW Konfig* im Dezimalformat projektiert wird, am Baustein jedoch im Hexadezimalformat angegeben werden muss.

SFC-Parameter RET_VAL

Alle SFCs besitzen den Ausgangsparameter RET_VAL, der einen Rückgabewert über die erfolgreiche oder fehlerhafte Abarbeitung der Systemfunktion liefert. Tritt ein Fehler während der Bearbeitung der SFC auf, enthält der Rückgabewert einen Fehlercode. Die Rückgabewerte am Ausgangsparameter RET_VAL von SFCs setzen sich aus den beiden Klassen

▷ allgemeine Fehlercodes und
▷ SFC-spezifische Fehlercodes

zusammen.

Ob es sich um einen allgemeinen oder spezifischen Fehlercode handelt, ist über den Rückgabewert (Bild 5.2) zu erkennen.

Die in Tabelle 5.1 erläuterten allgemeinen Fehlercodes sind für alle Systemfunktionen gleich. Der Fehlercode wird im Hexadezimalformat ausgegeben. Der Buchstabe „x" in den genannten Fehlercodenummern dient nur als Platzhalter und stellt die Nummer des Parameters der Systemfunktion dar, der den Fehler verursacht hat.

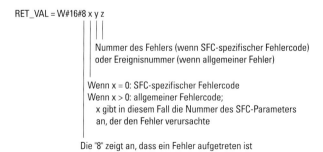

Bild 5.2 Aufbau des SFC-Parameter RET_VAL

Tabelle 5.1 Allgemeine RET_VAL-Fehlercodes

Fehlercode w#16#....	Erläuterung
8x7F	Interner Fehler. Dieser Fehlercode zeigt einen internen Fehler am Parameter x an. Dieser Fehler wurde nicht vom Anwender verursacht und kann von ihm auch nicht behoben werden.
8x22	Bereichslängenfehler beim Lesen eines Parameters.
8x23	Bereichslängenfehler beim Schreiben eines Parameters. Dieser Fehlercode zeigt an, dass sich der Parameter x vollständig oder teilweise außerhalb des Operandenbereiches befindet oder die Länge eines Bitfeldes bei einem Parameter vom Datentyp ANY-Pointer nicht durch 8 teilbar ist.
8x24	Bereichslängenfehler beim Lesen eines Parameters.
8x25	Bereichsfehler beim Schreiben eines Parameters. Dieser Fehlercode zeigt an, dass sich der Parameter x in einem Bereich befindet, der für die Systemfunktion unzulässig ist. Die Beschreibung der jeweiligen Funktion gibt die Bereiche an, die für die Funktion unzulässig sind.
8x28	Ausrichtungsfehler beim Lesen eines Parameters.
8x29	Ausrichtungsfehler beim Schreiben eines Parameters. Dieser Fehlercode zeigt an, dass der Verweis auf den Parameter x ein Operand ist, dessen Bitadresse ungleich „0" ist.
8x30	Der Parameter befindet sich in dem schreibgeschützten Global-DB.
8x31	Der Parameter befindet sich in dem schreibgeschützten Instanz-DB. Dieser Fehlercode zeigt an, dass der Parameter x sich in einem schreibgeschützten Datenbaustein befindet. Wenn der Datenbaustein von der Systemfunktion selbst geöffnet wurde, gibt die Systemfunktion immer den Wert W#16#8x30 aus.
8x32	Der Parameter enthält eine zu große DB-Nummer (Nummernfehler des DB).
8x34	Der Parameter enthält eine zu große FC-Nummer (Nummernfehler der FC).
8x35	Der Parameter enthält eine zu große FB-Nummer (Nummernfehler des FB). Dieser Fehlercode zeigt an, dass der Parameter x eine Bausteinnummer enthält, die größer ist als die maximal zulässige Bausteinnummer.
8x3A	Der Parameter enthält die Nummer eines DB, der nicht geladen ist.
8x3C	Der Parameter enthält die Nummer einer FC, die nicht geladen ist.
8x3E	Der Parameter enthält die Nummer eines FB, der nicht geladen ist.
8x42	Es ist ein Zugriffsfehler aufgetreten, während das System einen Parameter aus dem Peripheriebereich der Eingänge auslesen wollte.
8x43	Es ist ein Zugriffsfehler aufgetreten, während das System einen Parameter in den Peripheriebereich der Ausgänge schreiben wollte.
8x44	Fehler beim n-ten (n > 1) Lesezugriff nach Auftreten eines Fehlers.
8x45	Fehler beim n-ten (n > 1) Schreibzugriff nach Auftreten eines Fehlers. Dieser Fehlercode zeigt an, dass der Zugriff auf den gewünschten Parameter verweigert wird.

Verwendete Speicherbereiche für die SFC-Aufrufparameter

Die bei den SFC-Parametern verwendeten Kennungen für die Speicherbereiche sind der Tabelle 5.2 zu entnehmen.

Tabelle 5.2 Speicherbereiche der SFC-Parameter

Typ	Speicherbereich	Einheit
E	Prozessabbild der Eingänge	Eingang (Bit)
		Eingangsbyte (EB)
		Eingangswort (EW)
		Eingangsdoppelwort (ED)
A	Prozessabbild der Ausgänge	Ausgang (Bit)
		Ausgangsbyte (AB)
		Ausgangswort (AW)
		Ausgangsdoppelwort (AD)
M	Merker	Merker (Bit)
		Merkerbyte (MB)
		Merkerwort (MW)
		Merkerdoppelwort (MD)
D	Datenbaustein	Datenbit
		Datenbyte (DBB)
		Datenwort (DBW)
		Datendoppelwort (DBD)
L	Lokaldaten	Lokaldatenbit
		Lokaldatenbyte (LB)
		Lokaldatenwort (LW)
		Lokaldatendoppelwort (LD)

5.1.3 Grundlagen zu den SIMATIC S7-Datensätzen

Auf den S7-Baugruppen sind die Systemdaten und Parameter als Datensätze hinterlegt. Die einzelnen Datensätze sind von 0 bis maximal 240 numeriert, wobei nicht jede Baugruppe über alle Datensätze verfügt.

Je nach S7-Baugruppentyp gibt es Systemdatenbereiche, auf die aus dem Anwenderprogramm heraus nur schreibend oder nur lesend zugegriffen werden kann.

Tabelle 5.3 zeigt den Aufbau der nur beschreibbaren Systemdatenbereiche. Angegeben sind, wie groß die einzelnen Datensätze sein dürfen und mit welchen SFCs sie zu den Baugruppen übertragen werden können.

Tabelle 5.4 zeigt den Aufbau der nur lesbaren Systemdatenbereiche. Sie zeigt, wie groß die einzelnen Datensätze sein dürfen und mit welchen SFCs sie gelesen werden können.

Tabelle 5.3 Aufbau der nur schreibbaren Systemdatenbereiche auf S7-Baugruppen

Datensatz-Nummer	Inhalt	Größe	Einschränkung	beschreibbar mit
0	Parameter	bei S7-300: 2 bis 14 Bytes	nur bei S7-400 beschreibbar	SFC56 *WR_DPARM* SFC57 *PARM_MOD*
1	Parameter	bei S7-300: 2 bis 14 Bytes (DS0 und DS1 haben zusammen genau 16 Bytes)	–	SFC55 *WR_PARM* SFC56 *WR_DPARM* SFC57 *PARM_MOD*
2 bis 127	Anwenderdaten	bis zu 240 Bytes	–	SFC55 *WR_PARM* SFC56 *WR_DPARM* SFC57 *PARM_MOD* SFC58 *WR_REC*
128 bis 240	Parameter	bis zu 240 Bytes	–	SFC55 *WR_PARM* SFC56 *WR_DPARM* SFC57 *PARM_MOD* SFC58 *WR_REC*

Tabelle 5.4 Aufbau der lesbaren Systemdatenbereiche auf Baugruppen

Datensatz-Nummer	Inhalt	Größe	lesbar mit
0	Baugruppenspezifische Diagnosedaten	4 Bytes	SFC51 *RDSYSST* (INDEX 00B1H) SFC59 *RD_REC*
1	Kanalspezifische Diagnosedaten (inkl. Datensatz 0)	– bei S7-300: 16 Bytes – bei S7-400: 7 bis 220 Bytes	SFC51 *RDSYSST* (INDEX 00B2H und 00B3H) SFC59 *RD_REC*
2 bis 127	Anwenderdaten	bis zu 240 Bytes	SFC59 *RD_REC*
128 bis 240	Diagnosedaten	bis zu 240 Bytes	SFC59 *RD_REC*

Für jede neu angestoßene Datensatzübertragung werden für die asynchrone Auftragsabwicklung der SFC in der CPU Ressourcen (Speicherplatz) belegt. Bei mehreren gleichzeitig aktiven Aufträgen wird gewährleistet, dass alle Aufträge durchgeführt werden und keine gegenseitige Beeinflussung besteht. Es kann jedoch nur eine bestimmte Anzahl von SFC-Aufrufen gleichzeitig aktiv sein. Die maximale Zahl möglicher SFC-Aufrufe ist den Leistungsdaten der entsprechenden S7-CPUs zu entnehmen. Ist die Grenze der maximal belegbaren Ressourcen erreicht, so wird über den Parameter RET_VAL ein entsprechender Fehlercode ausgegeben. In diesem Fall muss die SFC erneut angestoßen werden.

Die einzelnen Parameter in den Datensätzen können statisch oder dynamisch sein. Die statischen Parameter von Baugruppen, z. B. die Eingangsverzögerung einer digitalen Eingabebaugruppe, können nur über das Projektierungswerkzeug STEP 7 geändert werden.

Dynamische Parameter von Baugruppen können, im Gegensatz zu statischen Parametern, im laufenden Betrieb durch den Aufruf einer SFC verändert werden, z. B. Grenzwerte einer analogen Eingabebaugruppe neu einstellen.

5.2 Die Organisationsbausteine

5.2.1 Zyklisch bearbeitetes Hauptprogramm (OB1)

Das Hauptprogramm wird im OB1 abgearbeitet. Im OB1 werden Funktionsbausteine und Standard-Funktionsbausteine (FBs, SFBs) oder Funktionen über Function-Calls und System-Function-Calls (FCs, SFCs) aufgerufen. OB1 wird zyklisch aufgerufen und abgearbeitet. Erstmalig startet die Bearbeitung des OB1 nach Durchlaufen des Anlauf-OBs (OB100 für Neustart oder OB101 für Wiederanlauf). Ist die Bearbeitung des OB1 beendet, überträgt das Betriebssystem das Prozessabbild der Ausgänge in die Ausgabebaugruppen. Bevor OB1 neu gestartet wird, aktualisiert das Betriebssystem das Prozessabbild der Eingänge, indem die aktuellen Signalzustände der Eingangsperipherie eingelesen werden. Dieser Vorgang wird permanent wiederholt. Man spricht dabei von einer zyklischen Bearbeitung. OB1 hat die niedrigste Priorität aller laufzeitüberwachten OBs und kann somit von höherprioren OBs unterbrochen werden.

Die S7-CPUs bieten dem Anwender eine Überwachung der maximalen Zykluszeit (Bearbeitungszeit für OB1) sowie die Einhaltung einer Mindestzykluszeit für die Abarbeitung des OB1 an. Ist eine Mindestzykluszeit parametriert, so verzögert das Betriebssystem der CPU den erneuten Start des OB1 solange, bis die parametrierte Zeit erreicht ist. Diese Parameter für die Zyklusüberwachung und die Mindestzykluszeit können unter „CPU-Eigenschaften" in *HW Konfig* festlegt werden. Die Bedeutung der Lokaldaten des OB1 ist in Tabelle 5.5 angegeben.

Tabelle 5.5 Lokaldaten des OB1

Variable	Datentyp	Beschreibung
OB1_EV_CLASS	BYTE	Ereignisklasse und Kennungen: B#16#11 = Alarm ist aktiv
OB1_SCAN_1	BYTE	B#16#01 = Abschluss des Neustarts B#16#02 = Abschluss des Wiederanlaufs B#16#03 = Abschluss des freien Zyklus
OB1_PRIORITY	BYTE	Prioritätsklasse „1"
OB1_OB_NUMBR	BYTE	OB-Nummer (01)
OB1_RESERVED_1	BYTE	reserviert
OB1_RESERVED_2	BYTE	reserviert
OB1_PREV_CYCLE	INT	Laufzeit des vorherigen Zyklus (ms)
OB1_MIN_CYCLE	INT	Minimale Zykluszeit (ms) seit dem letzten Anlauf
OB1_MAX_CYCLE	INT	Maximale Zykluszeit (ms) seit dem letzten Anlauf
OB1_DATE_TIME	DT	Datum und Uhrzeit, zu denen der OB angefordert wurde

Format für die Darstellung von Hexadezimalzahlen

Datentyp Byte   B#16#x   (Wertebereich für x von „0" bis „FF")
Datentyp Wort   W#16#x   (Wertebereich für x von „0" bis „FFFF")
Datentyp Doppelwort   DW#16#x   (Wertebereich für x von „0" bis „FFFFFFFF")

5.2.2 Prozessalarme (OB40 bis OB47)

Die SIMATIC S7-400-CPUs stellen bis zu acht voneinander unabhängige OBs (OB40 bis OB47) für die Abarbeitung von Prozessalarmen zur Verfügung. Für die DPS7-Slaves, die Prozessalarme unterstützen, werden über *HW Konfig* die Kanäle, Randbedingungen und die OB-Nummer für die Behandlung eines Prozessalarmes der DPS7-Slaves festgelegt.

Löst ein DPS7-Slave einen Prozessalarm aus, so wird dieser vom Betriebssystem der CPU identifiziert und der entsprechende Prozessalarm-OB in Abhängigkeit der projektierten Prioritätsklasse gestartet. Nach der Abarbeitung des Anwenderprogrammes im Prozessalarm-OB (OB beendet), wird dem auslösenden DPS7-Slave seine Alarmmeldung quittiert.

Ist der Prozessalarm-OB mit der Abarbeitung eines Prozessalarms noch aktiv, während ein weiterer Prozessalarm gemeldet wird, so wird bei S7-400-Systemen die erneute Anforderung registriert, gespeichert und der OB zu gegebener Zeit abgearbeitet. Bei der S7-300 geht der Prozessalarm verloren, wenn das neue Alarmereignis nach der Quittierung des gerade bearbeiteten Alarmes nicht mehr ansteht.

Die Prozessalarm-OBs liefern 20 Byte Lokaldaten, aus denen zum Beispiel die logische Basisadresse der Baugruppe, die den Prozessalarm ausgelöst hat, entnommen werden kann. Die Bedeutung der Lokaldaten ist in Tabelle 5.6 angegeben.

Tabelle 5.6 Aufbau der Lokaldaten OB40 bis OB47

Variable	Datentyp	Beschreibung
OB4x_EV_CLASS	BYTE	Ereignisklasse und Kennungen: B#16#11 = Alarm ist aktiv
OB4x_STRT_INF	BYTE	B#16#41 = Alarm über Interrupt-Leitung 1 Nur bei S7-400: B#16#42 = Alarm über Interrupt-Leitung 2 B#16#43 = Alarm über Interrupt-Leitung 3 B#16#44 = Alarm über Interrupt-Leitung 4
OB4x_PRIORITY	BYTE	Prioritätsklasse „16" (OB40) bis „23" (OB47) (Default)
OB4x_OB_NUMBR	BYTE	OB-Nr. (40 bis 47)
OB4x_RESERVED_1	BYTE	reserviert
OB4x_IO_FLAG	BYTE	B#16#54 = Eingabebaugruppe B#16#55 = Ausgabebaugruppe
OB4x_MDL_ADDR	WORD	Logische Basisadresse der Baugruppe, die den Alarm auslöst
OB4x_POINT_ADDR	DWORD	Bei Digitalbaugruppen: Bitfeld mit den Zuständen der Eingänge auf der Baugruppe Bei Analogbaugruppen (CP oder IM): Alarmzustand der Baugruppe
OB4x_DATE_TIME	DT	Datum und Uhrzeit, zu denen der OB angefordert wurde

5.2.3 Statusalarm (OB55)

Der Aufruf des OB55 durch das Betriebssystem der S7-CPU erfolgt, wenn von einem Steckplatz eines DPV1-Slaves ein Statusalarm ausgelöst wurde. Den Statusalarm-OB gibt es nur bei DPV1-fähigen S7-CPUs. Für die Bearbeitung von Statusalarmen stellen diese CPUs den OB55 zur Verfügung. Ist der OB55 nicht programmiert, so bleibt die CPU im RUN. Es erfolgt lediglich ein Eintrag im Diagnosepuffer der CPU.

Der Statusalarm-OB liefert 20 Byte Lokaldaten, aus denen zum Beispiel die logische Basisadresse sowie der Steckplatz der Baugruppe bzw. des Moduls, das den Statusalarm ausgelöst hat, entnommen werden kann. Die Bedeutung der Lokaldaten ist in Tabelle 5.7 angegeben.

Tabelle 5.7 Lokaldaten des OB55

OB55_EV_CLASS	BYTE	Ereignisklasse und Kennungen: B#16#11 (kommendes Ereignis)
OB55_STRT_INF	BYTE	B#16#55 (Startanforderung für OB55)
OB55_PRIORITY	BYTE	Parametrierte Prioritätsklasse, Defaultwert: 2
OB55_OB_NUMBR	BYTE	OB-Nummer (55)
OB55_RESERVED_1	BYTE	Reserviert
OB55_IO_FLAG	BYTE	Eingabebaugruppe/-modul: B#16#54 Ausgabebaugruppe/-modul: B#16#55
OB55_MDL_ADDR	WORD	Logische Basisadresse der alarmauslösenden Komponente (Baugruppe bzw. Modul)
OB55_LEN	BYTE	Länge des Datenblocks, den der Alarm liefert
OB55_TYPE	BYTE	Kennung für den Alarmtyp „Statusalarm"
OB55_SLOT	BYTE	Steckplatz-Nr. der alarmauslösenden Komponente (Baugruppe bzw. Modul)
OB55_SPEC	BYTE	Specifier: Bit 0 bis 1: Alarm-Specifier Bit 2: Add_Ack Bit 3 bis 7: Sequenz-Nummer.
OB55_DATE_TIME	DT	Datum und Uhrzeit, zu der der OB angefordert wurde

5.2.4 Update-Alarm (OB56)

Das Eintreffen eines Update-Alarms wird bei SIMATIC S7-CPUs durch Aufruf des OB56 erkannt und gemeldet. Der Update-Alarm-OB ist nur bei DPV1-fähigen S7-CPUs vorhanden. Dieser wird vom Betriebssystem der CPU aufgerufen, wenn von einem Steckplatz oder einer Baugruppe eines DPV1-Slaves ein Update-Alarm ausgelöst wurde. Falls der OB56 nicht programmiert ist, bleibt die CPU im RUN. Es erfolgt lediglich ein Eintrag im Diagnosepuffer der CPU.

Der Update-Alarm-OB liefert 20 Byte Lokaldaten, aus denen zum Beispiel die logische Basisadresse sowie der Steckplatz der Baugruppe bzw. des Moduls, das den Statusalarm ausgelöst hat, entnommen werden kann. Die Bedeutung der Lokaldaten ist in Tabelle 5.8 angegeben.

Tabelle 5.8 Lokaldaten des OB56

OB56_EV_CLASS	BYTE	Ereignisklasse und Kennungen: B#16#11 (kommendes Ereignis)
OB56_STRT_INF	BYTE	B#16#56 (Startanforderung für OB56)
OB56_PRIORITY	BYTE	Parametrierte Prioritätsklasse, Defaultwert: 2
OB56_OB_NUMBR	BYTE	OB-Nummer (56)
OB56_RESERVED_1	BYTE	Reserviert
OB56_IO_FLAG	BYTE	Eingabebaugruppe/-modul: B#16#54 Ausgabebaugruppe/-modul: B#16#55
OB56_MDL_ADDR	WORD	Logische Basisadresse der alarmauslösenden Komponente (Baugruppe bzw. Modul)
OB56_LEN	BYTE	Länge des Datenblocks, den der Alarm liefert
OB56_TYPE	BYTE	Kennung für den Alarmtyp „Update-Alarm"
OB56_SLOT	BYTE	Steckplatz-Nr. der alarmauslösenden Komponente (Baugruppe bzw. Modul)
OB56_SPEC	BYTE	Specifier: Bit 0 bis 1: Alarm-Specifier Bit 2: Add_Ack Bit 3 bis 7: Sequenz-Nummer.
OB56_DATE_TIME	DT	Datum und Uhrzeit, zu der der OB angefordert wurde

5.2.5 Herstellerspezifischer Alarm (OB57)

Zum Erkennen von herstellerspezifischen Alarmen stellen die SIMATIC S7-CPUs den OB57 zur Verfügung. Das Betriebssystem der CPU ruft den OB57 auf, wenn von einem Steckplatz eines DPV1-Slaves ein herstellerspezifischer Alarm ausgelöst wurde. Nur bei DPV1-fähigen S7-CPUs ist der Alarm-OB für herstellerspezifische Alarme vorhanden. Ist der OB57 nicht programmiert, bleibt die CPU im RUN. Es erfolgt lediglich ein Eintrag im Diagnosepuffer der CPU.

Der OB57 liefert 20 Byte Lokaldaten, aus denen zum Beispiel die logische Basisadresse sowie der Steckplatz der Baugruppe bzw. des Moduls, das den Alarm ausgelöst hat, entnommen werden kann. Die Bedeutung der Lokaldaten ist in Tabelle 5.9 angegeben.

Tabelle 5.9 Lokaldaten des OB57

OB57_EV_CLASS	BYTE	Ereignisklasse und Kennungen: B#16#11 (kommendes Ereignis)
OB57_STRT_INF	BYTE	B#16#57 (Startanforderung für OB57)
OB57_PRIORITY	BYTE	Parametrierte Prioritätsklasse, Defaultwert: 2
OB57_OB_NUMBR	BYTE	OB-Nummer (57)
OB57_RESERVED_1	BYTE	Reserviert
OB57_IO_FLAG	BYTE	Eingabebaugruppe/-modul: B#16#54 Ausgabebaugruppe/-modul: B#16#55
OB57_MDL_ADDR	WORD	Logische Basisadresse der alarmauslösenden Komponente (Baugruppe bzw. Modul)
OB57_LEN	BYTE	Länge des Datenblocks, den der Alarm liefert
OB57_TYPE	BYTE	Kennung für den Alarmtyp „Update-Alarm"
OB57_SLOT	BYTE	Steckplatz-Nr. der alarmauslösenden Komponente (Baugruppe bzw. Modul)
OB57_SPEC	BYTE	Specifier: Bit 0 bis 1: Alarm-Specifier Bit 2: Add_Ack Bit 3 bis 7: Sequenz-Nummer.
OB57_DATE_TIME	DT	Datum und Uhrzeit, zu der der OB angefordert wurde.

5.2.6 Diagnosealarme (OB82)

Um Diagnoseereignisse zu erkennen und auszuwerten, stellen die SIMATIC S7-CPUs den OB82 zur Verfügung. Dieser wird ausgelöst, wenn ein diagnosefähiger DP-Slave einen Fehler (Ereignis) erkennt. Der Aufruf des OB82 durch das Betriebssystem erfolgt sowohl bei kommenden als auch bei gehenden Diagnoseereignissen. Voraussetzung hierfür ist, dass der DP-Slave diese Funktion unterstützt und der Diagnosealarm bei der Parametrierung des DP-Slaves in *HW Konfig* parametriert bzw. freigegeben wurde.

Ist OB82 nicht programmiert, so geht die CPU bei Eintritt eines Diagnoseereignisses in den Betriebszustand STOP. Über OB82 werden die aktuellen Diagnoseereignisse des auslösenden DP-Slaves mitgeteilt. Die 20 Byte Lokaldaten des OB82 (Tabelle 5.10) enthalten z.B. die logische Basisadresse des fehlerhaften DP-Slaves bzw. des fehlerhaften Moduls des DP-Slaves sowie eine vier Byte lange Diagnoseinformation.

Tabelle 5.10 Lokaldaten des OB82

Variable	Datentyp	Beschreibung
OB82_EV_CLASS	BYTE	Ereignisklasse und Kennungen: B#16#38 = gehendes Ereignis B#16#39 = kommendes Ereignis
OB82_FLT_ID	BYTE	B#16#42 = Fehlercode
OB82_PRIORITY	BYTE	Prioritätsklasse „26" (Defaultwert für den Betriebszustand RUN) oder „28" (Betriebszustand ANLAUF)
OB82_OB_NUMBR	BYTE	OB-Nummer (82)
OB82_RESERVED_1	BYTE	reserviert
OB82_IO_FLAG	BYTE	B#16#54 = Eingabebaugruppe B#16#55 = Ausgabebaugruppe
OB82_MDL_ADDR	INT	Logische Basisadresse der Baugruppe, in der der Fehler aufgetreten ist
OB82_MDL_DEFECT	BOOL	Baugruppenstörung
OB82_INT_FAULT	BOOL	Interner Fehler
OB82_EXT_FAULT	BOOL	Externer Fehler
OB82_PNT_INFO	BOOL	Kanalfehler vorhanden
OB82_EXT_VOLTAGE	BOOL	Externe Hilfsspannung fehlt
OB82_FLD_CONNCTR	BOOL	Frontstecker fehlt
OB82_NO_CONFIG	BOOL	Baugruppe nicht parametriert
OB82_CONFIG_ERR	BOOL	Falsche Parameter in Baugruppe

Fortsetzung Seite 95

Tabelle 5.10 Fortsetzung

Variable	Datentyp	Beschreibung
OB82_MDL_TYPE	BYTE	Bit 0 bis 3: Baugruppenklasse Bit 4: Kanalinformation vorhanden Bit 5: Anwenderinformation vorhanden Bit 6: Diagnosealarm von Stellvertreter Bit 7: Reserve
OB82_SUB_MDL_ERR	BOOL	Anwendermodul falsch/fehlt
OB82_COMM_FAULT	BOOL	Kommunikationsstörung
OB82_MDL_STOP	BOOL	Betriebszustand (0: RUN, 1: STOP)
OB82_WTCH_DOG_FLT	BOOL	Zeitüberwachung hat angesprochen
OB82_INT_PS_FLT	BOOL	Baugruppeninterne Versorgungsspannung ausgefallen
OB82_PRIM_BATT_FLT	BOOL	Batterie leer
OB82_BCKUP_BATT_FLT	BOOL	Gesamte Pufferung ausgefallen
OB82_RESERVED_2	BOOL	reserviert
OB82_RACK_FLT	BOOL	Erweiterungsgeräteausfall
OB82_PROC_FLT	BOOL	Prozessorausfall
OB82_EPROM_FLT	BOOL	EPROM-Fehler
OB82_RAM_FLT	BOOL	RAM-Fehler
OB82_ADU_FLT	BOOL	ADU-/DAU-Fehler
OB82_FUSE_FLT	BOOL	Sicherungsausfall
OB82_HW_INTR_FLT	BOOL	Prozessalarm verloren
OB82_RESERVED_3	BOOL	reserviert
OB82_DATE_TIME	DT	Datum und Uhrzeit, zu der der OB angefordert wurde

5.2.7 Ziehen- und Steckenalarme von Baugruppen (OB83)

Das Ziehen und Stecken von zentral vorhandenen Baugruppen wird durch die S7-CPUs erkannt und gemeldet. Auch bei dezentral gesteckten Baugruppen in DPV1- und DPS7-Slaves, wie z.B. ET 200M/IM 153-2, wird diese Funktion unterstützt. Wird bei diesen modularen DP-Slaves eine projektierte Baugruppe gezogen und die S7-CPU befindet sich im Betriebszustand RUN, so wird OB83 ausgelöst und zusätzlich ein Eintrag in den Diagnosepuffer sowie den Baugruppenzustandsdaten vorgenommen. Befindet sich die S7-CPU im Betriebszustand STOP oder gerade im Anlauf, findet ein entsprechender Eintrag lediglich im Diagnosepuffer und den Baugruppenzustandsdaten der CPU statt.

Wird eine projektierte Baugruppe im Betriebszustand RUN gesteckt, überprüft die CPU, ob der Baugruppentyp der gesteckten Baugruppe mit der Projektierung übereinstimmt. Anschließend wird OB83 gestartet und bei Übereinstimmung des Baugruppentyps mit der Projektierung erfolgt die Parametrierung der Baugruppe mit den über *HW Konfig* in der CPU

5 DP-Anwenderprogrammschnittstellen

hinterlegten Parametrierungsdaten. Es besteht an dieser Stelle auch die Möglichkeit, die neu- oder wiedergesteckte Baugruppe mit anwendungsspezifischen Parameterdaten über SFCs umzuparametrieren. In Tabelle 5.11 sind die Lokaldaten des OB83 erläutert.

Tabelle 5.11 Lokaldaten des OB83

Variable	Datentyp	Beschreibung
OB83_EV_CLASS	BYTE	Ereignisklasse und Kennungen: B#16#38 = Baugruppe gesteckt B#16#39 = Baugruppe gezogen bzw. nicht ansprechbar
OB83_FLT_ID	BYTE	Fehlercode: (mögliche Werte: B#16#61, B#16#63, B#16#64, B#16#65)
OB83_PRIORITY	BYTE	Prioritätsklasse „26" (Defaultwert für den Betriebszustand RUN) oder „28" (Betriebszustand ANLAUF)
OB83_OB_NUMBR	BYTE	OB-Nummer (83)
OB83_RESERVED_1	BYTE	reserviert
OB83_MDL_ID	BYTE	B#16#54 = Peripheriebereich der Eingänge (PE) B#16#55 = Peripheriebereich der Ausgänge (PA)
OB83_MDL_ADDR	WORD	Logische Basisadresse der betroffenen Baugruppe
OB83_RACK_NUM	WORD	Nummer des Baugruppenträgers bzw. Nummer der DP-Station und DP-Mastersystem-ID (High Byte)
OB83_MDL_TYPE	WORD	Baugruppentyp der betroffenen Baugruppe
OB83_DATE_TIME	DT	Datum und Uhrzeit, zu der der OB angefordert wurde

In Abhängigkeit der lokalen Variablen OB83_MDL_TYPE erfolgen bei Unstimmigkeiten mit dem Baugruppentyp die in Tabelle 5.12 aufgelisteten Fehlermeldungen.

Tabelle 5.12 Über die Lokalvariable OB83_FTL_ID gemeldete Fehlercodes

Fehlercode OB83_FLT_ID	Fehlerbedeutung in Abhängigkeit von OB83_MDL_TYPE
B#16#61	Baugruppe gesteckt, Baugruppentyp o.k. (bei Ereignisklasse B#16#38) Baugruppe gezogen bzw. nicht ansprechbar (bei Ereignisklasse B#16#39) bei OB83_MDL_TYPE = Ist-Baugruppentyp
B#16#63	Baugruppe gesteckt jedoch falscher Baugruppentyp bei OB83_MDL_TYPE = Ist-Baugruppentyp
B#16#64	Baugruppe gesteckt, jedoch gestört (Typkennung nicht lesbar) bei OB83_MDL_TYPE = Soll-Baugruppentyp
B#16#65	Baugruppe gesteckt, jedoch Fehler bei Baugruppenparametrierung bei OB83_MDL_TYPE = Ist-Baugruppentyp

5.2.8 Programmablauffehler (OB85)

Der Aufruf des OB85 durch das Betriebssystem der S7-CPU erfolgt, wenn das Anwenderprogramm einen Baustein aufruft, der nicht geladen ist oder wenn vom Betriebssystem ein OB aufgerufen wird, der nicht programmiert wurde. Ebenso jedoch wird in OB85 verzweigt, wenn ein Peripherie-Zugriffsfehler bei der Aktualisierung des gesamten Prozessabbildes stattfindet. Dies ist zum Beispiel der Fall, wenn sich die projektierten Adressen für die Ein- und Ausgänge eines DP-Slaves innerhalb des Prozessabbildes der S7-CPU befinden und der DP-Slave ausgefallen ist. Ist OB85 nicht programmiert, so wechselt die S7-CPU in den Betriebszustand STOP.

Tabelle 5.13 zeigt den Originalaufbau der Lokaldaten des OB85, Tabelle 5.14 einen Vorschlag für die Strukturierung der Lokaldaten des OB85, um eine einfache fehlercodeabhängige Auswertung über das Anwenderprogramm zu ermöglichen. Beim Einsatz von dezentraler Peripherie sind insbesondere die hexadezimalen Fehlercodes „B1" und „B2" der Variablen OB85_FTL_ID wichtig.

Tabelle 5.13 Lokaldaten des OB85 (Orginalstruktur)

Variable	Datentyp	Beschreibung
OB85_EV_CLASS	BYTE	Ereignisklasse und Kennungen, z. B. B#16#39 für „Fehler beim Prozessabbild aktualisieren"
OB85_FLT_ID	BYTE	Fehlercode: (Mögliche Werte: B#16#A1, B#16#A2, B#16#A3, B#16#B1, B#16#B2)
OB85_PRIORITY	BYTE	Prioritätsklasse „26" (Defaultwert für den Betriebszustand RUN) oder „28" (Betriebszustand ANLAUF)
OB85_OB_NUMBR	BYTE	OB-Nummer (85)
OB85_RESERVED_1	BYTE	reserviert
OB85_RESERVED_2	BYTE	reserviert
OB85_RESERVED_3	INT	reserviert
OB85_ERR_EV_CLASS	BYTE	Klasse des Ereignisses, das den Fehler ausgelöst hat
OB85_ERR_EV_NUM	BYTE	Nummer des Ereignisses, das den Fehler ausgelöst hat
OB85_OB_PRIOR	BYTE	Prioritätsklasse des OB, der bearbeitet wurde als der Fehler auftrat
OB85_OB_NUM	BYTE	Nummer des OB, der bearbeitet wurde als der Fehler auftrat
OB85_DATE_TIME	DT	Datum und Uhrzeit, zu der der OB angefordert wurde

5 DP-Anwenderprogrammschnittstellen

Tabelle 5.14 Lokaldatenstruktur des OB85 für fehlercodeabhängige Programmierung

Variable	Datentyp
OB85_EV_CLASS	BYTE
OB85_FLT_ID	BYTE
OB85_PRIORITY	BYTE
OB85_OB_NUMBR	BYTE
OB85_DKZ23	BYTE
OB85_RESERVED_2	BYTE
OB85_Z1	WORD
OB85_Z23	DWORD
OB85_DATE_TIME	DATE_AND_TIME

Der über die Variable OB85_FLT_ID gemeldete Fehlercode hat in Abhängigkeit der Einträge für die Variablen OB85_DKZ23, OB85_Z1 und OB85_Z23 die in Tabelle 5.15 angegebenen Bedeutungen.

Tabelle 5.15 OB85_FLT_ID-Fehlercodes

Fehlercode OB85_FLT_ID	Fehlerbedeutung
B#16#A1	Das Programm oder Betriebssystem erzeugt aufgrund der Projektierung mit STEP 7 ein Startereignis für einen OB, der nicht in die CPU geladen ist.
B#16#A2	Das Programm oder Betriebssystem erzeugt aufgrund der Projektierung mit STEP 7 ein Startereignis für einen OB, der nicht in die CPU geladen ist. Über die Variablen OB85_Z1 und OB85_Z23 werden folgende zusätzliche Informationen zur Verfügung gestellt: OB85_Z1: Klasse des Ereignisses, das den Fehler ausgelöst hat (Wert der unterbrochenen Programmebene) OB85_Z23: high word: Meldet Klasse und Nummer des verursachenden Ereignisses. low word: Meldet zum Fehlerzeitpunkt aktive Programmebene und aktiven OB
B#16#A3	Fehler beim Zugriff des Betriebssystems auf einen Baustein. Über die Variablen OB85_Z1 und OB85_Z23 werden folgende zusätzlichen Informationen zur Verfügung gestellt: OB85_Z1: Detaillierte Fehlerkennung des Betriebssystems high byte: 1: Integrierte Funktion 2: IEC-Timer low byte: 0: keine Fehlerauflösung 1: Baustein nicht geladen 2: Bereichslängenfehler 3: Schreibschutzfehler

Fortsetzung Seite 99

Tabelle 5.15 Fortsetzung

Fehlercode OB85_FLT_ID	Fehlerbedeutung

	OB85_Z23:
	  high word: Bausteinnummer
	  low word: Relativadresse des fehlerverursachenden MC7-Befehls. Der Bausteintyp ist der Lokalvariablen OB85_DKZ23 zu entnehmen:
	    B#16#88 = OB
	    B#16#8C = FC
	    B#16#8E = FB
	    B#16#8A = DB

B#16#B1	Peripherie-Zugriffsfehler beim Aktualisieren des Prozessabbildes der Eingänge.
B#16#B2	Peripherie-Zugriffsfehler bei der Übertragung des Prozessabbildes der Ausgänge zu den Ausgabebaugruppen. Über die Variablen OB85_Z1 und OB85_Z23 werden folgende zusätzlichen Informationen zur Verfügung gestellt: OB85_Z1: reserviert für interne Verwendung der CPU OB85_Z23: Nummer des Peripheriebytes, welches den Peripherie-ZugriffsFehler (PZF) verursachte

5.2.9 Ausfall eines Baugruppenträgers (OB86)

Ein Ausfall (kommendes Ereignis) oder die Wiederkehr (gehendes Ereignis) eines Erweiterungsgerätes, DP-Mastersystems oder eines DP-Slaves wird durch das Betriebssystem der S7-CPU über OB86 gemeldet. Wurde OB86 nicht programmiert, geht die S7-CPU bei Ereigniseintritt in den Betriebszustand STOP.

Tabelle 5.16 zeigt die Orginalstruktur der Lokaldaten des OB86. Die in der Tabelle 5.17 dargestellte Struktur ist lediglich ein Strukturierungsvorschlag für die Lokaldaten des OB86, um eine einfache, fehlercodeabhängige Auswertung über das Anwenderprogramm zu ermöglichen. Innerhalb des Einsatzes von dezentraler Peripherie sind insbesondere die hexadezimalen Fehlercodes „C3", „C4" und „C7" der Variablen OB86_FTL_ID wichtig.

Tabelle 5.16 Lokaldaten des OB86

Variable	Datentyp	Beschreibung
OB86_EV_CLASS	BYTE	Ereignisklasse und Kennungen: B#16#38 = Gehendes Ereignis B#16#39 = Kommendes Ereignis
OB86_FLT_ID	BYTE	Fehlercode: (Mögliche Werte: B#16#C1, B#16#C2, B#16#C3, B#16#C4, B#16#C5, B#16#C6, B#16#C7)
OB86_PRIORITY	BYTE	Prioritätsklasse „26" (Defaultwert für den Betriebszustand RUN) oder „28" (Betriebszustand ANLAUF)

Fortsetzung Seite 100

5 DP-Anwenderprogrammschnittstellen

Tabelle 5.16 Fortsetzung

Variable	Datentyp	Beschreibung
OB86_OB_NUMBR	BYTE	OB-Nummer (86)
OB86_RESERVED_1	BYTE	reserviert
OB86_RESERVED_2	BYTE	reserviert
OB86_MDL_ADDR	WORD	Abhängig vom Fehlercode
OB86_RACKS_FLTD	ARRAY [0..31] OF BOOL	Abhängig vom Fehlercode
OB86_DATE_TIME	DT	Datum und Uhrzeit, zu der der OB angefordert wurde

Tabelle 5.17 Lokaldatenstruktur des OB86 für fehlercodeabhängige Programmierung

Variable	Datentyp
OB86_EV_CLASS	BYTE
OB86_FLT_ID	BYTE
OB86_PRIORITY	BYTE
OB86_OB_NUMBR	BYTE
OB86_RESERVED_1	BYTE
OB86_RESERVED_2	BYTE
OB86_MDL_ADDR	WORD
OB86_Z23	DWORD
OB86_DATE_TIME	DATE_AND_TIME

Der über die Variable OB86_FLT_ID gemeldete Fehlercode hat in Abhängigkeit der Einträge für die Variablen OB86_DKZ23, OB86_Z1 und OB86_Z23 die in Tabelle 5.18 angegebenen Bedeutungen.

Tabelle 5.18 OB86_FLT_ID-Fehlercodes

Fehlercode OB86_FLT_ID	Fehlerbedeutung

B#16#C1	Erweiterungsgeräteausfall
	OB86_MDL_ADDR: Logische Basisadresse der IM
	
	Über die Variable OB86_Z23 werden folgende zusätzlichen Detailinformationen zur Verfügung gestellt:
	
	OB86_Z23: Jedem möglichen Erweiterungsgerät ist ein Bit zugeordnet
	  Bit 0: stets 0
	  Bit 1: 1. Erweiterungsgerät
	  ⋮ ⋮
	  Bit 21: 21. Erweiterungsgerät
	  Bit 22 bis 29: stets 0
	  Bit 30: Ausfall mindestens eines Erweiterungsgerätes im SIMATIC S5-Bereich
	  Bit 31: stets 0
	
	Anmerkung:
	
	Beim kommenden Ereignis werden die Erweiterungsgeräte als ausgefallen gemeldet (die zugehörigen Bits sind gesetzt), die den Aufruf des OB86 verursacht haben. Bereits früher ausgefallene Erweiterungsgeräte werden nicht mehr angezeigt. Beim gehenden Ereignis wird eine erneute Betriebsbereitschaft zuvor ausgefallener Erweiterungsgeräte gemeldet (die zugehörigen Bits sind gesetzt).

B#16#C2	Wiederkehr eines Erweiterungsgeräts mit Kennung:
	
	„Ausfall eines Erweiterungsgeräts *gehend* mit Abweichung Soll-/Istausbau"
	
	OB86_MDL_ADDR: Logische Basisadresse der IM
	
	Über die Variable OB86_Z23 werden folgende zusätzlichen Detailinformationen zur Verfügung gestellt:
	
	OB86_Z23: Enthält für jedes mögliche Erweiterungsgerät ein Bit (siehe Fehlercode B#16#C1). Bedeutung eines gesetzten Bits:
	  Im betroffenen Erweiterungsgerät
	  – sind Baugruppen mit falscher Typkennung vorhanden,
	  – fehlen projektierte Baugruppen,
	  – ist mindestens eine Baugruppe defekt.

B#16#C3	Ausfall eines DP-Mastersystems bei Dezentraler Peripherie. (Ein kommendes Ereignis liefert Fehlercode B#16#C3, ein gehendes Ereignis Fehlercode B#16#C4 und Ereignisklasse B#16#38. Die Wiederkehr jeder unterlagerten DP-Station startet ebenfalls OB86.)
	
	OB86_MDL_ADDR: logische Basisadresse des DP-Masters
	
	Über die Variable OB86_Z23 werden folgende zusätzlichen Detailinformationen zur Verfügung gestellt:
	
	OB86_Z23: DP-Mastersystem-ID
	  Bit 0 bis 7: reserviert
	  Bit 8 bis 15: DP-Mastersystem-ID
	  Bit 16 bis 31: reserviert

Fortsetzung Seite 102

Tabelle 5.18 Fortsetzung

Fehlercode OB86_FLT_ID	Fehlerbedeutung

B#16#C4
B#16#C5
	Ausfall einer DP-Station
	Störung einer DP-Station
	OB86_MDL_ADDR: Logische Basisadresse des DP-Masters
	Über die Variable OB86_Z23 werden folgende zusätzlichen Detailinformationen zur Verfügung gestellt:
	OB86_Z23: Adresse des betroffenen DP-Slaves
	              Bit 0 bis 7 : Nummer der DP-Station
	              Bit 8 bis 15: DP-Mastersystem-ID
	              Bit 16 bis 30: Logische Basisadresse bei einem
	                                           DPS7-Slave bzw. Diagnose-
	                                         adresse bei einem DP-Normslave
	              Bit 31: I/O-Kennung

B#16#C6	Wiederkehr eines Erweiterungsgeräts, jedoch Fehler bei Baugruppenparametrierung.
	OB86_MDL_ADDR: Logische Basisadresse der IM
	Über die Variable OB86_Z23 werden folgende zusätzlichen Detailinformationen zur Verfügung gestellt:
	OB86_Z23: Jedem möglichen Erweiterungsgerät ist ein Bit zugeordnet
	              Bit 0: stets 0
	              Bit 1: 1. Erweiterungsgerät
	                : :
	                : :
	              Bit 21: 21. Erweiterungsgerät
	              Bit 22 bis 30: reserviert
	              Bit 31: stets 0
	Bedeutung eines gesetzten Bits:
	Im betroffenen Erweiterungsgerät sind Baugruppen mit
	  – falscher Typkennung oder
	  – fehlenden oder falschen Parametern
	vorhanden.

B#16#C7	Wiederkehr einer DP-Station, jedoch Fehler bei Baugruppenparametrierung.
	OB86_MDL_ADDR: logische Basisadresse des DP-Masters
	Über die Variable OB86_Z23 werden folgende Detailinformationen zur Verfügung gestellt:
	OB86_Z23: Adresse des betroffenen DP-Slaves:
	              Bit 0 bis 7: Nummer der DP-Station
	              Bit 8 bis 15: DP-Mastersystem-ID
	              Bit 16 bis 30: logische Basisadresse
	                                           des DP-Slaves
	              Bit 31: I/O-Kennung

5.2.10 Peripherie-Zugriffsfehler (OB122)

Das Betriebssystem der S7-CPU ruft OB122 auf, wenn beim Zugriff auf die Ein-/ Ausgangsdaten einer Peripheriebaugruppe oder eines DP-Slaves ein Fehler auftritt. Wird innerhalb des Anwenderprogrammes auf einen Eingang oder Ausgang eines nichtvorhandenen bzw. ausgefallenen DP-Slaves zugegriffen, dann ruft das Betriebssystem der CPU ebenfalls OB122 auf. Ist OB122 nicht programmiert, geht die CPU in den Betriebszustand STOP. Tabelle 5.19 zeigt die Lokaldaten des OB122.

Tabelle 5.19 Lokaldaten des OB122

Variable	Datentyp	Beschreibung
OB122_EV_CLASS	BYTE	Ereignisklasse und Kennungen, z. B. B#16#29 für „Peripheriezugriffsfehler"
OB122_SW_FLT	BYTE	Fehlercode B#16#42 = (bei S7-300) Fehler bei Lesezugriff auf Peripherie = (bei S7-400) Fehler beim ersten Lesezugriff auf Peripherie nach Auftreten eines Fehlers B#16#43 = (S7-300) Fehler bei Schreibzugriff auf Peripherie = (S7-400) Fehler beim ersten Schreibzugriff auf Peripherie nach Auftreten eines Fehlers B#16#44 = (nur bei S7-400) Fehler beim n-ten (n > 1) Lesezugriff auf Peripherie nach Auftreten eines Fehlers B#16#45 = (nur bei S7-400) Fehler beim n-ten (n > 1) Schreibzugriff auf Peripherie nach Auftreten eines Fehlers
OB122_PRIORITY	BYTE	Prioritätsklasse des OB, in dem der Fehler aufgetreten ist
OB122_OB_NUMBR	BYTE	OB-Nummer (122)
OB122_BLK_TYPE	BYTE	Bausteintyp, in dem der Fehler aufgetreten ist B#16#88 = OB B#16#8A = DB B#16#8C = FC B#16#8E = FB

OB122_MEM_AREA	BYTE	Zugriffsart und Speicherbereich
		Bit 7 bis 4 Zugriffsart:
		  0: Bitzugriff
		  1: Bytezugriff
		  2: Wortzugriff
		  3: Doppelwortzugriff
		Bit 3 bis 0 Speicherbereich:
		  0: Peripheriebereich
		  1: Prozessabbild der Eingänge
		  2: Prozessabbild der Ausgänge

OB122_MEM_ADDR	WORD	Speicheradresse, an der der Fehler aufgetreten ist
OB122_BLK_NUM	WORD	Nummer des Bausteins mit dem fehlerverursachenden MC7-Befehl
OB122_PRG_ADDR	WORD	Relativadresse des fehlerverursachenden MC7-Befehls
OB122_DATE_TIME	DT	Datum und Uhrzeit, zu der der OB angefordert wurde

5.3 DP-Nutzdatenaustausch und Prozessalarmfunktionen

5.3.1 Austausch konsistenter DP-Daten mit SFC14 *DPRD_DAT* und SFC15 *DPWR_DAT*

Auf DP-Datenbereiche (Module), die eine in sich geschlossene (konsistente) Struktur von 3 oder >4 Byte aufweisen, kann auf Grund der in STEP 7 zur Verfügung stehenden Peripheriezugriffsbefehle nicht mit einfachen Byte-, Wort- oder Doppelwortbefehlen zugegriffen werden (siehe auch Abschnitt 6.1). Der Datenaustausch erfolgt für diese Datenbereiche über SFCs *DPRD_DAT* und *DPWR_DAT*.

SFC14 *DPRD_DAT*

Der konsistente Eingangsdatenbereich (siehe Abschnitt 6.2) eines DP-Slaves wird modulbezogen durch den Aufruf von SFC14 *DPRD_DAT* gelesen. SFC14 besitzt die in Tabelle 5.20 aufgeführten Ein- und Ausgangsparameter, die beim Aufruf entsprechend versorgt werden müssen. Besitzt ein DP-Slave mehrere konsistente Eingangsmodule, so muss für jedes vorhandene und zu lesende Modul ein SFC14-Aufruf erfolgen.

Tabelle 5.20 Parameter für SFC14 *DPRD_DAT*

Parameter	Deklaration	Datentyp	Speicherbereich	Beschreibung
LADDR	INPUT	WORD	E, A, M, D, L, Konstante	Angabe (im Hexformat) der mit *HW Konfig* projektierten Anfangsadresse des Eingangsmoduls des DP-Slaves
RET_VAL	OUTPUT	INT	E, A, M, D, L	Rückgabewert der SFC
RECORD	OUTPUT	ANY	E, A, M, D, L	Zielbereich für die gelesenen Nutzdaten

Parameterbeschreibung

Parameter RECORD

Der Parameter RECORD beschreibt den Zielbereich für die vom DP-Slave gelesenen konsistenten Eingangsdaten in der S7-CPU. Die Längenangabe für den Parameter RECORD muss mit der in *HW Konfig* projektierten Eingangsmodullänge des DP-Slaves übereinstimmen. Weiterhin muss beachten werden, dass bei diesem Parameter vom Datentyp ANY-Pointer nur der Datentyp BYTE zulässig ist.

Parameter RET_VAL

Die Fehlercodes des Parameter RET_VAL bei SFC14 sind in Tabelle 5.21 dargestellt.

Tabelle 5.21 Rückgabewerte des Parameter RET_VAL für SFC14 *DPRD_DAT*

Fehlercode w#16#...	Erläuterung
0000	Es ist kein Fehler aufgetreten.
8090	Für die angegebene logische Basisadresse ist keine Baugruppe projektiert oder die Einschränkung über die Länge der konsistenten Daten wurde nicht beachtet oder die Anfangsadresse am Parameter LADDR wurde nicht hexadezimal eingegeben.
8092	Am Parameter vom Datentyp ANY-Pointer ist eine Typangabe ungleich BYTE angegeben.
8093	Für die unter LADDR angegebene logische Adresse existiert keine DP-Baugruppe, von der Sie konsistente Daten lesen können.
80A0	Beim Zugriff auf die Baugruppe wurde ein Zugriffsfehler erkannt.
80B0	Slave-Ausfall an externer DP-Anschaltung
80B1	Die Länge des angegebenen Zielbereichs ist ungleich der mit *HW Konfig* projektierten Nutzdatenlänge.
80B2	Systemfehler bei externer DP-Anschaltung
80B3	Systemfehler bei externer DP-Anschaltung
80C0	Systemfehler bei externer DP-Anschaltung
80C2	Systemfehler bei externer DP-Anschaltung
80Fx	Systemfehler bei externer DP-Anschaltung
87xy	Systemfehler bei externer DP-Anschaltung
808x	Systemfehler bei externer DP-Anschaltung

SFC15 *DPWR_DAT*

Der konsistente Ausgangsdatenbereich eines DP-Slaves wird modulbezogen durch den Aufruf von SFC15 *DPWR_DAT* zum DP-Slave übertragen. SFC15 besitzt die in Tabelle 5.22 aufgeführten Ein- und Ausgangsparameter, die beim Aufruf entsprechend versorgt werden müssen. Besitzt ein DP-Slave mehrere konsistente Ausgangsmodule so muss zum Übertragen der Daten für jedes dieser Module ein SFC15-Aufruf erfolgen.

Tabelle 5.22 Parameter für SFC15 *DPWR_DAT*

Parameter	Deklaration	Datentyp	Speicherbereich	Beschreibung
LADDR	INPUT	WORD	E, A, M, D, L, Konstante	Angabe (im Hexformat) der mit *HW Konfig* projektierten Anfangsadresse des Ausgangsmoduls des DP-Slaves
RECORD	OUTPUT	ANY	E, A, M, D, L	Quellbereich für die zu schreibenden Nutzdaten
RET_VAL	OUTPUT	INT	E, A, M, D, L	Rückgabewert der SFC

Parameterbeschreibung

Parameter RECORD

Der Parameter RECORD beschreibt den Quellbereich für die zum DP-Slave zu übertragenden konsistenten Ausgangsdaten aus der S7-CPU. Die Längenangabe am Parameter RECORD muss mit der in *HW Konfig* projektierten Ausgangsmodullänge des DP-Slaves übereinstimmen. Weiterhin muss beachtet werden, dass bei diesem Parameter vom Datentyp ANY-Pointer nur der Datentyp BYTE zulässig ist.

Parameter RET_VAL

Die Fehlercodes des Parameter RET_VAL bei SFC15 sind in Tabelle 5.23 dargestellt.

Tabelle 5.23 Spezifische Rückgabewerte für SFC15 *DPWR_DAT*

Fehlercode w#16#...	Erläuterung
0000	Es ist kein Fehler aufgetreten.
8090	Für die angegebene logische Basisadresse ist keine Baugruppe projektiert oder die Einschränkung über die Länge der konsistenten Daten wurde nicht beachtet.
8092	Am Parameter vom Datentyp ANY-Pointer ist eine Typangabe ungleich BYTE angegeben.
8093	Für die unter LADDR angegebene logische Adresse existiert keine DP-Baugruppe, auf die Sie konsistente Daten schreiben können.
80A1	Die selektierte Baugruppe ist fehlerhaft.
80B0	Slave-Ausfall an externer DP-Anschaltung
80B1	Die Länge des angegebenen Quellbereiches ist ungleich der mit *HW Konfig* projektierten Nutzdatenlänge.
80B2	Systemfehler bei externer DP-Anschaltung
80B3	Systemfehler bei externer DP-Anschaltung
80C1	Die Daten des auf der Baugruppe vorangegangenen Schreibauftrags sind von der Baugruppe noch nicht bearbeitet.
80C2 80Fx 85xy	Systemfehler bei externer DP-Anschaltung Systemfehler bei externer DP-Anschaltung Systemfehler bei externer DP-Anschaltung

5.3.2 Steuerkommandos SYNC und FREEZE mit SFC11 *DPSYC_FR*

Mit SFC11 *DPSYC_FR* können die Steuerkommandos SYNC und FREEZE an einen oder mehrere DP-Slaves übergeben werden. Sie dienen dazu, den Datenaustausch mit bestimmten DP-Slaves zu synchronisieren. Die betroffenen DP-Slaves werden hierzu bei der Projektierung in entsprechende SYNC-/FREEZE-Gruppen zusammengefasst.

Die Steuerkommandos SYNC und FREEZE werden dabei mittels eines Global-Control-Telegramms (Broadcast-Telegramm) an alle DP-Slaves gleichzeitig geschickt.

DP-Steuerkommando SYNC

Das Steuerkommando SYNC bewirkt ein „Synchronisieren" der Ausgänge von DP-Slaves. Befindet sich ein DP-Slave im SYNC-Mode, so werden die mit dem Data_Exchange-Telegramm übergebenen Ausgangsdaten in einen lokalen Übergabepuffer des DP-Slaves abgelegt. Mit Erhalt des Steuerkommandos SYNC schaltet der DP-Slave die im Übergabepuffer hinterlegten Daten auf die Ausgänge. Dies ermöglicht ein zeitgleiches Aktivieren (Synchronisieren) von Ausgangsdaten an mehreren DP-Slaves.

DP-Steuerkommando UNSYNC

Das Steuerkommando UNSYNC hebt den SYNC-Mode der angesprochenen DP-Slaves auf, so dass sich diese wieder im zyklischen Datentransfer mit dem DP-Master befinden. Die mit dem Data_Exchange-Telegramm empfangenen Ausgangsdaten werden damit im DP-Slave sofort an die Ausgänge weitergegeben.

DP-Steuerkommando FREEZE

Das Steuerkommando FREEZE bewirkt das „Einfrieren" der Eingänge von DP-Slaves. Wird ein DP-Slave im FREEZE-Mode betrieben, so werden die aktuell anstehenden Eingangsdaten des DP-Slaves beim Empfang eines FREEZE-Kommandos vom DP-Master in einen Übergabespeicher im DP-Slave hinterlegt und somit eingefroren. Anschließend kann der DP-Master mit dem Data_Exchange-Telegramm die eingefrorenen Eingangsdaten aus dem Übergabespeicher des DP-Slaves lesen. Erst nach einem weiteren FREEZE-Kommando werden die aktuell am DP-Slave anstehenden Eingangsdaten erneut eingelesen und in den Übergabespeicher des DP-Slaves kopiert. Der DP-Master kann die Eingangsdaten wiederum bis zum nächsten FREEZE-Kommando lesen. Dieses Steuerkommando ermöglicht somit eine zeitgleiche (synchrone) Übernahme der aktuell an den DP-Slaves anstehenden Eingangsdaten.

DP-Steuerkommando UNFREEZE

Das Steuerkommando UNFREEZE hebt den FREEZE-Mode der angesprochenen DP-Slaves auf, so dass sich diese wieder im zyklischen Datentransfer mit dem DP-Master befinden. Die Eingangsdaten eines DP-Slaves werden nicht mehr zwischengespeichert und können vom DP-Master anschließend sofort gelesen werden.

SFC11 besitzt die in Tabelle 5.24 aufgeführten Ein- und Ausgangsparameter, die beim Aufruf entsprechend versorgt werden müssen.

Parameterbeschreibung

Parameter GROUP

DP-Slaves werden bereits bei der Projektierung mit *HW Konfig* einer bestimmten Gruppe zugeordnet. Mit dem Parameter GROUP wird bestimmt, welche Gruppe mit SFC11 angesprochen werden soll. Pro Auftrag können mehrere Gruppen aktiviert werden. Der Wert „0" als Gruppe (alle Bits auf „0") ist unzulässig. Die Gruppenzuordnung ist in Tabelle 5.25 beschrieben.

Tabelle 5.24 Parameter von SFC11 *DPSYC_FR*

Parameter	Deklaration	Datentyp	Speicherbereich	Beschreibung
REQ	Input	BOOL	E, A, M, D, L, Konstante	REQ = „1" Anstoß eines SYNC/FREEZE-Auftrages
LADDR	Input	WORD	E, A, M, D, L, Konstante	Logische Basisadresse des DP-Masters
GROUP	Input	BYTE	E, A, M, D, L, Konstante	GROUP-Selektor Bit x = 0: Gruppe nicht betroffen Bit x = 1: Gruppe betroffen
MODE	Input	BYTE	E, A, M, D, L, Konstante	Auftragskennung
RET_VAL	Output	INT	E, A, M, D, L	Rückgabewert der SFC
BUSY	Output	BOOL	E, A, M, D, L	BUSY = „1" bedeutet, dass der angestoßene SFC11 *DPSYC_FR* noch nicht beendet wurde.

Tabelle 5.25 Gruppenzuordnung von SFC11 *DPSYC_FR* am Parameter GROUP

	Bit 7	Bit 6	Bit 5	Bit 4	Bit 3	Bit 2	Bit 1	Bit 0
GROUP	8	7	6	5	4	3	2	1

Tabelle 5.26 Steuerkommandos am Parameter MODE von SFC11 *DPSYC_FR*

Bit-Nr.:	7	6	5	4	3	2	1	0
MODE			SYNC	UNSYNC	FREEZE	UNFREEZE		

Parameter MODE

Mit dem Parameter MODE wird einer Gruppe ein Steuerkommando zugewiesen und übergeben. Tabelle 5.26 zeigt die Zuordnung zwischen MODE und den einzelnen Steuerbits des Parameters.

Pro Aufruf der SFC11 können mehrere Steuerkommados aktiviert und an die DP-Slaves gesendet werden. Die möglichen Kombinationen sind in Tabelle 5.27 beschrieben. Somit ist es möglich, mit einem einzelnen Aufruf der SFC11 mehrere Steuerkommandos an DP-Slaves zu senden.

Parameter RET_VAL

Die Fehlercodes des Parameters RET_VAL bei SFC11 sind in Tabelle 5.28 dargestellt und erläutert.

5.3 DP-Nutzdatenaustausch und Prozessalarmfunktionen

Tabelle 5.27 Mögliche Kombinationen des Parameters MODE von SFC11 *DPSYC_FR*

Bit-Nr.:	7	6	5	4	3	2	1	0
MODE				UNSYNC				
				UNSYNC		UNFREEZE		
				UNSYNC	FREEZE			
			SYNC					
			SYNC			UNFREEZE		
			SYNC		FREEZE			
						UNFREEZE		
					FREEZE			

Tabelle 5.28 Fehlercodes von SFC11 *DPSYC_FR* über Parameter RET_VAL

Fehlercode W#16#...	Erläuterung
0000	Der Auftrag wurde fehlerfrei durchgeführt.
7000	Erstaufruf mit REQ = „0". Es ist keine SFC11 *DPSYC_FR* aktiv; BUSY hat den Wert „0".
7001	Erstaufruf mit REQ = „1". Eine Prozessalarmanforderung an den DP-Master wurde gestellt; BUSY hat den Wert „1".
7002	Zwischenaufruf (REQ irrelevant): Die ausgelöste SFC11 DP_SYC_FR wurde noch nicht beendet; BUSY hat den Wert „1".
8090	Angegebene logische Basisadresse ist ungültig. LADDR ist kein DP-Master.
8093	Für die über LADDR ausgewählte Baugruppe ist diese SFC nicht zulässig.
80B0	Gruppe nicht projektiert.
80B1	Gruppe ist dieser CPU nicht zugeordnet.
80B2	SYNC-Mode auf dieser Gruppe nicht zulässig.
80B3	FREEZE-Mode auf dieser Gruppe nicht zulässig.
80C2	Die Baugruppe bearbeitet momentan das mögliche Maximum an Aufträgen für eine CPU. Alle Resourcen für diese CPU sind belegt.
80C5	Dezentrale Peripherie nicht verfügbar. DP-Subsystem-Ausfall (Busfehler oder ET-CR-Betriebsartenschalter auf STOP).
80C6	Peripherieabwurf durch CPU (Auftrag abgebrochen).
80C7	Abbruch wegen Neustart von ET-CR. Wiederanlauf nicht möglich.
8325	Parameter GROUP falsch.
8425	Parameter MODE falsch.

5.3.3 Auslösen eines Prozessalarms beim DP-Master mit SFC7 *DP_PRAL*

Eine SIMATIC S7-300 Steuerung, die über eine CPU315-2DP als I-Slave am DP-Bus betrieben wird, ist in der Lage, über SFC7 *DP_PRAL* einen Prozessalarm im DP-Mastersystem auszulösen.

Durch den Aufruf von SFC7 *DP_PRAL* ist es für eine als I-Slave projektierte CPU315-2DP-Station aus dem Anwenderprogramm heraus möglich, im zugehörigen DP-Master (nur S7-400 und S7-300 mit CPU315-2DP) einen Prozessalarm (OB40 bis OB47) auszulösen. Über den SFC-Eingangsparameter AL_INFO ist es möglich, eine anwendungsspezifische Alarmkennung zu übergeben. Diese Alarmkennung wird an den DP-Master übertragen (Variable *OB40_POINT_ADDR*) und kann dort innerhalb der Abarbeitung eines Alarm-OBs von OB40 bis OB47 ausgewertet werden. Der angeforderte Prozessalarm wird durch die Eingangsparameter IOID und LADDR eindeutig festgelegt. Für jedes projektierte Modul im Übergabespeicher des I-Slaves kann zu einem beliebigen Zeitpunkt genau ein Prozessalarm ausgelöst werden. Tabelle 5.29 zeigt die Ein- und Ausgangsparameter von SFC7.

Tabelle 5.29 Parameter von SFC7 *DP_PRAL*

Parameter	Deklaration	Datentyp	Speicherbereich	Beschreibung
REQ	INPUT	BOOL	E, A, M, D, L, Konstante	Anforderung zum Auslösen eines Prozessalarms beim DP-Master.
IOID	INPUT	WORD	E, A, M, D, L, Konstante	Kennung des Adressbereiches (Modul) im Übergabespeicher (aus Sicht des DP-Slaves): B#16#54 = Peripherie-Eingang (PE) B#16#55 = Peripherie-Ausgang (PA) Die Kennung eines Bereichs, der zu einer Mischbaugruppe gehört, ist die Kennung der kleineren der beiden Adressen. Bei gleichen Adressen ist B#16#54 anzugeben.
LADDR	INPUT	WORD	E, A, M, D, L, Konstante	Anfangsadresse des Adressbereiches (Modul) im Übergabespeicher (aus Sicht des DP-Slaves). Handelt es sich um einen Bereich, der zu einer Mischbaugruppe gehört, ist die kleinere der beiden Adressen anzugeben.
AL_INFO	INPUT	DWORD	E, A, M, D, L, Konstante	Alarmkennung; Diese wird dem OB40, der auf dem zugehörigen DP-Master gestartet werden soll, mitgegeben (Variable OB40_POINT_ADDR).

Fortsetzung Seite 111

Tabelle 5.29 Fortsetzung

Parameter	Deklaration	Datentyp	Speicherbereich	Beschreibung
RET_VAL	OUTPUT	INT	E, A, M, D, L	Rückgabewert der SFC.
BUSY	OUTPUT	BOOL	E, A, M, D, L	BUSY = „1" bedeutet, die ausgelöste SFC7 *DP_PRAL* wurde vom DP-Master noch nicht quittiert.

SFC7 *DP_PRAL* wird asynchron abgearbeitet, d. h., die Bearbeitung erstreckt sich über mehrere SFC-Aufrufe. Der Auftrag ist abgeschlossen, wenn der Prozessalarm nach der vollständigen Abarbeitung des entsprechenden Prozessalarm-OBs (OB40 bis OB47) durch den DP-Master quittiert wurde.

Wird die CPU315-2DP als DP-Normslave betrieben, so ist der SFC7-Auftrag abgeschlossen, sobald das Diagnosetelegramm vom DP-Master abgeholt wurde. Tabelle 5.30 zeigt mögliche Fehlercodes von SFC7, die mit dem Parameter RET_VAL ausgegeben werden.

Tabelle 5.30 Spezifische Rückgabewerte für SFC7 *DP_PRAL*

Fehlercode W#16#...	Erläuterung
0000	Der Auftrag wurde fehlerfrei durchgeführt.
7000	Erstaufruf mit REQ = „0". Es ist keine Prozessalarmanforderung aktiv; BUSY hat den Wert „0".
7001	Erstaufruf mit REQ = „1". Eine Prozessalarmanforderung an den DP-Master wurde gestellt; BUSY hat den Wert „1".
7002	Zwischenaufruf (REQ irrelevant): Der ausgelöste Prozessalarm wurde vom DP-Master noch nicht quittiert; BUSY hat den Wert „1".
8090	Anfangsadresse des Adressbereichs im Übergabespeicher ist fehlerhaft.
8091	Alarm ist durch Projektierung gesperrt.
8093	Über das Parameterpaar IOID und LADDR wird eine Baugruppe angesprochen, von der aus eine Prozessalarmanforderung nicht möglich ist.
80C6	Dezentrale Peripherie ist momentan nicht verfügbar.

5.4 DP-Diagnosedaten lesen

5.4.1 Lesen von Normdiagnosedaten eines DP-Slaves mit SFC13 *DPNRM_DG*

DP-Slaves stellen zum Erkennen und Lokalisieren von lokalen Fehlern Diagnosedaten zur Verfügung. Der prinzipielle Aufbau der Diagnosedaten eines DP-Slaves ist in der EN 50170

Volume 2, PROFIBUS festgelegt und in Tabelle 5.31 dargestellt. Weitere detaillierte Informationen zu den Diagnosedaten sind auch im Abschnitt 7 „Diagnosefunktionen" enthalten.

Tabelle 5.31 Prinzipieller Aufbau der DP-Slave-Diagnose

Byte 0	Stationsstatus 1
Byte 1	Stationsstatus 2
Byte 2	Stationsstatus 3
Byte 3	PROFIBUS-Adresse des DP-Masters
Byte 4	Herstellerkennung (High Byte)
Byte 5	Herstellerkennung (Low Byte)
ab Byte 6	weitere Slave-spezifische Diagnosedaten

Das Auslesen der Diagnosedaten eines DP-Slaves ist über SFC13 *DPNRM_DG* möglich. SFC13 besitzt die in Tabelle 5.32 angegebenen Ein- und Ausgangsparameter.

Tabelle 5.32 Parameter von SFC13 *DPNRM_DG*

Parameter	Deklaration	Datentyp	Speicherbereich	Beschreibung
REQ	INPUT	BOOL	E, A, M, D, L, Konstante	Anforderung zum Lesen
LADDR	INPUT	WORD	E, A, M, D, L, Konstante	Die im *HW Konfig* projektierte Diagnoseadresse des DP-Slaves (Angabe in Hexadezimalformat)
RET_VAL	OUTPUT	INT	E, A, M, D, L	Rückgabewert der SFC (Fehlermeldung oder Länge der gelesenen Diagnosedaten in Byte)
RECORD	OUTPUT	ANY	E, A, M, D, L	Zielbereich für die gelesenen Diagnosedaten
BUSY	OUTPUT	BOOL	E, A, M, D, L	BUSY = „1": Lesevorgang beendet

Die Abarbeitung der SCF 13 geschieht asynchron, d. h., die Ausführung der Funktion kann sich über mehrere SFC-Aufrufe und somit auch über mehrere CPU-Zyklen erstrecken.

Die mit Parameter RET_VAL gemeldeten, SFC13-spezifischen Fehlercodes sind eine Untermenge der Fehlercodes für SFC59 (siehe Abschnitt 5.9).

Parameterbeschreibung

Parameter RECORD

Der Parameter RECORD beschreibt den Zielbereich für die vom DP-Slave gelesenen Diagnosedaten in der CPU. Er ist vom Typ ANY-Pointer und lässt als Datentyp nur BYTE zu.

Ist die Bytezahl der Diagnosedaten, die von einem DP-Slave gelesen wurde, größer als der angegebene Zielbereich, so werden die Diagnosedaten verworfen und ein entsprechender Fehlercode mit dem Parameter RET_VAL ausgegeben. Stimmt die Länge der gelesenen Diagnosedaten mit der Längenangabe für Parameter RECORD überein oder ist diese kleiner, so werden die gelesenen Daten in den Zielbereich übernommen und über den Parameter RET_VAL wird die tatsächlich gelesene Bytezahl gemeldet.

Die Mindestlänge der zu lesenden Diagnosedaten beträgt 6 Byte, die Maximallänge 240 Byte. Liefert ein DP-Slave mehr als 240 Byte an Diagnosedaten (bis zu 244 Byte sind zulässig) und ist durch den Parameter RECORD ein Zielbereich von dieser Länge reserviert, so werden die ersten 240 Byte in den Zielbereich übertragen und das entsprechende „Overflow-Bit" in den Diagnosedaten gesetzt. Liefert ein DP-Slave mehr als 240 Byte an Diagnosedaten und ist die Längenangabe am Parameter RECORD kleiner als 240 Byte, so wird das komplette Diagnosetelegramm verworfen.

Systemressourcen für SFC13 bei SIMATIC S7-400-Systemen

Bei einem Neuaufruf von SFC13 *DPNRM_DG* werden für die asynchrone Auftragsabwicklung der SFC in der S7-400-CPU Ressourcen (Speicherplatz) belegt. Bei mehreren gleichzeitig aktiven Aufträgen wird gewährleistet, dass alle Aufträge durchgeführt werden und keine gegenseitige Beeinflussung besteht. Es kann jedoch nur eine bestimmte Anzahl von SFC13-Aufrufen gleichzeitig aktiv sein. Die maximale Zahl möglicher SFC-Aufrufe ist den Leistungsdaten der entsprechenden S7-400-CPUs zu entnehmen. Ist die Grenze der maximal belegbaren Ressourcen erreicht, so wird über den Parameter RET_VAL ein entsprechender Fehlercode ausgegeben. In diesem Fall muss die SFC erneut angestoßen werden.

5.4.2 Alarm von einem DP-Slave mit SFB54 *RALRM* empfangen

Der SFB54 *RALRM* empfängt einen Alarm inklusive der zugehörigen Information von einer Baugruppe bzw. einem Modul eines DP-Slaves.

An den Ausgangsparametern des SFB54 werden Informationen über die Alarmquelle, die Startinfo des aufgerufenen OB sowie Alarminformationen vom alarmauslösenden DP-Slave zur Verfügung gestellt.

Der SFB54 sollte nur innerhalb des Alarm-OB aufgerufen werden, den das Betriebssystem der CPU aufgrund des auslösenden Ereignisses aus der dezentralen Peripherie gestartet hat.

Die Schnittstelle des SFB54 *RALRM* ist identisch mit der des in der Norm PNO AK 1131 definierten FB *RALRM*. Die Ein- und Ausgangsparameter des SFB54 sind in der Tabelle 5.33 dargestellt.

5 DP-Anwenderprogrammschnittstellen

Tabelle 5.33 Parameter der SFB54 *RALRM*

Parameter	Deklaration	Datentyp	Speicherbereich	Beschreibung
MODE	INPUT	INT	E, A, M, D, L, Konstante	Betriebsart der SFB54.
F_ID	INPUT	DWORD	E, A, M, D, L, Konstante	Angabe (im Hexformat) der mit *HW Konfig* projektierten Anfangsadresse des Moduls des DP-Slaves, von dem Alarme erwartet werden.
MLEN	INPUT	INT	E, A, M, D, L, Konstante	Maximale Länge der zu empfangenden Alarminformation in Bytes.
NEW	OUTPUT	BOOL	E, A, M, D, L	TRUE = ein neuer Alarm wurde empfangen.
STATUS	OUTPUT	DWORD	E, A, M, D, L	Fehlercode des SFB oder des DP-Master.
ID	OUTPUT	DWORD	E, A, M, D, L	Logische Anfangsadresse der alarmauslösenden Baugruppe.
LEN	OUTPUT	INT	E, A, M, D, L	Länge der empfangenen Alarminformation.
TINFO	OUTPUT	ANY	E, A, M, D, L	*task information* OB-Startinformation und Verwaltungsinformation.
AINFO	OUTPUT	ANY	E, A, M, D, L	*alarm information* Kopfinformation und Alarmzusatzinformation.

Parameterbeschreibung

Parameter MODE

Der SFB54 *RALRM* kann in verschiedenen Betriebsarten (*MODE*) aufgerufen werden. In der Tabelle 5.34 werden die verschiedenen Modi und ihre Bedeutung beschrieben.

Tabelle 5.34 Struktur der Verwaltungsinformation

MODE	Bedeutung
0	Der SFB54 zeigt die alarmauslösende Baugruppe/Modul im Ausgangsparameter ID an und beschreibt den Ausgangsparameter NEW mit TRUE.
1	Der SFB54 beschreibt sämtliche Ausgangsparameter unabhängig von der alarmauslösenden Baugruppe/Modul.
2	Der SFB54 prüft, ob die im Eingangsparameter F_ID angegebene Komponente den Alarm ausgelöst ja. Falls ja: Der Parameter NEW wird mit TRUE und alle anderen Ausgangsparameter mit den entsprechenden Werten beschrieben. Falls nein: Der Parameter NEW wird mit FALSE beschrieben.

5.4 DP-Diagnosedaten lesen

Parameter TINFO

Der Parameter TINFO gibt den Zielbereich für die OB-Startinformation und die Verwaltungsinformation an. Wird der Zielbereich zu klein gewählt, so kann der SFB54 nicht die gesamten Informationen eintragen.

Die OB-Startinformation, in dem der SFB54 aufgerufen wurde, wird ab Byte 0 bis Byte 19, die Verwaltungsinformation ab Byte 20 bis Byte 27 eingetragen.

Die Struktur der Verwaltungsinformation für Alarme von dezentralen Baugruppen wird in der Tabelle 5.35 dargestellt.

Tabelle 5.35 Struktur der Verwaltungsinformation

Byte-Nr. zu TINFO	Datentyp	Bedeutung	
20	BYTE	DP-MasterSystem-ID (mögliche Werte 1 – 255)	
21	BYTE	Adresse des DP-Slaves	
22	BYTE	Bit 0 bis 3: Slavetyp	0000 = DP-Slave 0001 = DPS7-Slave 0010 = DPS7V1-Slave 0011 = DPV1-Slave ab 0100 = reserviert
		Bit 4 bis 7: Profiltyp	0000 = DP ab 0001 = reserviert
23	BYTE	Bit 0 bis 3: Alarminfo-Typ	0000 = Transparent (Alarm kommt von einer projektierten dezentralen Baugruppe). 0001 = Stellvertreter (Alarm kommt nicht von einem DPV1-Slave bzw. projektierten Steckplatz. 0010 = In der CPU erzeugter Alarm ab 0011 = reserviert
		Bit 4 bis 7: Strukturversion	0000 = Initialwert ab 0001 = reserviert

24	BYTE	Flags der DP-Masteranschaltung
		  Bit 0 = 0 → Alarm von einem integrierten DP-Master
		  Bit 0 = 1 → Alarm von einem externen DP-Master
		  Bit 1 bis 7 = Reserviert	

25	BYTE	Flags der DP-Slaveanschaltung
		  Bit 0: EXT_DIAG_BIT aus dem Diagnosetelegramm
		    bzw. 0, falls dieses Bit bei Alarm nicht vorliegt.
		  Bit 1 bis 7 = Reserviert	

26 bis 27	WORD	PROFIBUS-Identnummer des Slaves	

Parameter AINFO

Der Parameter AINFO definiert den Zielbereich für die Kopfinformation und der Alarmzusatzinformation an. Wird der Zielbereich zu klein gewählt, so kann der SFB54 nicht die gesamten Informationen eintragen. Deshalb sollte für AINFO eine Länge von mindestens MLEN Bytes parametriert werden.

Die Kopfinformation wird ab Byte 0 bis Byte 3, die Alarmzusatzinformation ab Byte 4 bis maximal Byte 63 (bei Alarmen von dezentraler Peripherie) eingetragen.

Die Struktur der Kopfinformation für Alarme von dezentralen Baugruppen wird in der Tabelle 5.36 dargestellt.

Tabelle 5.36 Struktur der Kopfinformation

Byte-Nr. zu AINFO	Datentyp	Bedeutung
0	BYTE	Länge der empfangenen Alarminformation in Bytes (4 bis 63)
1	BYTE	Kennung für den Alarmtyp 1: Diagnosealarm 2: Prozessalarm 3: Ziehen-Alarm 4: Stecken-Alarm 5: Statusalarm 6: Update-Alarm 31: Ausfall eines Erweiterungsgeräts, eines DP-MasterSystems oder einer DP-Station 32 bis 126: herstellerspezifischer Alarm
2	BYTE	Steckplatznummer der alarmauslösenden Komponente
3	BYTE	Specifier 0: keine weitere Information 1: kommendes Ereignis, Steckplatz gestört 2: gehendes Ereignis, Steckplatz nicht mehr gestört 3: gehendes Ereignis, Steckplatz weiterhin gestört

Zielbereich TINFO und AINFO

Abhängig vom jeweiligen OB, in dem der SFB54 aufgerufen wird, werden die Zielbereiche TINFO und AINFO nur teilweise beschrieben. Welche Informationen jeweils eingetragen werden ist in Tabelle 5.37 angegeben.

Tabelle 5.37 Verfügbarkeit der Alarminformationen

Alarmtyp	OB	TINFO OB-Status-Information	TINFO Verwaltungs-Information	AINFO Kopf-Information	AINFO Alarmzusatz-Information
Prozessalarm	4×	Ja	Ja	Ja	Wie vom DP-Slave geliefert
Statusalarm	55	Ja	Ja	Ja	Ja
Update-Alarm	56	Ja	Ja	Ja	Ja
Hersteller-spezifischer Alarm	57	Ja	Ja	Ja	Ja
Diagnosealarm	82	Ja	Ja	Ja	Wie vom DP-Slave geliefert
Ziehen- / Stecken-Alarm	83	Ja	Ja	Ja	Wie vom DP-Slave geliefert
Stationsausfall	86	Ja	Ja	Nein	Nein

5.4 DP-Diagnosedaten lesen

Parameter STATUS

Der Ausgangsparameter STATUS enthält Fehlerinformationen. Wird er als ARRAY[1...4] OF BYTE interpretiert, hat die Fehlerinformation die in der Tabelle 5.38 dargestellte Struktur.

Tabelle 5.38 Darstellung des Ausgangsparameters STATUS

Feldelement	Name	Bedeutung
STATUS[1]	Function_Num	B#16#00, falls kein Fehler Funktionskennung aus DPV1-PDU: Im Fehlerfall ist B#16#80 aufgeodert. Falls kein DPV1-Protokollelement benutzt wird: B#16#C0.
STATUS[2]	Error_Decode	Ort der Fehlerkennung
STATUS[3]	Error_Code_1	Fehlerkennung
STATUS[4]	Error_Code_2	herstellerspezifische Erweiterung der Fehlerkennung

Der Ort der Fehlerkennung ist in STATUS[2] eingetragen und in Tabelle 5.39 dargestellt. Die Fehlerkennung selbst steht in STATUS[3] und ist in der Tabelle 5.40 abgebildet.

Der Fehlercode in STATUS[4] wird bei DPV1-Fehlern vom DP-Master an die CPU durchgereicht. Ist kein DPV1-Fehler vorhanden, wird der Wert auf „0" gesetzt,

Tabelle 5.39 Fehlerkennungen in STATUS[2]

Error_Decode (B#16#...)	Quelle	Bedeutung
00 bis 7F	CPU	kein Fehler oder keine Warnung
80	DPV1	Fehler nach IEC 61158-6
81 bis 8F	CPU	B#16#8x zeigt einen Fehler im x-ten Aufrufparameter des SFB an.
FE, FF	DP Profile	profilspezifischer Fehler

Tabelle 5.40 Fehlerkennungen in STATUS[3]

Error_Decode (B#16#...)	Error_Code_1 (B#16#...)	Erläuterung laut DVP1	Bedeutung
00	00		kein Fehler, keine Warnung
70	00	reserved, reject	Erstaufruf; keine Datensatzübertragung aktiv
	01	reserved, reject	Erstaufruf; Datensatzübertragung angestoßen
	02	reserved, reject	Zwischenaufruf; Datensatzübertragung ist bereits aktiv
80	90	reserved, pass	logische Anfangsadresse ungültig

Fortsetzung Seite 118

Tabelle 5.40 Fortsetzung

Error_Decode (B#16#...)	Error_Code_1 (B#16#...)	Erläuterung laut DVP1	Bedeutung
80	92	reserved, pass	unzulässiger Typ bei ANY-Pointer
	93	reserved, pass	Die mittels ID bzw. F_ID adressierte DP-Komponente ist nicht konfiguriert.
	A0	read error	negative Quittung beim Lesen von der Baugruppe
	A1	write error	negative Quittung beim Schreiben zur Baugruppe
	A2	module failure	DP-Protokollfehler bei Layer 2, evtl. Hardware defekt
	A3	reserved, pass	DP-Protokollfehler bei Direct-Data-Link-Mapper oder User-Interface/User, evtl. Hardware defekt
	A4	reserved, pass	Kommunikation am K-Bus gestört
	A5	reserved, pass	–
	A7	reserved, pass	DP-Resource belegt
	A8	Version conflict	Versionskonflikt
	A9	feature not supported	Eigenschaft wird nicht unterstützt
	AA bis AF	user specific	DP-Master spezifisch
	B0	invalid index	Baugruppe kennt den Datensatz nicht: Datensatznummer ° 256 ist unzulässig
	B1	write length error	Längenfehler in AINFO
	B2	invalid slot	Der projektierte Steckplatz ist nicht belegt
	B3	type conflict	Ist-Baugruppentyp ungleich Soll-Baugruppentyp
	B4	invalid area	ungültiger Bereich
	B5	state conflict	Zustandskonflikt
	B6	access denied	Zugriff verweigert
	B7	invalid range	ungültiger Bereich
	B8	invalid parameter	ungültiger Parameter
	B9	invalid type	ungültiger Typ
	BA bis BF	user specific	DP-Master spezifisch
	C0	read constrain conflict	Die Baugruppe führt den Datensatz, aber es sind noch keine Lesedaten da.

Fortsetzung Seite 119

5.4 DP-Diagnosedaten lesen

Tabelle 5.40 Fortsetzung

Error_Decode (B#16#...)	Error_Code_1 (B#16#...)	Erläuterung laut DVP1	Bedeutung
	C1	write constrain conflict	Die Daten des auf der Baugruppe vorangegangenen Schreibauftrags für denselben Datensatz sind von der Baugruppe noch nicht verarbeitet.
	C2	resource busy	Die Baugruppe bearbeitet momentan das mögliche Maximum an Aufträgen für eine CPU.
	C3	resource unavailable	Die benötigten Betriebsmittel sind momentan belegt.
	Dx	user specific	DP-Slave-spezifisch, siehe Beschreibung des DP-Slaves.
81	00 bis FF		Fehler im ersten Aufrufparameter (bei SFB54: MODE)
	00		unzulässige Betriebsart
82	00 bis FF		Fehler im zweiten Aufrufparameter
↓	↓		↓
88	00 bis FF		Fehler im achten Aufrufparameter (bei SFB54: TINFO)
	01		Syntaxkennung falsch
	23		Überschreitung des Mengengerüsts oder Zielbereich zu klein.
	24		Bereichskennung falsch
	32		DB/DI-Nr. außerhalb des Anwenderbereichs.
	3A		DB/DI-Nr. ist NULL bei Bereichskennung DB/DI oder angegebener DB/DI ist nicht vorhanden.
89	00 bis FF		Fehler im neunten Aufrufparameter (bei SFB54: AINFO)
	01		Syntaxkennung falsch
	23		Überschreitung des Mengengerüsts oder Zielbereich zu klein.
	24		Bereichskennung falsch
	32		DB/DI-Nr. außerhalb des Anwenderbereichs
	3A		DB/DI-Nr. ist NULL bei Bereichskennung DB/DI oder angegebener DB/DI nicht vorhanden.
8A	00 bis FF		Fehler im 10. Aufrufparameter
↓	↓		↓
8F	00 bis FF		Fehler im 15. Aufrufparameter
FE, FF	00 bis FF		profilspezifischer Fehler

5.4.3 DP-relevante Systemzustandsliste (SZL)

Die Systemzustandsliste (SZL) beschreibt den aktuellen Zustand des Automatisierungssystems (Auskunftsfunktion). Eine SZL kann nur gelesen, nicht aber verändert werden. Die DP-relevanten SZL-Teillisten sind virtuelle Listen, d. h., sie werden vom Betriebssystem nur auf Anforderung hin zusammengestellt und ausgegeben.

Systemzustandslisten enthalten Informationen über:

▷ *Systemdaten*
  Systemdaten sind die festen und parametrierbaren Kenndaten einer CPU. Sie beschreiben den Ausbau der CPU, den Zustand der Prioritätsklassen sowie die Kommunikation.

▷ *Diagnosezustandsdaten in der CPU*
  Die Diagnosezustandsdaten beschreiben den aktuellen Zustand aller Komponenten, die durch die Systemdiagnose überwacht werden.

▷ *Diagnosedaten auf Baugruppen*
  Die einer CPU zugeordneten diagnosefähigen Baugruppen besitzen Diagnosedaten, die auf den Baugruppen selbst abgelegt sind.

▷ *Diagnosepuffer*
  Im Diagnosepuffer werden alle auftretenden Diagnoseereignisse in der zeitlichen Reihenfolge ihres Auftretens eingetragen.

5.4.4 Aufbau einer SZL-Teilliste

Eine SZL-Teilliste besteht immer aus einem Kopfteil und den eigentlichen angeforderten Datensätzen. Der Kopf der Teilliste enthält die SZL-ID, den Index, die Länge eines Datensatzes der angeforderten Teilliste in Byte und die Zahl der Datensätze, die diese Teilliste enthält. Der Datensatz einer Teilliste hat eine bestimmte Länge, die informations- und strukturabhängig ist.

5.4.5 Auslesen von SZL-Teillisten mit SFC51 *RDSYSST*

Über SFC51 *RDSYSST* (*ReaD SYStem STatus*) ist eine SZL-Teilliste oder ein SZL-Teillistenauszug auslesbar. Die Definition der SFC51-Parameter SZL_ID und INDEX bestimmt hierbei, welche Teilliste oder welcher Teillistenauszug ausgelesen werden soll. Die Aufrufparameter für SFC51 *RDSYSST* sind in Tabelle 5.41 aufgelistet.

Tabelle 5.41 Parameter von SFC51 *RDSYSST*

Parameter	Deklaration	Datentyp	Speicherbereich	Beschreibung
REQ	INPUT	BOOL	E, A, M, D, L, Konstante	REQ = „1": Anstoß der Bearbeitung
SZL_ID	INPUT	WORD	E, A, M, D, L, Konstante	SZL-ID der Teilliste oder des Teillistenauszugs
INDEX	INPUT	WORD	E, A, M, D, L, Konstante	Typ oder Nummer eines Objekts in einer Teilliste

Fortsetzung Seite 121

5.4 DP-Diagnosedaten lesen

Tabelle 5.41 Fortsetzung

Parameter	Deklaration	Datentyp	Speicherbereich	Beschreibung
RET_VAL	OUTPUT	INT	E, A, M, D, L	Rückgabewert der SFC
BUSY	OUTPUT	BOOL	E, A, M, D, L	BUSY = „1": Lesevorgang noch nicht abgeschlossen
SZL_HEADER	OUTPUT	STRUCT	D, L	siehe Parameter SZL_HEADER
DR	OUTPUT	ANY	E, A, M, L, D	Feld der gelesenen Datensätze

Parameterbeschreibung

Parameter SZL_ID

Jede SZL-Teilliste innerhalb der SZL besitzt eine eigene Nummer (SZL_ID). Bild 5.3 zeigt den Aufbau der SZL_ID. Die möglichen SZL_IDs sind im Abschnitt 5.4.6 in Tabelle 5.44 aufgelistet. Über die Angabe dieser ID kann eine Teilliste entweder komplett oder auszugsweise angefordert werden.

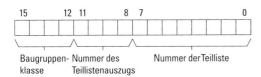

Bild 5.3 Aufbau der SZL-ID

Die möglichen Teillistenauszüge wiederum sind fest definiert und werden ebenfalls durch eine Nummer gekennzeichnet. Die Nummer des Teillistenauszugs und deren Bedeutung sind abhängig von der angeforderten Teilliste.

Die SZL_ID enthält weitere 4 Bits als Kennung für die Baugruppenklasse. Diese geben den Typ der Baugruppe an, von der die Teilliste bzw. der Teillistenauszug gelesen werden soll. Beispiele für die mögliche Zuordnung von Baugruppenklassen zu Kennungsnummern sind in Tabelle 5.42 angegeben.

Tabelle 5.42 Zuordnung von Baugruppenklassen zu Kennungsnummern

Kennungsnummer/Bits	Baugruppentyp
0000	CPU
1100	CP
0100	IM
0101	Analogbaugruppe
1111	Digitalbaugruppe

Eine SZL-ID setzt sich somit aus der Nummer der Teilliste, der Nummer des Teillistenauszugs und der Baugruppenklasse zusammen (Bild 5.3).

Parameter INDEX

Der Parameter INDEX wird benutzt, wenn für bestimmte Teillisten bzw. Teillistenauszüge die Angabe einer Objekttypkennung bzw. einer Objektnummer notwendig ist. Wird dieser Parameter bei einer Auskunft nicht benötigt, so ist sein Inhalt irrelevant.

Parameter RET_VAL

Die am Parameter RET_VAL ausgegebenen Fehlercodes sind in Tabelle 5.43 beschrieben.

Tabelle 5.43 Fehlercodes im Parameter RET_VAL von SFC51 *RDSYSST*

Fehlercode (W#16#…)	Erläuterung
0000	kein Fehler
0081	Länge des Ergebnisfeldes zu klein (Es werden trotzdem so viele Datensätze wie möglich geliefert. Der SZL-Header zeigt diese Anzahl an).
7000	Erstaufruf mit REQ = „0": keine Datenübertragung aktiv; BUSY zeigt Wert „0".
7001	Erstaufruf mit REQ = „1": Datenübertragung angestoßen; BUSY zeigt Wert „1".
7002	Zwischenaufruf (REQ irrelevant): Datenübertragung bereits aktiv; BUSY zeigt Wert „1".
8081	Länge des Ergebnisfeldes zu klein (Platz reicht nicht für einen Datensatz).
8082	SZL_ID ist falsch oder in der CPU bzw. in der SFC unbekannt.
8083	INDEX falsch oder nicht erlaubt.
8085	Die Information ist systembedingt momentan nicht verfügbar, z. B. wegen Ressourcenmangels.
8086	Datensatz ist nicht lesbar wegen eines Systemfehlers (Bus, Baugruppen, Betriebssystem).
8087	Datensatz ist nicht auslesbar, weil die Baugruppe nicht vorhanden ist oder den Leseauftrag nicht quittiert.
8088	Datensatz ist nicht lesbar, weil die Ist-Typkennung von der Soll-Typkennung abweicht.
8089	Datensatz ist nicht lesbar, weil die Baugruppe nicht diagnosefähig ist.
808A	Datentyp für Parameter DR ist nicht zulässig (Zulässig sind die Datentypen BOOL, BYTE, CHAR, WORD, DWORD, INT, DINT) oder Bitadresse ist ungleich „0".
80A2	DP-Protokollfehler (Layer-2-Fehler) (temporärer Fehler).
80A3	DP-Protokollfehler bei User-Interface/User (temporärer Fehler).
80A4	Kommunikation am Kommunikationsbus gestört (Fehler tritt auf zwischen CPU und externer DP-Anschaltung) (temporärer Fehler).
80C5	Dezentrale Peripherie nicht verfügbar (temporärer Fehler).
80C6	Die Datensatzübertragung wurde auf Grund einer vom Betriebssytem aufgerufenen höherprioren Programmbearbeitungsebene (Prioritätsklasse) abgebrochen.

5.4 DP-Diagnosedaten lesen

Parameter SZL_HEADER

Der Parameter SZL_HEADER besitzt die nachfolgend dargestellte Struktur:

```
SZL_HEADER:STRUCT
        LENGTHDR:WORD
        N_DR:WORD
END_STRUCT
```

Hierbei steht nach dem Leseauftrag im Element LENGTHDR die Länge der gelesenen Datensätze in Bytes und im Element N_DR die Anzahl der Datensätze im Feld der gelesenen Datensätze.

5.4.6 Verfügbare SZL-Teillisten

Tabelle 5.44 gibt mögliche wählbare SZL-Teillisten an. In einer Baugruppe steht immer nur, abhängig vom Baugruppentyp, eine Untermenge aller möglichen Teillisten zur Verfügung.

Tabelle 5.44 Verfügbare SZL-Teillisten

Teilliste	SZL-ID
Liste aller SZL-IDs einer Baugruppe	W#16#xy00
Baugruppen-Identifikation	W#16#xy11
CPU-Merkmale	W#16#xy12
Anwenderspeicherbereiche	W#16#xy13
Systembereiche	W#16#xy14
Bausteintypen	W#16#xy15
Prioritätsklassen	W#16#xy16
Liste der zulässigen SDBs mit Nr. < 1000	W#16#xy17
Maximaler Peripherieausbau bei S7-300	W#16#xy18
Zustand der Baugruppen-LEDs	W#16#xy19
Alarm-/Fehlerzuordnung	W#16#xy21
Alarmstatus	W#16#xy22
Prioritätsklassen	W#16#xy23
Betriebszustände	W#16#xy24
Kommunikation: Leistungsparameter	W#16#xy31
Kommunikation: Zustandsdaten	W#16#xy32

Fortsetzung Seite 124

Tabelle 5.44 Fortsetzung

Teilliste	SZL-ID
Diagnose-Teilnehmerliste	W#16#xy33
Start-Informationsliste	W#16#xy81
Start-Ereignisliste	W#16#xy82
Baugruppen-Zustandsinformation	W#16#xy91
Baugruppenträger-/Stations-Zustandsinformation	W#16#xy92
Diagnosepuffer in der CPU	W#16#xyA0
Baugruppen-Diagnoseinformation (DS0)	W#16#00B1
Baugruppen-Diagnoseinformation (DS1) über geographische Adresse	W#16#00B2
Baugruppen-Diagnoseinformation (DS1) über logische Adresse	W#16#00B3
Diagnosedaten eines DP-Slaves	W#16#00B4

5.4.7 Besonderheiten des SFC51 *RDSYSST*

SFC51 wird im Normalfall asynchron abgearbeitet. Beim Aufruf von SFC51 im OB82 (Diagnosealarm-OB) mit der SZL-ID W#16#00B1, W#16#00B2 oder W#16#00B3 und Angabe der Baugruppenadresse am Parameter INDEX, die den Diagnosealarm ausgelöst hat, wird SFC51 sofort, also synchron, abgearbeitet.

Für jede asynchron laufende SFC51 (Aufträge mit SZL_ID W#16#00B4 und W#16#4C91 und W#16#4092 und W#16#4292 und W#16#4692 und ggf. W#16#00B1 und W#16#00B3) werden für die Auftragsabwicklung in der CPU Ressourcen (Speicherplatz) belegt. Bei mehreren „gleichzeitig" aktiven Aufträgen wird gewährleistet, dass alle Aufträge durchgeführt werden und keine gegenseitige Beeinflussung entsteht.

Es kann jedoch nur eine bestimmte Zahl von SFC51-Aufrufen „gleichzeitig" aktiv sein. Die maximale Zahl der möglichen SFC-Aufrufe ist den Leistungsdaten der entsprechenden CPUs zu entnehmen. Ist die Grenze der maximal zur Verfügung stehenden Ressourcen erreicht, so wird über den Parameter RET_VAL ein entsprechender Fehlercode ausgegeben. In diesem Fall muss die SFC erneut angestoßen werden. Es kann immer nur eine Teilliste über SFC51 *RDSYSST* gleichzeitig ausgelesen werden.

5.5 Datensätze/Parameter schreiben und lesen

5.5.1 Dynamische Parameter schreiben mit SFC55 *WR_PARM*

Mit SFC55 *WR_PARM* (*WR*ite *PA*Ra*M*eter) wird der Datensatz RECORD zur adressierten S7-Baugruppe übertragen. Die Parameter, die mit SFC55 zur Baugruppe übertragen werden, überschreiben nicht die Parameter dieser Baugruppe, die im zugehörigen, auf der S7-CPU abgelegten SDB (*S*ystem-*D*aten-*B*austein) abgespeichert sind.

Der zu übertragende Datensatz darf nicht ein statischer Datensatz (z. B. SDB0) sein. Falls der zu schreibende Datensatz in SDB100 bis SDB129 vermerkt ist, darf das „Statisch-Bit" nicht gesetzt sein. Die Aufrufparameter von SFC55 WR_PARM sind in Tabelle 5.45 aufgelistetet.

Tabelle 5.45 Parameter für SFC55 WR_PARM

Parameter	Deklaration	Datentyp	Speicherbereich	Beschreibung
REQ	INPUT	BOOL	E, A, M, D, L, Konstante	REQ = „1": Anforderung zum Schreiben
IOID	INPUT	BYTE	E, A, M, D, L, Konstante	Kennung des Adressbereichs: B#16#54 = Peripherie-Eingang B#16#55 = Peripherie-Ausgang
LADDR	INPUT	WORD	E, A, M, D, L, Konstante	Die in *HW Konfig* für diese Baugruppe parametrierte logische Adresse im Hexformat
RECNUM	INPUT	BYTE	E, A, M, D, L, Konstante	Datensatznummer
RECORD	INPUT	ANY	E, A, M, D, L	Datensatz
RET_VAL	OUTPUT	INT	E, A, M, D, L	Rückgabewert der SFC
BUSY	OUTPUT	BOOL	E, A, M, D, L	BUSY = „1": Der Schreibvorgang ist noch nicht beendet.

Parameterbeschreibung

Parameter IOID

Der Parameter gibt die Kennung des Adressbereichs der Baugruppe an, die mit LADDR adressiert wird. Handelt es sich um eine Mischbaugruppe, also eine Baugruppe bzw. ein Modul mit Ein- und Ausgängen, so ist die Bereichskennung der niedrigsten Peripherieadresse anzugeben. Stimmen die Adressen der Ein- und Ausgänge überein, so ist in diesem Fall die Kennung für Peripherie-Eingang mit B#16#54 anzugeben.

Parameter LADDR

Soll eine Mischbaugruppe angesprochen werden, so ist die kleinere der beiden Adressen anzugeben.

Parameter RECORD

Mit Parameter RECORD wird der zu übertragende dynamische Datensatz vom Datentyp ANY-Pointer auf der CPU angegeben. Der entsprechende Datensatz wird mit dem Erstaufruf der SFC gelesen. Dauert die Übertragung des Datensatzes länger als einen CPU-Zyklus, so ist bei Folgeaufrufen der SFCs (zum gleichen Auftrag) der Inhalt des Parameters RECORD nicht mehr relevant.

Parameter RET_VAL

Über den Ausgangsparameter RET_VAL wird die erfolgreiche oder fehlerhafte Abarbeitung von SFC55 angezeigt. Die möglichen Fehlercodes sind ebenso für SFC56 und SFC57 zutreffend. Bei Fehlerinformationen zur Auftragsabwicklung (Fehlercodes

W#16#8xyz), die nicht durch eine fehlerhafte Parametrierung eines Ein- oder Ausgangsparameters der SFC verursacht wurden, sind zwei Fälle zu unterscheiden:

- Temporäre Fehler (Fehlercodes W#16#80A2 bis ...80A4 und 80Cx):

  Diese Fehler sind durch erneuten Aufruf der SFC zu beheben. Ein Beispiel für einen temporären Fehler ist die Fehlermeldung „W#16#80C3", die bedeutet, dass die benötigten Betriebsmittel (Speicher) zum Zeitpunkt des Aufrufs durch andere Funktionen belegt sind.

- Permanente Fehler (Fehlercodes W#809x, 80A1, 80Bx, 80Dx):

  Permanente Fehler müssen beseitigt werden. Ein erneuter Aufruf der SFC ist erst dann sinnvoll, wenn der gemeldete Fehler beseitigt wurde. Beispiel für einen permanenten Fehler ist eine falsche Längenangabe am Parameter RECORD (W#16#80B1).

Tabelle 5.46 zeigt die für SFC55, SFC56 und SFC57 spezifischen Fehlercodes.

Tabelle 5.46 Spezifische Fehlercodes für SFC55, SFC56 und SFC57

Fehlercode W#16#...	Erläuterung	Einschränkung
7000	Erstaufruf mit REQ = „0": keine Datenübertragung aktiv; BUSY hat den Wert „0".	–
7001	Erstaufruf mit REQ = „1": Datenübertragung angestoßen; BUSY hat den Wert „1".	Dezentrale Peripherie
7002	Zwischenaufruf (REQ irrelevant): Datenübertragung bereits aktiv; BUSY hat den Wert „1".	Dezentrale Peripherie
8090	Angegebene logische Basisadresse ungültig: Es ist keine Zuordnung im SDB1/SDB2x vorhanden oder es ist keine Basisadresse angegeben.	–
8092	Am Parameter vom Datentyp ANY-Pointer ist eine Typangabe ungleich BYTE angegeben.	nur bei S7-400 für SFC55 WR_PARM
8093	Für die über LADDR und IOID ausgewählte Baugruppe ist diese SFC nicht zulässig (zulässig sind S7-300-Baugruppen bei S7-300, S7-400 Baugruppen bei S7-400, S7-DP-Baugruppen bei S7-300 und S7-400).	–
80A1	Negative Quittung beim Senden des Datensatzes zur Baugruppe (Baugruppe während der Datenübertragung gezogen oder defekt).	–
80A2	DP-Protokollfehler in Layer 2; möglicher Hardwaredefekt.	Dezentrale Peripherie
80A3	DP-Protokollfehler bei Direct-Data-Link-Mapper oder im User Interface; möglicherweise Hardwaredefekt.	Dezentrale Peripherie
80A4	Kommunikationsbus (K-Bus) gestört.	Fehler tritt auf zwischen CPU und externer DP-Anschaltung
80B0	SFC für Baugruppentyp nicht möglich, da Baugruppe den Datensatz nicht kennt.	–

Fortsetzung Seite 127

5.5 Datensätze/Parameter schreiben und lesen

Tabelle 5.46 Fortsetzung

Fehlercode W#16#...	Erläuterung	Einschränkung
80B1	Die Länge des übertragenen Datensatzes ist falsch.	–
80B2	Der projektierte Steckplatz ist nicht belegt.	–
80B3	Ist-Baugruppentyp ungleich Soll-Baugruppentyp im SDB1.	–
80C1	Die Daten des auf der Baugruppe vorangegangenen Schreibauftrags für den selben Datensatz sind von der Baugruppe noch nicht verarbeitet.	–
80C2	Die Baugruppe bearbeitet momentan die mögliche maximale Zahl an Aufträgen für eine CPU.	–
80C3	Benötigte Betriebsmittel (Speicher etc.) sind momentan belegt.	–
80C4	Kommunikationsfehler: – Parityfehler – SW-Ready nicht gesetzt – Fehler in der Blocklängenmitführung – Prüfsummenfehler auf CPU-Seite – Prüfsummenfehler auf Baugruppenseite	–
80C5	Dezentrale Peripherie nicht verfügbar.	Dezentrale Peripherie
80C6	Die Datensatzübertragung wurde auf Grund einer vom Betriebssystem aufgerufenen höherprioren Programmbearbeitungsebene (Prioritätsklasse) abgebrochen.	Dezentrale Peripherie
80D0	Im zugehörigen SDB ist kein Eintrag für die Baugruppe vorhanden.	–
80D1	Die Datensatznummer ist im zugehörigen SDB für die Baugruppe nicht projektiert (Datensatznummer 241 wird von STEP 7 abgewiesen).	–
80D2	Die Baugruppe ist laut Typkennung nicht parametrierbar.	–
80D3	Auf den SDB kann nicht zugegriffen werden, da er nicht vorhanden ist.	–
80D4	Interner SDB-Strukturfehler: SDB-interner Struktur-Verwaltungszeiger zeigt auf einen Bereich außerhalb des SDB.	nur bei S7-300
80D5	Datensatz ist statisch.	nur bei SFC55 WR_PARM

Hinweise für den Aufruf von SFC51 in S7-400-Systemen:

- Falls der allgemeine Fehlercode W#16#8544 auftritt, zeigt dieser nur an, dass der Zugriff auf mindestens ein Byte des im Datensatz enthaltenen E-/A-Speicherbereichs gesperrt war. Die Datenübertragung wurde jedoch fortgesetzt.
- SFC55 bis SFC59 können auch den Fehlercode W#16#80Fx zurückliefern. Dieser besagt, dass ein nicht genau lokalisierbarer Fehler aufgetreten ist.

5.5.2 Vordefinierten Datensatz/Parameter aus dem SDB schreiben mit SFC56 *WR_DPARM*

Mit SFC56 *WR_DPARM* (*WR*rite *D*efault *PARaM*eter) wird der statische oder dynamische Datensatz mit der Nummer RECNUM aus dem SDB (SDB100 bis SDB103 bei S7-300, SDB100 bis SDB129 bei S7-400) der S7-CPU auf die über LADDR und IOID adressierte Baugruppe übertragen. Tabelle 5.47 zeigt Ein- und Ausgangsparameter von SFC56 *WR_DPARM*.

Parameterbeschreibung

Parameter IOID

Der Parameter gibt die Kennung des Adressbereichs der Baugruppe an, die mit LADDR adressiert wird. Handelt es sich um eine Mischbaugruppe, also eine Baugruppe bzw. ein Modul mit Ein- und Ausgängen, so ist die Bereichskennung der niedrigsten Peripherieadresse anzugeben. Stimmen die Adressen der Ein- und Ausgänge überein, so ist in diesem Fall für Peripherie-Eingang die Kennung B#16#54 anzugeben.

Tabelle 5.47 Parameter von SFC56 *WR_DPARM*

Parameter	Deklaration	Datentyp	Speicherbereich	Beschreibung
REQ	INPUT	BOOL	E, A, M, D, L, Konstante	REQ = „1": Anforderung zum Schreiben
IOID	INPUT	BYTE	E, A, M, D, L, Konstante	Kennung des Adressbereichs: B#16#54 = Peripherie-Eingang B#16#55 = Peripherie-Ausgang
LADDR	INPUT	WORD	E, A, M, D, L, Konstante	Mit *HW Konfig* für diese Baugruppe parametrierte logische Adresse im Hexadezimalformat
RECNUM	INPUT	BYTE	E, A, M, D, L, Konstante	Datensatznummer
RET_VAL	OUTPUT	INT	E, A, M, D, L	Rückgabewert der SFC
BUSY	OUTPUT	BOOL	E, A, M, D, L	BUSY = „1": Der Schreibvorgang ist noch nicht beendet

Parameter LADDR

Soll eine Mischbaugruppe angesprochen werden, so ist die kleinere der beiden Adressen anzugeben.

Parameter RET_VAL

Die bei SFC56 möglichen Fehlercodes entsprechen den RET_VAL-Werten von SFC55 in Tabelle 5.46.

5.5.3 Alle vordefinierten Datensätze/Parameter aus dem SDB schreiben mit SFC57 *PARM_MOD*

Mit SFC57 *PARM_MOD* (*PARaMetrize MODule*) ist es möglich, alle statischen oder dynamischen Datensätze einer Baugruppe des mit *HW-Konfig* projektierten und zugehörigen SDBs (SDB100 bis SDB103 bei S7-300, SDB100 bis SDB129 bei S7-400) zur adressierten Baugruppe zu übertragen. Tabelle 5.48 zeigt die Ein- und Ausgangsparameter von SFC57 *PARM_MOD*.

Parameterbeschreibung

Parameter IOID

Der Parameter gibt die Kennung des Adressbereichs der Baugruppe an, die mit LADDR adressiert wird. Handelt es sich um eine Mischbaugruppe, also eine Baugruppe bzw. ein Modul mit Ein- und Ausgängen, so ist die Bereichskennung der niedrigsten Peripherieadresse anzugeben. Stimmen die Adressen der Ein- und Ausgänge überein, so ist in diesem Fall für Peripherie-Eingang die Kennung B#16#54 anzugeben.

Parameter LADDR

Soll eine Mischbaugruppe angesprochen werden, so ist die kleinere der beiden Adressen anzugeben.

Tabelle 5.48 Parameter von SFC57 *PARM_MOD*

Parameter	Deklaration	Datentyp	Speicherbereich	Beschreibung
REQ	INPUT	BOOL	E, A, M, D, L, Konstante	REQ = „1": Anforderung zum Schreiben
IOID	INPUT	BYTE	E, A, M, D, L, Konstante	Kennung des Adressbereichs: B#16#54 = Peripherie-Eingang (PE) B#16#55 = Peripherie-Ausgang (PA)
LADDR	INPUT	WORD	E, A, M, D, L, Konstante	Mit *HW Konfig* für diese Baugruppe parametrierte logische Adresse im Hexadezimalformat.
RET_VAL	OUTPUT	INT	E, A, M, D, L	Rückgabewert der SFC
BUSY	OUTPUT	BOOL	E, A, M, D, L	BUSY = „1": Der Schreibvorgang ist noch nicht beendet.

Parameter RET_VAL

Die bei SFC57 möglichen Fehlercodes entsprechen den RET_VAL-Werten von SFC55 in Tabelle 5.46.

5.5.4 Datensatz/Parameter schreiben mit SFC58 *WR_REC*

SFC58 *WR_REC* (*WRite RECord*) überträgt den mit Parameter RECORD angegebenen Datensatz zu der mit LADDR und IOID adressierten Baugruppe. Im Unterschied zur SFC55 können mit SFC58 nur Datensätze der Nummern 2 bis 240 übertragen werden. Die Ein- und Ausgangsparameter von SFC58 *WR_REC* sind in Tabelle 5.49 angegeben.

5 DP-Anwenderprogrammschnittstellen

Tabelle 5.49 Parameter von SFC58 *WR_REC*

Parameter	Deklaration	Datentyp	Speicherbereich	Beschreibung
REQ	INPUT	BOOL	E, A, M, D, L, Konstante	REQ = „1": Anforderung zum Schreiben
IOID	INPUT	BYTE	E, A, M, D, L, Konstante	Kennung des Adressbereichs: B#16#54 = Peripherie-Eingang B#16#55 = Peripherie-Ausgang
LADDR	INPUT	WORD	E, A, M, D, L, Konstante	Mit *HW Konfig* für diese Baugruppe parametrierte logische Adresse im Hexadezimalformat
RECNUM	INPUT	BYTE	E, A, M, D, L, Konstante	Datensatznummer (zulässige Werte: 2 bis 240)
RECORD	INPUT	ANY	E, A, M, D, L	Datensatz nur Datentyp BYTE ist zulässig.
RET_VAL	OUTPUT	INT	E, A, M, D, L	Rückgabewert der SFC
BUSY	OUTPUT	BOOL	E, A, M, D, L	BUSY = „1": Der Schreibvorgang ist noch nicht beendet.

Parameterbeschreibung

Parameter IOID

Der Parameter gibt die Kennung des Adreßbereichs der Baugruppe an, die mit LADDR adressiert wird. Handelt es sich um eine Mischbaugruppe, also eine Baugruppe bzw. ein Modul mit Ein- und Ausgängen, so ist die Bereichskennung der niedrigsten Peripherieadresse anzugeben. Stimmen die Adressen der Ein- und Ausgänge überein, so ist in diesem Fall für Peripherie-Eingang die Kennung B#16#54 anzugeben.

Parameter LADDR

Soll eine Mischbaugruppe angesprochen werden, so ist die kleinere der beiden Adressen anzugeben.

Parameter RET_VAL

Die am Parameter RET_VAL ausgegebenen Fehlercodes sind in Tabelle 5.50 angegeben.

Tabelle 5.50 Spezifische Fehlercodes von SFC58 *WR_REC*

Fehlercode W#16#...	Erläuterung	Einschränkung
7000	Erstaufruf mit REQ = „0": keine Datenübertragung aktiv; BUSY hat den Wert „0"	–
7001	Erstaufruf mit REQ = „1": Datenübertragung angestoßen; BUSY hat den Wert „1"	Dezentrale Peripherie
7002	Zwischenaufruf (REQ irrelevant): Datenübertragung bereits aktiv; BUSY hat den Wert „1".	Dezentrale Peripherie

Fortsetzung Seite 131

Tabelle 5.50 Fortsetzung

Fehlercode W#16#...	Erläuterung	Einschränkung
8090	Angegebene logische Basisadresse ungültig: Für die angegebene logische Basisadresse existiert keine Zuordnung im SDB1/SDB2x oder beim Aufruf der Funktion wurde keine Basisadresse angegeben.	–
8092	Am Parameter vom Datentyp ANY-Pointer ist eine Typangabe ungleich BYTE angegeben.	nur bei S7-400
8093	Für die über LADDR und IOID ausgewählte Baugruppe ist diese SFC nicht zulässig (Zulässig sind S7-300-Baugruppen bei S7-300, S7-400 Baugruppen bei S7-400, S7-DP-Baugruppen bei S7-300 und S7-400).	–
80A0	Negative Quittung beim Lesen von einer Baugruppe (Baugruppe während des Lesevorgangs gezogen oder defekt).	nur bei SFC59 *RD_REC*
80A1	Negative Quittung beim Schreiben zur Baugruppe (Baugruppe während des Schreibvorgangs gezogen oder defekt).	nur bei SFC58 *WR_REC*
80A2	DP-Protokollfehler in Layer 2; möglicher Hardwaredefekt.	Dezentrale Peripherie
80A3	DP-Protokollfehler bei Direct-Data-Link-Mapper oder im User-Interface ; möglicherweise Hardwaredefekt.	Dezentrale Peripherie
80A4	Kommunikation am K-Bus gestört.	Fehler tritt auf zwischen CPU und externer DP-Anschaltung
80B0	Mögliche Ursache: – SFC-Aufruf für diesen Baugruppentyp nicht möglich – die Baugruppe kennt den Datensatz nicht – datensatznummer größer 240 ist unzulässig – bei SFC58 *WR_REC* sind die Datensätze 0 und 1 nicht erlaubt.	–
80B1	Längenangabe in Parameter RECORD ist falsch: – bei SFC58 *WR_REC* ist Datensatzlänge falsch – bei SFC59 *RD_REC* (nur möglich bei Verwendung älterer S7-300-FMs und S7-300 CPs) ist Angabe > Datensatzlänge – bei SFC13 *DPNRM_DG*: Angabe < Datensatzlänge	–
80B2	Der projektierte Steckplatz ist nicht belegt.	–
80B3	Ist-Baugruppentyp ungleich Soll-Baugruppentyp im SDB1.	–
80C0	Bei – SFC59 *RD_REC*: Die Baugruppe führt den Datensatz, aber es sind noch keine Lesedaten da. – SFC13 *DPNRM_DG*: Es liegen keine Diagnosedaten vor.	nur bei SFC59 *RD_REC* oder bei SFC13 *DPNRM_DG*
80C1	Die Daten des auf der Baugruppe vorangegangenen Schreibauftrags für denselben Datensatz sind von der Baugruppe noch nicht verarbeitet.	–

Fortsetzung Seite 132

5 DP-Anwenderprogrammschnittstellen

Tabelle 5.39 Fortsetzung

Fehlercode W#16#...	Erläuterung	Einschränkung
80C2	Die Baugruppe bearbeitet momentan die mögliche maximale Zahl an Aufträgen für eine CPU.	–
80C3	Benötigte Betriebsmittel (Speicher etc.) sind momentan belegt.	–
80C4	Interne Kommunikationsfehler: – Parityfehler – SW-Ready nicht gesetzt – Fehler in der Blocklängenmitführung – Prüfsummenfehler auf CPU-Seite – Prüfsummenfehler auf Baugruppenseite	
80C5	Dezentrale Peripherie ist nicht verfügbar.	Dezentrale Peripherie
80C6	Die Datensatzübertragung wurde auf Grund einer vom Betriebssytem aufgerufenen höherprioren Programmbearbeitungsebene (Prioritätsklasse) abgebrochen.	Dezentrale Peripherie

Bei S7-400 kann SFC58 auch den Fehlercode W#16#80Fx zurückliefern. Dieser besagt, dass ein nicht genau lokalisierbarer Fehler aufgetreten ist.

5.5.5 Datensatz lesen mit SFC59 *RD_REC*

Mit SFC59 *RD_REC* (*ReaD REC*ord) wird der Datensatz RECNUM (Bereich 0 bis 240) von der adressierten Baugruppe gelesen und in den durch den Parameter RECORD angegebenen Zielbereich abgelegt. Ein- und Ausgangsparameter von SFC59 *RD_REC* sind in Tabelle 5.51 angegeben.

Tabelle 5.51 Parameter für SFC59 *RD_REC*

Parameter	Deklaration	Datentyp	Speicherbereich	Beschreibung
REQ	INPUT	BOOL	E, A, M, D, L, Konstante	REQ = „1": Anforderung zum Schreiben
IOID	INPUT	BYTE	E, A, M, D, L, Konstante	Kennung des Adressbereichs: B#16#54 = Peripherie-Eingang B#16#55 = Peripherie-Ausgang
LADDR	INPUT	WORD	E, A, M, D, L, Konstante	Mit *HW Konfig* für diese Baugruppe parametrierte logische Adresse im Hexformat
RECNUM	INPUT	BYTE	E, A, M, D, L, Konstante	Datensatznummer (zulässige Werte: 0 bis 240)
RET_VAL	OUTPUT	INT	E, A, M, D, L	Fehlercode
BUSY	OUTPUT	BOOL	E, A, M, D, L	BUSY = „1": Der Lesevorgang ist noch nicht beendet.
RECORD	OUTPUT	ANY	E, A, M, D, L	Zielbereich für den gelesenen Datensatz

Parameterbeschreibung

Parameter IOID

Der Parameter gibt die Kennung des Adreßbereichs der Baugruppe an, die mit LADDR adressiert wird. Handelt es sich um eine Mischbaugruppe, also eine Baugruppe bzw. ein Modul mit Ein- und Ausgängen, so ist die Bereichskennung der niedrigsten Peripherieadresse anzugeben. Stimmen die Adressen der Ein- und Ausgänge überein, so ist in diesem Fall für Peripherie-Eingang die Kennung B#16#54 anzugeben.

Parameter LADDR

Soll eine Mischbaugruppe angesprochen werden, so ist die kleinere der beiden Adressen anzugeben.

Parameter RET_VAL

Tritt während der Bearbeitung der Funktion ein Fehler auf, enthält der Parameter RET_VAL einen Fehlercode. Die möglichen Fehlercodes entsprechen den Fehlercodes von SFC58, die in Tabelle 5.50 aufgelistet sind. Bei S7-400 kann SFC59 auch den Fehlercode W#16#80Fx zurückliefern. Dies bedeutet, dass ein nicht genau lokalisierbarer Fehler aufgetreten ist.

Parameter RECORD

Die im Ausgangsparameter RECORD enthaltene Längeninformation spezifiziert die zu lesende Datensatzlänge aus dem selektierten Datensatz. D. h., die hier angegebene Längeninformation darf nicht größer als die tatsächliche Datensatzlänge sein. Die Längenangabe von RECORD sollte deshalb genau so groß wie die tatsächliche zu lesende Datensatzlänge sein.

Weiterhin muss bei asynchroner Abarbeitung von SFC59 darauf geachtet werden, dass der Parameter RECORD bei allen (Folge-)Aufrufen die selbe Längeninformation enthält. Als Datentyp ist nur BYTE zulässig.

5.5.6 Datensatz lesen mit SFB52 *RDREC*

Mit dem SFB52 *RDREC* (*ReaD REC*ord) wird der Datensatz INDEX (Bereich 0 bis 255) von der mittels ID spezifizierten Baugruppe (Komponente oder Modul) eines DP-Slaves gelesen. Die gelesenen Daten werden in den durch RECORD definierten Bereich abgelegt.

Durch den Parameter MLEN wird definiert, wie viele Bytes maximal von der Komponente gelesen werden. Den Zielbereich RECORD sollten daher mindestens MLEN Bytes lang gewählt werden.

Falls bei der Datensatzübertragung ein Fehler auftrat, wird dies über den Ausgangsparameter ERROR angezeigt. Der Ausgangsparameter STATUS enthält in diesem Fall die Fehlerinformation.

Die Schnittstelle des SFB52 „RDREC" ist identisch mit der des in der Norm PNO AK 1131 definierten FB „RDREC". Die Ein- und Ausgangsparameter der SFB52 *RDREC* sind in Tabelle 5.52 angegeben.

Tabelle 5.52 Parameter für den SFB52 *RDREC*

Parameter	Deklaration	Datentyp	Speicherbereich	Beschreibung
REQ	INPUT	BOOL	E, A, M, D, L, Konstante	REQ = „1": Anforderung zum Schreiben.
ID	INPUT	DWORD	E, A, M, D, L, Konstante	logische Adresse der DP-Slave-Komponente (Baugruppe bzw. Modul)
INDEX	INPUT	INT	E, A, M, D, L, Konstante	Datensatznummer
MLEN	INPUT	INT	E, A, M, D, L, Konstante	maximale Länge der zu lesenden Datensatzinformation in Bytes
VALID	OUTPUT	BOOL	E, A, M, D, L	Neuer Datensatz wurde empfangen und ist gültig.
BUSY	OUTPUT	BOOL	E, A, M, D, L	BUSY = 1: Der Schreibvorgang ist noch nicht beendet.
ERROR	OUTPUT	BOOL	E, A, M, D, L	ERROR = 1: Beim Schreibvorgang trat ein Fehler auf.
STATUS	OUTPUT	DWORD	E, A, M, D, L	Aufrufkennung in Byte 2 und 3 (W#16#7001 bzw.W#16#7002) oder der Fehlercode
LEN	OUTPUT	INT	E, A, M, D, L	Länge der gelesenen Datensatzinformation
RECORD	IN_OUT	ANY	E, A, M, D, L	Datensatz

Parameterbeschreibung

Parameter VALID

Der Wert TRUE des Ausgangsparameters VALID zeigt an, dass der Datensatz erfolgreich in den Zielbereich RECORD übertragen wurde. In diesem Fall enthält der Ausgangsparameter LEN die Länge der gelesenen Daten in Bytes.

Parameter RECORD

Durch die asynchrone Abarbeitung der SFB52 muss darauf geachtet werden, dass der Aktualparameter RECORD bei allen zu ein und demselben Auftrag gehörenden Aufrufen denselben Wert besitzt.

Parameter STATUS

Der Ausgangsparameter STATUS enthält Fehlerinformationen. Die genaue Erklärung des Parameters wird am Ende des Kapitels 5.5.7 beschrieben

5.5.7 Datensatz schreiben mit SFB53 *WDREC*

Mit dem SFB53 *WRREC* (*WR*ite *REC*ord) wird der Datensatz RECORD mit der Nummer INDEX (Bereich 0 bis 255) zu der mittels ID adressierten Komponente (Baugruppe bzw. Modul) eines DP-Slaves übertragen.

5.5 Datensätze/Parameter schreiben und lesen

Die Länge des zu übertragenden Datensatzes in Bytes wird mit dem Parameter LEN definiert. Der Quellbereich RECORD sollte man daher mindestens LEN Bytes lang wählen.

Falls bei der Datensatzübertragung ein Fehler auftrat, wird dies über den Ausgangsparameter ERROR angezeigt. Der Ausgangsparameter STATUS enthält in diesem Fall die Fehlerinformation.

Die Schnittstelle des SFB53 *WRREC* ist identisch mit der des in der Norm PNO AK 1131 definierten FB „WRREC". Die Ein- und Ausgangsparameter der SFB53 *WRREC* sind in Tabelle 5.53 angegeben.

Tabelle 5.53 Parameter für den SFB53 *WRREC*

Parameter	Deklaration	Datentyp	Speicherbereich	Beschreibung
REQ	INPUT	BOOL	E, A, M, D, L, Konstante	REQ = „1": Anforderung zum Schreiben
ID	INPUT	DWORD	E, A, M, D, L, Konstante	logische Adresse der DP-Slave-Komponente (Baugruppe bzw. Modul)
INDEX	INPUT	INT	E, A, M, D, L, Konstante	Datensatznummer
LEN	INPUT	INT	E, A, M, D, L, Konstante	maximale Länge des zu übertragenden Datensatzes in Bytes
DONE	OUTPUT	BOOL	E, A, M, D, L	Datensatz wurde übertragen.
BUSY	OUTPUT	BOOL	E, A, M, D, L	BUSY = 1: Der Schreibvorgang ist noch nicht beendet.
ERROR	OUTPUT	BOOL	E, A, M, D, L	ERROR = 1: Beim Schreibvorgang trat ein Fehler auf.
STATUS	OUTPUT	DWORD	E, A, M, D, L	Aufrufkennung in Byte 2 und 3 (W#16#7001 bzw. W#16#7002) oder der Fehlercode
RECORD	IN_OUT	ANY	E, A, M, D, L	Datensatz

Parameterbeschreibung

Parameter DONE

Der Wert TRUE des Ausgangsparameters DONE zeigt an, dass der Datensatz erfolgreich zum DP-Slave übertragen wurde. Die Datensatzübertragung ist abgeschlossen, wenn der Ausgangsparameter BUSY den Wert FALSE angenommen hat.

Parameter RECORD

Durch die asynchrone Abarbeitung der SFB53 muss darauf geachtet werden, dass der Aktualparameter RECORD bei allen zu ein und demselben Auftrag gehörenden Aufrufen denselben Wert besitzt. Das Gleiche gilt für den Aktualparameter LEN.

5 DP-Anwenderprogrammschnittstellen

Parameter STATUS

Der Ausgangsparameter STATUS enthält Fehlerinformationen. Wird er als ARRAY[1...4] OF BYTE interpretiert, hat die Fehlerinformation die in der Tabelle 5.54 dargestellte Struktur.

Im Zusammenhang mit dem Ausgangsparameter BUSY und die Bytes 2 und 3 des Ausgangsparameters STATUS wird der Zustand des Auftrags angezeigt. Dabei entsprechen die Bytes 2 und 3 von STATUS dem Ausgangsparameter RET_VAL der asynchron arbeitenden SFCs (siehe auch Tabelle 5.50).

Tabelle 5.54 Darstellung des Ausgangsparameter STATUS

Feldelement	Name	Bedeutung
STATUS[1]	Function_Num	B#16#00, falls kein Fehler. Funktionskennung aus DPV1-PDU: Im Fehlerfall ist B#16#80 aufgeodert. Falls kein DPV1-Protokollelement benutzt wird: B#16#C0.
STATUS[2]	Error_Decode	Ort der Fehlerkennung
STATUS[3]	Error_Code_1	Fehlerkennung
STATUS[4]	Error_Code_2	herstellerspezifische Erweiterung der Fehlerkennung

Der Ort der Fehlerkennung ist in STATUS[2] eingetragen und in Tabelle 5.55 dargestellt. Die Fehlerkennung selbst steht in STATUS[3] und ist in der Tabelle 5.56 abgebildet.

Der Fehlercode in STATUS[4] wird bei DPV1-Fehlern vom DP-Master an die CPU durchgereicht. Ist kein DPV1-Fehler vorhanden, wird der Wert auf „0" gesetzt, mit folgenden Ausnahmen beim SFB52:

- STATUS[4] enthält die Länge des Zielbereichs aus RECORD, falls MLEN > Länge des Zielbereichs aus RECORD
- STATUS[4] = MLEN, falls die tatsächliche Datensatzlänge < MLEN < Länge des Zielbereichs aus RECORD

Tabelle 5.55 Fehlerkennungen in STATUS[2]

Error_Decode (B#16#...)	Quelle	Bedeutung
00 bis 7F	CPU	kein Fehler oder keine Warnung
80	DPV1	Fehler nach IEC 61158-6
81 bis 8F	CPU	B#16#8x zeigt einen Fehler im x-ten Aufrufparameter des SFB an.
FE, FF	DP Profile	profilspezifischer Fehler

5.5 Datensätze/Parameter schreiben und lesen

Tabelle 5.56 Fehlerkennungen in STATUS[3]

STATUS[2] Error_Decode (B#16#...)	STATUS[3] Error_Code_1 (B#16#...)	Erläuterung laut DVP1	Bedeutung
00	00		kein Fehler, keine Warnung
70	00	reserved, reject	Erstaufruf; keine Datensatzübertragung aktiv
	01	reserved, reject	Erstaufruf; Datensatzübertragung angestoßen
	02	reserved, reject	Zwischenaufruf; Datensatzübertragung ist bereits aktiv.
80	90	reserved, pass	logische Anfangsadresse ungültig
	92	reserved, pass	unzulässiger Typ bei ANY-Pointer
	93	reserved, pass	Die mittels ID bzw. F_ID adressierte DP-Komponente ist nicht konfiguriert.
	A0	read error	negative Quittung beim Lesen von der Baugruppe
	A1	write error	negative Quittung beim Schreiben zur Baugruppe
	A2	module failure	DP-Protokollfehler bei Layer 2, evtl. Hardware defekt.
	A3	reserved, pass	DP-Protokollfehler bei Direct-Data-Link-Mapper oder User-Interface/User, evtl. Hardware defekt.
	A4	reserved, pass	Kommunikation am K-Bus gestört
	A5	reserved, pass	–
	A7	reserved, pass	DP-Resource belegt
	A8	Version conflict	Versionskonflikt
	A9	feature not supported	Eigenschaft wird nicht unterstützt
	AA bis AF	user specific	DP-Master spezifisch
	B0	invalid index	Baugruppe kennt den Datensatz nicht: Datensatznummer >= 256 ist unzulässig.
	B1	write length error	Längenfehler in AINFO
	B2	invalid slot	Der projektierte Steckplatz ist nicht belegt.
	B3	type conflict	Ist-Baugruppentyp ungleich Soll-Baugruppentyp
	B4	invalid area	ungültiger Bereich
	B5	state conflict	Zustandskonflikt

Fortsetzung Seite 138

Tabelle 5.56 Fortsetzung

STATUS[2] Error_Decode (B#16#...)	STATUS[3] Error_Code_1 (B#16#...)	Erläuterung laut DVP1	Bedeutung
80	B6	access denied	Zugriff verweigert
	B7	invalid range	ungültiger Bereich
	B8	invalid parameter	ungültiger Parameter
	B9	invalid type	ungültiger Typ
	BA bis BF	user specific	DP-Master-spezifisch
	C0	read constrain conflict	Die Baugruppe führt den Datensatz, aber es sind noch keine Lesedaten da.
	C1	write constrain conflict	Die Daten des auf der Baugruppe vorangegangenen Schreibauftrags für denselben Datensatz sind von der Baugruppe noch nicht verarbeitet
	C2	resource busy	Die Baugruppe bearbeitet momentan das mögliche Maximum an Aufträgen für eine CPU.
	C3	resource unavailable	Die benötigten Betriebsmittel sind momentan belegt.
	Dx	user specific	DP-Slave-spezifisch. Siehe Beschreibung des DP-Slaves.
81	00 bis FF		Fehler im ersten Aufrufparameter (bei SFB 54: MODE)
	00		unzulässige Betriebsart
82	00 bis FF		Fehler im zweiten Aufrufparameter
↓	↓		↓
88	00 bis FF		Fehler im achten Aufrufparameter (bei SFB54: TINFO)
	01		Syntaxkennung falsch
	23		Überschreitung des Mengengerüsts oder Zielbereich zu klein
	24		Bereichskennung falsch
	32		DB/DI-Nr. außerhalb des Anwenderbereichs
	3A		DB/DI-Nr. ist NULL bei Bereichskennung DB/DI oder angegebener DB/DI nicht vorhanden
89	00 bis FF		Fehler im neunten Aufrufparameter (bei SFB54: AINFO)
	01		Syntaxkennung falsch

Fortsetzung Seite 139

5.5 Datensätze/Parameter schreiben und lesen

Tabelle 5.56 Fortsetzung

STATUS[2] Error_Decode (B#16#...)	STATUS[3] Error_Code_1 (B#16#...)	Erläuterung laut DVP1	Bedeutung
89	23		Überschreitung des Mengengerüsts oder Zielbereich zu klein
	24		Bereichskennung falsch
	32		DB/DI-Nr. außerhalb des Anwenderbereichs
	3A		DB/DI-Nr. ist NULL bei Bereichskennung DB/DI oder angegebener DB/DI nicht vorhanden
8A	00 bis FF		Fehler im 10. Aufrufparameter
↓	↓		↓
8F	00 bis FF		Fehler im 15. Aufrufparameter
FE, FF	00 bis FF		profilspezifischer Fehler

6 Anwendungsbeispiele zum Datenaustausch mit PROFIBUS-DP

Einführung

Innerhalb der SIMATIC S7-Systeme wird die über DP angeschlossene dezentrale Ein-/Ausgangs-Peripherie wie zentral gesteckte Peripherie behandelt. Je nach Adressenvergabe bei der Projektierung mit *HW Konfig* werden die Ein-/Ausgangsdaten entweder direkt über das Prozessabbild oder über entsprechende Peripherie-Zugriffsbefehle ausgetauscht.

- Für den Datenaustausch mit komplexen DP-Slaves, die einen konsistenten Ein-/Ausgangsdatenbereich besitzen, sind in den SIMATIC S7-Systemen SFC14 *DPRD_DAT* und SFC15 *DPWR_DAT* vorgesehen.
- Das Auslösen eines Prozessalarmes am DP-Master aus einer S7-300-Steuerung heraus, die über CPU315-2DP als I-Slave betrieben wird, ist mit Hilfe von SFC7 *DP_PRAL* möglich.
- Baugruppenparameterdaten von DPS7-Slaves können aus dem Anwenderprogramm heraus über den Aufruf von speziell dafür vorgesehenen SFCs gelesen oder geschrieben werden.
- Mit Hilfe von SFC11 *DPSYC_FR* ist es möglich, das Schreiben von Ausgängen und das Erfassen von Eingängen der DP-Slaves zu synchronisieren.

Das nachfolgende Kapitel beschreibt anhand von praktischen Anwendungsbeispielen den Datenaustausch mit DP-Slaves in den SIMATIC S7-Systemen. Als Anlagenkonfiguration ist die in Abschnitt 4 mit *HW Konfig* erstellte Beispielkonfiguration zugrunde gelegt. Für das Verständnis der beschriebenen Anwendungsbeispiele sind Grundkenntnisse in der Programmierung mit AWL von Vorteil, da die Anwendungsbeispiele in diesem Kapitel in AWL-Darstellung als alphanumerische Programmlisten angegeben sind.

6.1 Datenaustausch mit Peripherie-Zugriffsbefehlen

Wie in Bild 6.1 dargestellt, können die S7-CPUs im Byte-, Wort- oder Doppelwortformat in STEP 7 mit Peripherie-Zugriffsbefehlen über das Prozessabbild und über direkte Peripherie-Zugriffsbefehle auf die Eingangs-/Ausgangsdaten der dezentralen Peripherie zugreifen.

Sobald jedoch mit DP-Slave-Modulen gearbeitet wird, die eine Länge von 3 Byte oder mehr als 4 Byte aufweisen, und eine Konsistenz über die „Gesamte Länge" eingestellt ist (siehe auch Abschnitt 2.2.2 „Konfigurationsdaten"), können die Eingangs-/Ausgangsdaten nicht mehr über das Prozessabbild oder über entsprechende Peripherie-Zugriffsbefehle ausgetauscht werden. Der Grund hierfür liegt im CPU-Aktualisierungszyklus für die

6.1 Datenaustausch mit Peripherie-Zugriffsbefehlen

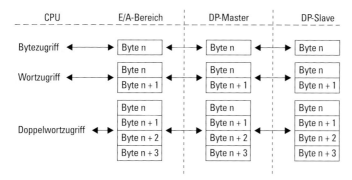

Bild 6.1
Eingangs-/Ausgangsdatenaustausch von DP-Slaves mit STEP 7 über Peripherie-Zugriffsbefehle

Eingangs-/Ausgangsdaten im DP-Master. Wie im Bild 6.2 zu erkennen ist, wird die Aktualisierung der DP-Eingangs-/Ausgangsdaten ausschließlich vom zyklischen Datenaustausch (Buszyklus) des DP-Masters mit den DP-Slaves bestimmt. Dies kann unter Umständen bedeuten, dass zwischen zwei Peripheriezugriffen im Anwenderprogramm auf den Peripheriebereich eines DP-Slaves zwischenzeitlich die Daten vom und zum DP-Master aktualisiert, d.h. verändert wurden. Aus diesem Grund ist eine Datenkonsistenz nur für solche Peripheriestrukturen und -bereiche gewährleistet, auf die das Anwenderprogramm unterbrechungsfrei mit einem Byte-, Wort- oder Doppelwort-Befehl zugreift.

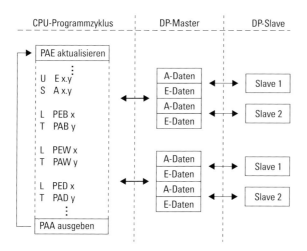

PAE (*ProzessAbbild-Eingänge*) aktualisieren; PAA (*ProzessAbbild-Ausgänge*) ausgeben

Bild 6.2 Eingangs-/Ausgangsdaten der DP-Slaves; Aktualisierung und Zugriff

6.2 Austausch konsistenter Daten mit SFC14 *DPRD_DAT* und SFC15 *DPWR_DAT*

DP-Slaves, die komplexe Funktionen steuern, kommen im allgemeinen nicht mit einfachen Datenstrukturen aus. Aufgrund der bei diesen DP-Slaves verwendeten Datenstrukturen, die bestimmt sind z. B. durch die Parameterbereiche der Regler oder Antriebe, werden größere Eingangs-/Ausgangsdatenbereiche benötigt. Solche Eingangs-/Ausgangsdatenbereiche, die inhaltlich eine in sich geschlossene Information enthalten und nicht in einer Byte-, Wort- oder Doppelwortstruktur untergebracht werden können, müssen als konsistente Daten (siehe auch Abschnitt 2.2.2 „Konfigurationsdaten") behandelt werden. Innerhalb eines Eingangs-/Ausgangsmoduls können über das Konfigurationstelegramm konsistente Eingangs-/Ausgangsdatenbereiche mit einer Länge von maximal 64 Byte bzw. Worten (128 Byte) festgelegt werden. Der Datenaustausch mit diesen modulbezogenen konsistenten Eingangs-/Ausgangsdatenbereichen der DP-Slaves erfolgt mit SFC14 *DPRD_DAT* und SFC15 *DPWR_DAT*.

Bild 6.3 zeigt die prinzipielle Arbeitsweise von SFC14 und SFC15. Der SFC-Parameter LADDR dient hierbei als Zeiger auf den zu lesenden Eingangsdatenbereich oder den zu beschreibenden Ausgangsdatenbereich. An diesem Aufrufparameter des SFC ist jeweils die mit *HW Konfig* projektierte Anfangsadresse des DP-Slave-Eingangs- oder Ausgangsmoduls im Hexadezimalformat anzugeben. Der SFC-Parameter RECORD gibt den jeweiligen Quell- oder Zielbereich für die Daten in der CPU vor. Die Beschreibung der Ein-

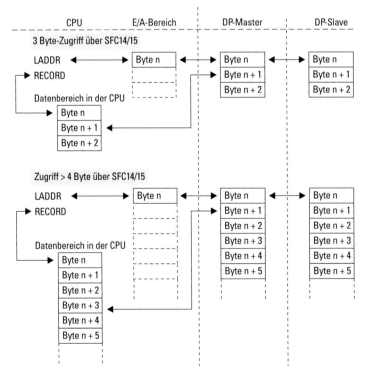

Bild 6.3 Eingangs-/Ausgangsdatenaustausch des DP-Slaves über SFC14 und SFC15

6.2 Austausch konsistenter Daten mit SFC14 *DPRD_DAT* und SFC15 *DPWR_DAT*

und Ausgangsparameter sowie die spezifischen Rückgabewerte (Fehlercodes) mit Parameter RET_VAL sind dem Abschnitt 5.3 zu entnehmen.

Das folgende Anwendungsbeispiel zeigt den Gebrauch von SFC14 und SFC15. Es basiert auf dem in Abschnitt 4.2.5 „S7-300/CPU315-2DP als I-Slave" beschriebenen Beispielprojekt und ist beschränkt auf den Einsatz einer S7-DP-Masterstation (S7-400) zusammen mit einer S7-300-Station als I-Slave. Im Anwendungsbeispiel müssen Sie deshalb die im Beispielprojekt projektierte ET200B- und ET200M-Station löschen. Verbinden Sie jeweils die DP-Schnittstellen der S7-300- und S7-400-Steuerung über ein entsprechendes PROFIBUS-Kabel und schalten Sie die Spannungsversorgung der Geräte ein. Im Anwendungsbeispiel wird davon ausgegangen, dass beide Steuerungen urgelöscht (Arbeitsspeicher, Ladespeicher und Systemspeicher gelöscht) sind und sich im Betriebszustand RUN (Schalterstellung RUN-P) befinden.

Die beiden im Beispielprojekt verwendeten konsistenten Eingangs-/Ausgangsdatenbereiche für den I-Slave haben jeweils eine Länge von 10 Byte mit einer Konsistenz über die gesamte Länge (siehe auch Abschnitt 4.2.5, Bild 4.18). Dies bedeutet, dass für den Eingangs-/Ausgangsdatenaustausch im I-Slave und im DP-Master mit SFC14 und SFC15 gearbeitet werden muss.

6.2.1 Anwenderprogramm für I-Slave (S7-300 mit CPU315-2DP)

Genau wie beim S7-DP-Master muss auch beim I-Slave in unserem Anwendungsbeispiel ein Datenaustausch bei konsistenten Eingangs-/Ausgangsdatenbereichen von 3 Byte – oder wie in unserem Fall mehr als 4 Byte – über SFC14 und SFC15 abgewickelt werden. Zu beachten ist hierbei, wie im Bild 6.4 zu erkennen ist, dass die im DP-Master über SFC15 gesendeten Ausgangsdaten beim I-Slave über SFC14 als Eingangsdaten gelesen werden. Mit den Eingangsdaten des DP-Masters vom I-Slave verhält es sich entsprechend umgekehrt.

Da die CPUs der SIMATIC S7-300 keinen Adressierfehler erkennen, ist es möglich, die im Beispielprogramm mit den SFCs empfangenen bzw. zu sendenden Eingangs-/Ausgangsdaten in einem bei der Beispielkonfiguration nicht belegten Prozessabbildbereich, z.B. EB100-109 und AB100-109, der CPU315-2DP zu legen. Dadurch kann auf diese Daten im Anwenderprogramm mit einfachen Bit-, Byte-, Wort- und Doppelwortbefehlen zugegriffen werden.

Zum Erstellen des benötigten Anwenderprogrammes für den I-Slave gehen Sie wie folgt vor:
• Wählen Sie, wie im Bild 6.5 dargestellt, im *SIMATIC Manager* bei geöffnetem Beispielprojekt S7_PROFIBUS_DP mit einem Doppelklick den Objektbehälter *SIMATIC 300(1)*, dann den Objektbehälter *Bausteine* an. Im Objektbehälter sind bereits defaultmäßig der Organisationsbaustein OB1 und die mit *HW Konfig* erzeugten Systemdaten SDBs (Systemdatenbausteine) eingerichtet.

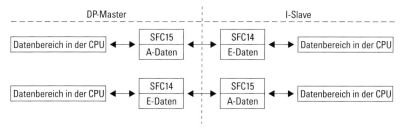

Bild 6.4 Eingangs-/Ausgangsdatenaustausch mit I-Slave im Beispielprojekt über SFC14 und SFC15

6 Anwendungsbeispiele zum Datenaustausch mit PROFIBUS-DP

- Mit einem Doppelklick auf OB1 wird das Fenster „Objekteigenschaften für OB1" aufgeblendet. Über OK wird das STEP 7-Programmiertool *KOP/AWL/FUP* zum Programmieren des OB1 in der AWL-Ansicht gestartet.
- Geben Sie im Programmeditor den Befehl „CALL SFC14" ein und betätigen Sie die RETURN-Taste. SFC14 *DPRD_DAT* wird mit seinen Ein- und Ausgangsparametern aufgeblendet. Versorgen Sie die Ein- und Ausgangsparameter wie im Bild 6.6 dargestellt. Rufen Sie nun auch SFC15 auf und versorgen die Ein- und Ausgangsparameter entsprechend. Mit dem Aufruf der beiden SFCs werden die zugehörigen Bausteinhülsen für diese Standardfunktionen automatisch aus der STEP 7-Standardbibliothek (*...\SIEMENS\STEP7\S7libs\STDLIB30*) in den Objektbehälter *Bausteine* kopiert.

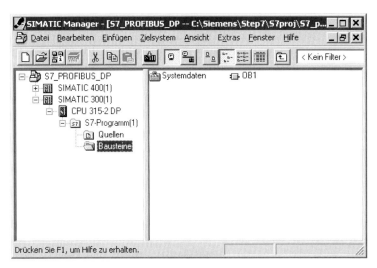

Bild 6.5 *SIMATIC Manager* mit geöffnetem Objektbehälter *Bausteine*

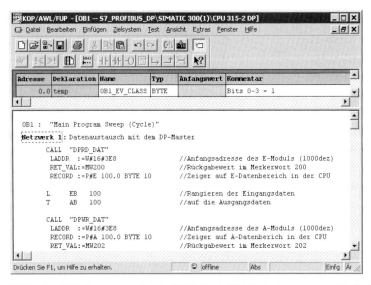

Bild 6.6 AWL-Programmeditor in STEP 7 mit OB1-Beispielprogramm für die CPU315-2DP

6.2 Austausch konsistenter Daten mit SFC14 *DPRD_DAT* und SFC15 *DPWR_DAT*

- Um im Anwendungsbeispiel den erfolgten Datenaustausch am DP-Master einfach kontrollieren zu können, rangieren Sie, wie im Bild 6.6 dargestellt, über entsprechende Lade- und Transfer-Befehle das erste empfangene Datenbyte (EB100) auf das erste Sendebyte (AB100) um. Damit wird später das erste vom DP-Master gesendete Datenbyte vom Eingangsdatenbereich des I-Slaves gleich wieder in den Ausgangsdatenbereich des I-Slaves kopiert und damit zurück zum DP-Master übertragen.

- Speichern Sie OB1 mit SPEICHERN und schließen Sie das Fenster des Programmeditors (hier AWL-Editor) für den OB1. Wechseln Sie über die Task-Leiste von Windows 95/NT zum *SIMATIC Manager* und wählen Sie den Objektbehälter *Bausteine* an. In diesem Objektbehälter sind jetzt die Bausteinobjekte *Systemdaten*, *OB1*, *SFC14* und *SFC15* vorhanden.

Um beim Anwendungsbeispiel einen STOP der CPU wegen nicht vorhandener OBs im I-Slave, die bei einem Betriebszustandswechsel am DP-Master oder einem DP-Masterausfall automatisch vom Betriebssystem aufgerufen werden, zu vermeiden, müssen die entsprechenden Fehler-OBs eingerichtet werden.

- Ein Betriebszustandswechsel der DP-Master-CPU von RUN nach STOP ruft OB82 (Diagnosealarm) im I-Slave auf. Um einen CPU-STOP durch einen nicht geladenen OB82 zu vermeiden, fügen Sie den OB82 in den Objektbehälter *Bausteine*, enthalten im Objektbehälter *SIMATIC 300(1)*, ein. Öffnen Sie hierzu das Kontextmenue des Bausteinbehälters NEUES OBJEKT EINFÜGEN → ORGANISATIONSBAUSTEINE. Geben Sie im nachfolgenden Eigenschaftsfenster als „Interner Bezeichner" OB82 an und verlassen Sie dieses Fenster mit OK. Zurück im *SIMATIC Manager* sehen Sie im Bausteinbehälter nun auch das eingerichtete Objekt *OB82*.

- Weiterhin wird beim Ausfall des DP-Masters im I-Slave der OB86 (Baugruppenträgerausfall) aufgerufen. Um auch hier einen STOP der CPU des I-Slave zu vermeiden, muss OB86 eingerichtet werden. Gehen Sie hierzu genau so vor, wie beim Einrichten des OB82. Der Einsatz und die Auswertung dieser Fehler-OBs wird im Abschnitt 7 ausführlich behandelt.

- Übertragen Sie zum Schluss mit LADEN alle Bausteine, die sich im Objektbehälter *Bausteine* befinden, auf die CPU315-2DP. Beachten Sie hierbei, dass die *MPI*-Kabelverbindung zwischen Ihrem PG/PC und der CPU315-2DP vorhanden und die Spannungsversorgung der Steuerung eingeschaltet sein muss. Für den Übertragungsvorgang muss sich der Betriebsartenschalter der CPU315-2DP in der Stellung RUN-P oder STOP befinden.

- Nach dem Übertragungsvorgang muss die CPU315-2DP wieder in den Betriebszustand RUN geschaltet werden. Im Betriebszustand STOP (Stellungsanzeige des Betriebsartenschalters) wird hierzu der Betriebsartenschalter von der Positionsanzeige STOP nach RUN-P gedreht. Im Betriebszustand RUN-P erscheint nach dem Übertragen automatisch die Abfrage „Soll die Baugruppe CPU315-2DP jetzt gestartet werden". Bestätigen Sie diese Abfrage mit OK. Die LED-Anzeigenelemente der CPU315-2DP-für die DP-Schnittstelle zeigen anschließend folgenden Zustand: „SF DP"-LED leuchtet, „BUSF"-LED blinkt.

6.2.2 Anwenderprogramm für DP-Master (S7-400 mit CPU416-2DP)

Zum Erstellen des DP-Master-Programmes für das Anwendungsbeispiel öffnen Sie im Beispielprojekt den Objektbehälter *Bausteine*, enthalten im Objektbehälter *SIMATIC 400(1)*. Schlagen Sie den OB1 auf und rufen Sie, wie im Bild 6.7 dargestellt, SFC14 und SFC15 auf.

```
CALL SFC14
   LADDR   :=W#16#3E8              //Anfangsadresse des Eingangsmoduls (1000dez)
   RET_VAL :=MW200                 //Rückgabewert im Merkerwort 200
   RECORD  :=P#DB10.DBX 0.0 BYTE 10//Zeiger auf Datenbereich für Eingangsdaten
CALL SFC15
   LADDR   :=W#16#3E8              //Anfangsadresse des Ausgangsmoduls (1000dez)
   RECORD  :=P#DB20.DBX 0.0 BYTE 10//Zeiger auf Datenbereich für Ausgangsdaten
   RET_VAL :=MW202                 //Rückgabewert im Merkerwort 202
```

Bild 6.7 DP-Master-Beispielprogramm für Datenaustausch über SFC14 und SFC15

Um beim Anwendungsbeispiel auch im DP-Master einen CPU-STOP wegen nicht vorhandener Diagnose- und Fehler-OBs zu vermeiden, richten Sie auch in der DP-Master-CPU den OB82 und den OB86 ein. Als Datenbereiche für die Eingangs-/Ausgangsdaten des I-Slave sollen im Anwendungsbeispiel die Datenbausteine DB10 und DB20 verwendet werden. Diese DBs müssen entsprechend der erforderlichen Länge eingerichtet werden.

- Öffnen Sie hierzu das Kontextmenue zum Bausteinbehälter über NEUES OBJEKT EINFÜGEN → DATENBAUSTEIN zur Eingabe eines neuen Datenbausteines. Tragen Sie im nachfolgenden Eigenschaftsfenster als „Interner Bezeichner" den DB10 ein und verlassen Sie dieses Fenster mit OK.

- Durch einen Doppelklick auf den DB10 im Bausteinbehälter gelangen Sie über das DB-Typ-Auswahlfenster „Neuer Datenbaustein" zum DB-Editor. Geben Sie dort, wie im Bild 6.8 dargestellt, ein BYTE-ARRAY (ARRAY=Zusammenfassung von Elementen des gleichen Datentyps) mit einer Länge von 10 Byte ein (Byte 0 bis 9). Speichern Sie den DB10 mit SPEICHERN. Richten Sie in gleicher Weise nun auch den DB20 ein. Nach dem Abspeichern des DB20 schließen Sie das Bearbeitungsfenster für den DB10 und den DB20.

- Wechseln Sie danach über die Task-Leiste zurück zum Objektbehälter *Bausteine* im *SIMATIC Manager* und übertragen Sie mit LADEN alle Bausteine, die sich im Objektbehälter *Bausteine* befinden, auf die CPU416-2DP. Hierzu muss die *MPI*-Kabel-Verbindung zwischen PG/PC und CPU416-2DP bestehen. Weiterhin müssen Sie sicherstellen, dass sich der Betriebsartenschalter der CPU in der Stellung STOP befindet.

- Nach dem Übertragungsvorgang stellen Sie den Betriebsartenschalter der CPU in die Stellung RUN-P. Die CPU416-2DP muss sich anschließend im Betriebszustand RUN befinden. Es dürfen keine DP-relevanten Fehler-LEDs („SF DP"-LED oder „BUSF"-LED) leuchten oder blinken. Ist dies der Fall, dann wird der DP-Datenaustausch zwischen dem DP-Master und dem I-Slave korrekt abgehandelt.

6.2 Austausch konsistenter Daten mit SFC14 *DPRD_DAT* und SFC15 *DPWR_DAT*

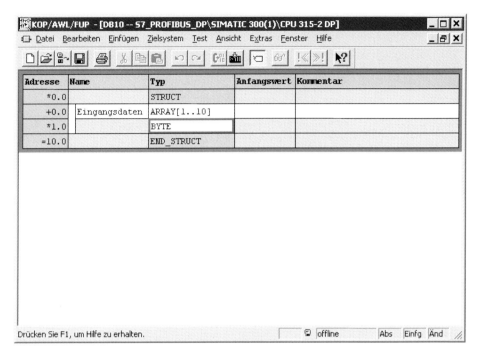

Bild 6.8 DB-Editor mit DB10 für Beispielprogramm in der CPU416-2DP

6.2.3 Testen des Datenaustausches zwischen DP-Master und I-Slave

Um den Eingangs-/Ausgangsdatenaustausch zu testen, wählen Sie bei vorhandener MPI-Verbindung zwischen dem PG/PC und der CPU416-2DP im *SIMATIC Manager* über ONLINE die Online-Sicht für das Beispielprojekt.

Wählen Sie mit Doppelklick über Objektbehälter *SIMATIC 400(1)* den Objektbehälter *CPU416-2DP*. Über das Kontextmenue ZIELSYSTEM → VARIABLE beobachten/steuern gelangen Sie zur STEP 7-Funktion *Variable beobachten und steuern*.

Geben Sie dort, wie im Bild 6.9 dargestellt, die beiden Variablen DB20.DBB0 (1. Ausgangsdatenbyte des I-Slave) und DB10.DBB0 (1. Eingangsdatenbyte des I-Slave) ein. Für das 1. Ausgangsdatenbyte tragen Sie gleich einen Steuerwert, z.B. „B#16#11" ein. Zum Anzeigen des Statuswertes für die Variablen aktivieren Sie VARIABLE BEOBACHTEN (die beiden Statuswerte zeigen „B#16#00"). Aktivieren Sie nun den eingegebenen Steuerwert für das 1. Ausgangsdatenbyte des I-Slave mit STEUERWERTE AKTIVIEREN. Die Statuswert-Anzeigen der beiden Variablen wechseln sofort auf den vorgegebenen Steuerwert, da die im I-Slave vom DP-Master empfangenen Daten durch das Anwenderprogramm sofort wieder zum DP-Master zurückgeschickt werden.

6 Anwendungsbeispiele zum Datenaustausch mit PROFIBUS-DP

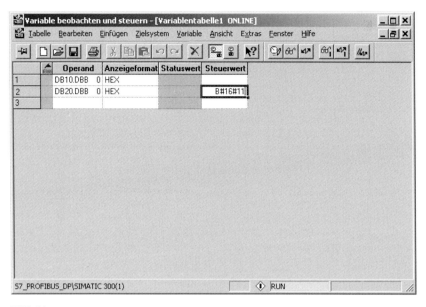

Bild 6.9
STEP 7-Funktion *Variablen beobachten und steuern* für das 1. Eingangs- und 1. Ausgangsdatenbyte des I-Slave

6.3 Prozessalarm mit S7-300 als I-Slave erzeugen und bearbeiten

Wie auch bei zentral angeschlossener Peripherie ist es möglich, über DP-Slaves bzw. einzelne Baugruppen innerhalb der DP-Slaves Prozessalarme zu erzeugen, vorausgesetzt, DP-Slaves und Eingangs-/Ausgangsbaugruppen sind dazu in der Lage. So kann eine prozessalarmfähige Analog-Eingabebaugruppe, z.B. bei Unter- bzw. Überschreitung des parametrierten Meßgrenzwertes, einen Prozessalarm auslösen. Durch den Prozessalarm wird das Anwenderprogramm unterbrochen und ein Prozessalarm-OB aufgerufen.

Das nachfolgende Anwendungsbeispiel beschreibt, wie eine S7-300-Station, die über eine CPU315-2DP als I-Slave am PROFIBUS-DP betrieben wird, einen Prozessalarm erzeugt. Danach wird beschrieben, wie der Prozessalarm im DP-Master (S7-400) erkannt und ausgewertet wird.

6.3.1 Prozessalarm erzeugen mit S7-300 als I-Slave

Wie im Bild 6.10 dargestellt, ist es möglich, durch den Aufruf von SFC7 *DP_PRAL* an einer als I-Slave projektierten CPU315-2DP-Station im zugehörigen DP-Master (nur möglich bei S7-400 und S7-300 mit CPU315-2DP) einen Prozessalarm auszulösen.

Der angeforderte Prozessalarm wird durch die modulbezogenen Eingangsparameter von SFC7, IOID und LADDR, eindeutig festgelegt. In unserem Beispielprogramm soll ein Prozessalarm für das am I-Slave projektierte Ausgangsmodul mit der Anfangsadresse „1000" ausgelöst werden. Da für das Anwendungsbeispiel nur das Auslösen des Prozess-

6.3 Prozessalarm mit S7-300 als I-Slave erzeugen und bearbeiten

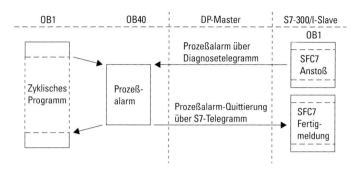

Bild 6.10 Prozessalarm erzeugen mit S7-300 (CPU315-2DP) als I-Slave

alarmes im I-Slave und dessen Bearbeitung im DP-Master von Interesse sind, wird zum vereinfachten Testen und Beobachten der Funktion für das Beispiel der Prozessalarm im I-Slave zyklisch ausgelöst.

Weiterhin soll mit Hilfe von AL_INFO, einem Eingangsparameter von SFC7, eine anwendungsspezifische Alarmkennung des I-Slave (im Beispiel wird die Kennung „ABCD" verwendet) in der ersten und einem „Alarmzähler" MW106 (Hochzählen der gelaufenen Aufträge) in der zweiten Hälfte des Doppelwortes dem DP-Master übergeben werden. Diese Alarmkennung wird mit der Prozessalarmmeldung an den DP-Master übertragen und dort innerhalb der Bearbeitung des OB40 über die lokale Variable OB40_POINT_ADDR zur Verfügung gestellt.

Zum Auslösen des Prozessalarmes geben Sie im Objektbehälter *Bausteine* für die *SIMATIC 300(1)* die in Bild 6.11 dargestellten AWL-Befehle ein, speichern den Baustein ab und schließen das Bearbeitungsfenster für den OB1 im STEP 7-Programmiertool *KOP/AWL/FUP*.

Danach schalten Sie die S7-300-CPU über den Betriebsartenschalter in den Betriebszustand STOP und übertragen den eben erstellten (geänderten) OB1 auf die CPU315-2DP.

```
      L     W#16#ABCD                //Alarmkennung teilweise vorbesetzen
      T     MW104
CALL "DP_PRAL"
   REQ      :=M100.0
   IOID     :=B#16#55                //Adressbereich des Moduls („55"=Ausgang)
   LADDR    :=W#16#3E8               //Anfangsadresse des Moduls
   AL_INFO  :=MD104                  //anwendungsspezifische Alarmkennung
   RET_VAL  :=MW102
   BUSY     :=M100.1

      U     M     100.1              //(zyklischer) Anstoß, wenn SFC7 „frei"
      BEB
      =     M     100.0              //neuen Prozessalarm auslösen

      L     MW106                    //Alarmzähler um eins erhöhen
      +     1
      T     MW106
```

Bild 6.11 DP-Slave-Beispielprogramm zum Erzeugen eines Prozessalarms in der S7-300

6.3.2 Prozessalarm mit S7-400 als DP-Master bearbeiten

Der im Anwendungsbeispiel vom I-Slave über PROFIBUS-DP ausgelöste Prozessalarm wird von der DP-Master-CPU identifiziert, und durch das Betriebssystem wird der dazugehörige Prozessalarm OB40 gestartet. Mit Hilfe der vom Prozessalarm OB40 zur Verfügung gestellten Lokaldaten (siehe Abschnitt 5.1.2) ist es möglich, über die logische Basisadresse der Baugruppe, die den Alarm ausgelöst hat, den Alarmverursacher und bei komplexeren Baugruppen auch den Alarmzustand und die Alarmkennung zu ermitteln. Nach der Abarbeitung des Anwenderprogrammes im Prozessalarm-OB40 (OB40 beendet), wird dem alarmauslösenden I-Slave der gemeldete Alarm quittiert. Damit wechselt der Signalzustand am SFC7 Ausgangsparameter-BUSY von „1" nach „0".

Zur Auswertung des Prozessalarmes im DP-Master richten Sie im Objektbehälter *Bausteine* der *SIMATIC 400(1)* des Beispielprojektes den OB40 mit den im Bild 6.12 dargestellten AWL-Befehlen ein. Speichern Sie den Baustein und schließen Sie das Bearbeitungsfenster für OB40 im STEP 7-Programmiertool *KOP/AWL/FUP*.

Mit den im Bild 6.12 dargestellten Lade- und Transferbefehlen kopieren Sie die Basisadresse der alarmauslösenden Peripheriebaugruppe (Modul) in das Merkerwort MW10 und die anwenderspezifische Alarmkennung in das Merkerdoppelwort MD12. Mit Hilfe der STEP 7-Funktion *Variable beobachten und steuern* können Sie später auch über diese beiden Merkerbereiche die Abarbeitung des Prozessalarmes kontrollieren.

L	#OB40_MDL_ADDR	//logische Basisadresse der Baugruppe
T	MW10	
L	#OB40_POINT_ADDR	//anwendungsspezifische Alarmkennung bei //I-Slave
T	MD12	

Bild 6.12 DP-Master-Beispielprogramm für „Prozessalarm auswerten" in der S7-400

Übertragen Sie den OB40 auf die CPU416-2DP. Danach können Sie die S7-300-CPU wieder mit dem Betriebsartenschalter in den Betriebszustand RUN schalten (beide Steuerungen müssen sich anschließend im Betriebszustand RUN befinden).

Testen der Prozessalarmbearbeitung im DP-Master

Zum Testen der Prozessalarmbearbeitung im DP-Master wählen Sie bei vorhandener *MPI*-Verbindung zwischen PG/PC und CPU416-2DP im *SIMATIC Manager* über ONLINE die Online-Darstellung für das Beispielprojekt.

Wählen Sie mit Doppelklick den Objektbehälter *Bausteine*, enthalten im Objektbehälter *SIMATIC 400(1)*. Mit Doppelklick rufen Sie für das Bausteinobjekt OB40 die Online-Darstellung für die Bearbeitung des OB40 im STEP 7-Programmiertool auf. Wie im Bild 6.13 dargestellt, schalten Sie über TEST → BEOBACHTEN die Statusfunktion für den OB40 ein. Mit Hilfe dieser Statusfunktion können Sie die Abarbeitung des Prozessalarmes im DP-Master beobachten.

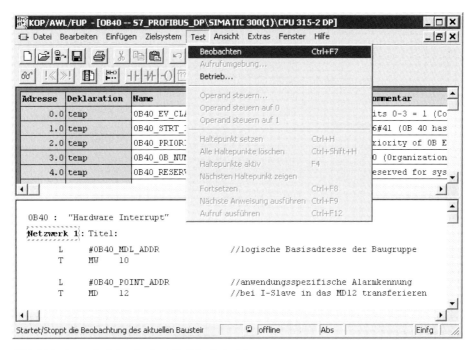

Bild 6.13 Statusfunktion für den OB40 im Beispielprogramm

6.4 Datensätze und Parameter übertragen

Durch die Möglichkeit, aus dem Anwenderprogramm heraus Datensätze zu SIMATIC S7-Baugruppen zu übertragen, können S7-Baugruppen im laufenden Betrieb umparametriert werden. Das Übertragen von Datensätzen ist sowohl für zentrale als auch für dezentrale S7-Baugruppen möglich. Bei den zu übertragenden Datensätzen wird unterschieden zwischen dynamischen Datensätzen, die in der Regel durch das Anwenderprogramm zur Verfügung gestellt werden, und statischen Datensätzen, die über *HW Konfig* erstellt und in SDBs fest auf der CPU hinterlegt werden. Für das Übertragen der Datensätze zu den S7-Baugruppen stehen in der SIMATIC S7 verschiedene SFCs/SFBs zur Verfügung (siehe auch Abschnitt 5.5).

Im anschließend beschriebenen Anwendungsbeispiel zum „Baugruppen-Datensatz/-Parameter schreiben" werden SFC55 *WR_PARM* und SFC56 *WR_DPARM* verwendet. Wie Bild 6.14 zeigt, lässt sich mit SFC55 ein (frei zusammengestellter) dynamischer Datensatz zu einer S7-Baugruppe, mit SFC56 ein mit *HW Konfig* erstellter und in einem SDB auf der CPU hinterlegter „statischer Datensatz" zu der entsprechenden Baugruppe übertragen. Dieser Datensatz wird auch beim Systemanlauf automatisch zur entsprechenden Baugruppe übertragen.

Im Anwendungsbeispiel soll für das im Projektierungsbeispiel in Abschnitt 4.2.5 projektierte Analog-Eingangsmodul in der ET200M Station der vorgegebene Meßbereich von +/–10 V mit Hilfe von SFC55 auf +/–2,5 V umparametriert werden. Danach soll diese Umparametrierung durch SFC56 wieder rückgängig gemacht werden und die Baugruppe wieder entsprechend den bei der Projektierung über *HW Konfig* vorgegebenen Parame-

6 Anwendungsbeispiele zum Datenaustausch mit PROFIBUS-DP

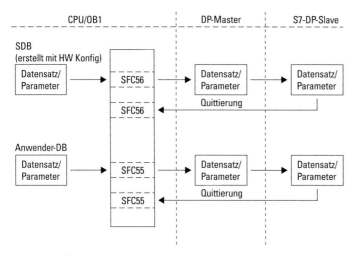

Bild 6.14 Übertragen eines Datensatzes mit SFC55/SFC56 zu einer S7-Baugruppe

tern arbeiten. Diese Funktion könnte in der Praxis relevant sein, um z. B. beim Erreichen eines bestimmten Prozesszustandes oder Messwertbereiches vorübergehend eine genauere Messwertauflösung zu erreichen.

6.4.1 Datensatzaufbau (DS1) für die Analog-Eingangsmodule der SIMATIC S7-300

Bei dem im Anwendungsbeispiel verwendeten Analog-Eingangsmodul handelt es sich um das SIMATIC S7-300-Modul „SM331 AI2x12Bit" mit zwei Analog-Eingangskanälen, die eine Auflösung von 12 bis 14 Bit besitzen. Tabelle 6.1 zeigt die für die SIMATIC S7-300 vorhandenen Datensätze der Analog-Eingangsmodule. Der Datensatz Nr. „0" (DS0) kann mit den SFCs nur gelesen werden und ist damit nicht mit SFC55 auf die Analog-Eingangsmodule übertragbar.

Tabelle 6.1 Datensätze und Parameter der Analog-Eingangsmodule bei SIMATIC S7-300

Parameter	Datensatz-Nr.	Parametrierbar mit SFC55
Diagnose: Sammeldiagnose	0	nein
Diagnose, einschl. Drahtbruchprüfung	0	nein
Grenzwert-Alarmfreigabe	1	ja
Diagnose-Alarmfreigabe		ja
Störfrequenz-Unterdrückung		ja
Messart		ja
Messbereich		ja
oberer Grenzwert		ja
unterer Grenzwert		ja

6.4 Datensätze und Parameter übertragen

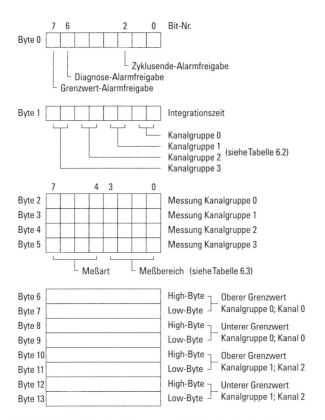

Bild 6.15 Aufbau des Datensatzes DS1 für die Analog-Eingangsmodule bei der S7-300

Bild 6.15 zeigt im Detail den Aufbau des Datensatzes DS1 für die Parameter der Analog-Eingangsmodule in der SIMATIC S7-300. Über die in diesem Datensatz hinterlegten Parameter sind die möglichen Alarmfreigaben, die wählbare Integrationszeit zur Störfrequenz-Unterdrückung sowie Messart, Messbereich und, falls genutzt, die oberen und unteren Grenzwerte für den Messbereich der AE-Kanalgruppen einstellbar. Der DS1 hat eine Länge von 14 Byte.

In Tabelle 6.2 sind die auf den Analog-Eingangsmodulen möglichen Einstellungen der Integrationszeit zur Störfrequenz-Unterdrückung dargestellt.

Tabelle 6.2 Einstellbare Integrationszeit für Analog-Eingangsmodule bei der S7-300

Störfrequenz-Unterdrückung	Integrationszeit	Einstellung
400 Hz	2,5 ms	2#00
60 Hz	16,7 ms	2#01
50 Hz	20,0 ms	2#10
10 Hz	100,0 ms	2#11

Tabelle 6.3 zeigt für die wählbare Meßart „Spannung" die einstellbaren Messbereiche für die Analog-Eingangsmodule der S7-300.

Tabelle 6.3
Einstellbare Messbereiche bei Meßart „Spannung" für die S7-300-Analog-Eingangsmodule

Meßart	Einstellung	Messbereich	Einstellung
Spannung	2#0001	± 80 mV	2#0001
		± 250 mV	2#0010
		± 500 mV	2#0011
		± 1 V	2#0100
		± 2,5 V	2#0101
		± 5 V	2#0110
		1 bis 5 V	2#0111
		± 10 V	2#1001
		± 25 mV	2#1010
		± 50 mV	2#1011

Die beim Erstellen des Beispielprojektes mit *HW Konfig* eingestellten Werte für verwendete Analog-Eingangsmodule in der ET200M sind:

Diagnose   Sammeldiagnose „EIN"
Meßart   Spannung (U)
Meßbereich   +/–10 V
Integrationszeit 20 ms.

6.4.2 Anwendungsbeispiel: Umparametrieren von Analog-Eingangsmodulen mit SFC55 *WR_PARM*

Das folgende Anwendungsbeispiel zum Einsatz von SFC55 bezieht sich auf das in Abschnitt 4.2.5 „ET200M" beschriebene Beispielprojekt. Es kommen jedoch nur die S7-DP-Masterstation S7-400 und die DP-Slavestation ET200M zum Einsatz. Im Anwendungsbeispiel müssen Sie deshalb die im Beispielprojekt mit *HW Konfig* projektierte ET200B- und S7-300-Station löschen. Verbinden Sie jeweils die DP-Schnittstellen der S7-400-Steuerung und der ET200M-Station mit einem PROFIBUS- Kabel und schalten Sie die Spannungsversorgungen der Geräte ein. Im Anwendungsbeispiel wird davon ausgegangen, dass die DP-Master-Steuerung urgelöscht ist und sich im Betriebszustand RUN (Schlüsselschalter in Stellung RUN-P) befindet. Desweiteren wird davon ausgegangen, dass die PROFIBUS-Adresse „5" an der ET200M-Station eingestellt ist.

Richten Sie für das Anwendungsbeispiel im Objektbehälter *Bausteine*, enthalten im Objektbehälter *SIMATIC 400(1)*, den Datenbaustein DB30 mit der in Tabelle 6.4 dargestellten Struktur ein. Speichern Sie den Baustein ab und schließen Sie das Bearbeitungsfenster für diesen Baustein.

6.4 Datensätze und Parameter übertragen

Tabelle 6.4
Datensatz 1 für das Analog-Eingangsmodul zum Umparametrieren auf Messbereich +/– 2,5 V

Byte-Nr.	Name	Typ	Anfangswert	Kommentar
0.0		STRUCT		
+ 0.0	AlarmEnable	BYTE	B#16#00	Grenzwert-/Diagnosealarm
+ 1.0	IntTime	BYTE	B#16#02	Integrationszeit 20 ms
+ 2.0	M_Kgr_0	BYTE	B#16#15	Kanalgr. 0 (Spannung; +/– 2,5 V)
+ 3.0	M_Kgr_1	BYTE		Kanalgr. 1 (nicht relevant)
+ 4.0	M_Kgr_2	BYTE		Kanalgr. 2 (nicht relevant)
+ 5.0	M_Kgr_3	BYTE		Kanalgr. 3 (nicht relevant)
+ 6.0	OGr_Kgr_0H	BYTE		Grenzwerte nicht relevant, da diese nicht freigegeben wurden
+ 7.0	OGr_Kgr_0L	BYTE		
+ 8.0	UGr_Kgr_0H	BYTE		
+ 9.0	UGr_Kgr_0L	BYTE		
+ 10.0	OGr_Kgr_1H	BYTE		nicht vorhanden
+ 11.0	OGr_Kgr_1L	BYTE		nicht vorhanden
+ 12.0	UGr_Kgr_1H	BYTE		nicht vorhanden
+ 13.0	UGr_Kgr_1L	BYTE		nicht vorhanden
= 14.0		END_STRUCT		

Geben Sie den im Bild 6.16 dargestellten Aufruf von SFC55 *WR_PARM* im OB1 des Objektbehälter *Bausteine*, enthalten im Baustein *SIMATIC 400(1)*, ein. Wechseln Sie hierzu im *SIMATIC Manager* in die Offline-Darstellung. Speichern Sie den Baustein ab und schließen Sie das Bearbeitungsfenster für diesen Baustein.

Wechseln Sie danach zurück zum *SIMATIC Manager* und übertragen Sie mit dem Befehl LADEN im Symbolmenue alle Bausteine, die sich im Bausteinobjektbehälter für die *SIMATIC 400(1)* befinden, auf die CPU416-2DP. Stellen Sie hierzu mit dem *MPI*-Kabel eine Verbindung zwischen PG/PC und CPU416-2DP her.

```
CALL "WR_PARM"
    REQ     :=M30.0              //Auftragsanstoß
    IOID    :=B#16#54             //Kennung für Peripherie-Eingangsmodul
    ADDR    :=W#16#200            //Adresse des Eingangsmoduls (512dez)
    RECNUM  :=B#16#1              //Datensatz-Nummer (DS1)
    RECORD  :=P#DB30.DBX 0.0 BYTE 14  //Zeiger auf DS1 in DB 30
    RET_VAL :=MW32
    BUSY    :=M30.1

    U       M30.1                 //Auftragsanstoß rücksetzen
    R       M30.0
```

Bild 6.16 Aufruf von SFC55 zum Umparametrieren des Analog-Eingangsmoduls

Nach dem Übertragungsvorgang muss sich die CPU416-2DP im Betriebszustand RUN befinden und es dürfen keine DP-relevanten Fehler-LEDs („SF DP"-LED oder „BUSF"-LED) leuchten oder blinken. Das gilt ebenfalls für die LED-Anzeigen der ET200M-Station. Ist dies der Fall, läuft der Nutzdatenaustausch zwischen dem DP-Master und der ET200M-Station korrekt.

6.4.3 Umparametrieren des Analog-Eingangsmoduls mit SFC55 WR_PARM testen

Mit Hilfe der STEP 7-Funktion *Variable beobachten und steuern* (siehe Abschnitt 6.2.3) können Sie nun zum Umparametrieren des Messbereiches der Analog-Eingangsbaugruppe in der ET200M von +/–10 V auf +/–2,5 V die programmierte SFC aufrufen und die Abarbeitung von SFC55 kontrollieren.

Geben Sie dazu in der Variablentabelle unter „Operand" die beiden Variablen MB30 (M30.0=REQ und M30.1=BUSY) und MW32 (RET_VAL) ein. Für das MB30 geben Sie gleich einen Steuerwert von B#16#01 vor. Aktivieren Sie die Statuswert-Anzeige mit VARIABLE BEOBACHTEN. Der Statuswert für das MB30 zeigt B#16#00. Dagegen muss der Statuswert für RET_VAL (MW32) den Wert W#16#7000 zeigen. Aktivieren Sie nun den eingegebenen Steuerwert für das MB30 über STEUERWERTE AKTIVIEREN. Damit haben Sie die programmierte SFC55 gestartet.

Wenn die Funktion fehlerfrei abgearbeitet wurde, stehen direkt nach dem Steuervorgang wieder die Ausgangs-Statuswerte in den beiden Variablen.

Bemerkung: Die hier durchgeführte Umparametrierung des Analog-Eingangsmoduls geht nach einem Neuanlauf des DP-Mastersystems verloren. In diesem Fall wird das Analog-Eingangsmodul wieder mit dem statischen im SDB hinterlegten DS1 parametriert.

6.4.4 Anwenderprogramm zum Umparametrieren des Analog-Eingangsmoduls mit SFC56 WR_DPARM

Zum Übertragen der ursprünglichen, bei der Projektierung mit *HW Konfig* erzeugten Baugruppenparameter, die im Datensatz DS1 abgelegt sind, auf die AE-Baugruppe in der ET200M-Station, kommt SFC56 *WR_DPARM* zum Einsatz. Diese SFC überträgt den für das Analog-Eingangsmodul vordefinierten und im entsprechenden SDB auf der CPU abgelegten DS1 zur Baugruppe.

Hierzu geben Sie den im Bild 6.17 in AWL dargestellten Aufruf von SFC56 *WR_DPARM* im OB1 des Bausteinobjektbehälters für die *SIMATIC 400(1)* ein. Speichern Sie den Baustein ab und schließen Sie das Bearbeitungsfenster für diesen Baustein im STEP 7-Tool *KOP/AWL/FUP*.

```
CALL "WR_DPARM"
  REQ     :=M40.0              //Auftragsanstoß
  IOID    :=B#16#54             //Kennung für Peripherie-Eingangsmodul
  LADDR   :=W#16#200            //Adresse des Eingangsmoduls (512dez)
  RECNUM  :=B#16#1              //Datensatz-Nummer (DS1)
  RET_VAL :=MW42
  BUSY    :=M40.1

  U       M40.1                 //Auftragsanstoß rücksetzen
  R       M40.0
```

Bild 6.17 Aufruf von SFC56 *WR_DPARM* im OB1

Wechseln Sie danach zurück zum *SIMATIC Manager* und übertragen Sie mit LADEN alle Bausteine, die sich im Bausteinobjektbehälter für die *SIMATIC 400(1)* befinden, auf die CPU416-2DP. Stellen Sie hierzu mit dem *MPI*-Kabel eine Verbindung zwischen PG/PC und CPU416-2DP her.

Nach dem Übertragungsvorgang muss sich die CPU416-2DP im Betriebszustand RUN befinden und es dürfen keine DP-relevanten Fehler-LEDs („SF DP"-LED oder „BUSF"-LED) leuchten oder blinken. Das gleiche gilt für die LED-Anzeigen der ET200M-Station. Ist dies der Fall, läuft der Nutzdatenaustausch zwischen dem DP-Master und der ET200M-Station korrekt.

6.4.5 Umparametrieren des Analog-Eingangsmoduls mit SFC56 *WR_DPARM* testen

Mit Hilfe der STEP 7-Funktion *Variable beobachten und steuern* können Sie nun die programmierte SFC zum Wiederherstellen der ursprünglichen Parametrierung des in der ET200M eingesetzten Analog-Eingangsmoduls aufrufen und die Abarbeitung von SFC56 kontrollieren.

Geben Sie dazu in der Variablentabelle die beiden Variablen MB40 (M40.0=REQ und M40.1=BUSY) und MW42 (RET_VAL) ein. Für das MB40 geben Sie gleich einen Steuerwert von B#16#01 vor. Aktivieren Sie über VARIABLE BEOBACHTEN die Statuswert-Anzeige. Der Statuswert für das MB40 zeigt B#16#00. Dagegen muss der Statuswert für RET_VAL (MW42) den Wert W#16#7000 zeigen. Aktivieren Sie nun den eingegebenen Steuerwert für das MB40 über STEUERWERTE AKTIVIEREN. Damit haben Sie die programmierte SFC56 gestartet. Wenn die Funktion fehlerfrei abgearbeitet wurde, stehen direkt nach dem Steuervorgang wieder die genannten Statuswerte in den beiden Variablen.

6.5 DP-Steuerkommandos SYNC/FREEZE auslösen

Die Steuerkommandos SYNC (Synchronisieren der Ausgänge) und FREEZE (Einfrieren der Eingänge) bieten dem Anwender die Möglichkeit, den Datenaustausch mit mehreren Slaves zu koordinieren.

Ein DP-Master mit entsprechender Funktionalität kann an eine Gruppe von DP-Slaves gleichzeitig die Steuerkommandos (Broadcast-Telegramme) SYNC und/oder FREEZE senden. Die DP-Slaves werden hierzu in SYNC- und FREEZE-Gruppen zusammengefaßt. Für ein Mastersystem können maximal 8 Gruppen gebildet werden. Jeder DP-Slave kann allerdings nur maximal einer Gruppe zugeordnet werden.

Das Steuerkommando SYNC ermöglicht dem Anwender, die Ausgänge an mehreren Slaves zeitgleich zu synchronisieren. Mit Erhalt des Steuerkommandos SYNC schalten die angesprochenen DP-Slaves die in Ihrem Übergabepuffer hinterlegten Daten des letzten Data_Exchange-Telegramms vom DP-Master auf die Ausgänge. Dies ermöglicht ein zeitgleiches Aktivieren (Synchronisieren) von Ausgangsdaten an mehreren DP-Slaves. Im Bild 6.18 wird der prinzipielle Ablauf eines SYNC-Kommandos dargestellt.

Mit dem Steuerkommando UNSYNC wird der SYNC-Mode der angesprochenen DP-Slaves aufgehoben. Der DP-Slave befindet sich anschließend wieder im zyklischen Datentransfer, d.h., die vom DP-Master gesendeten Daten werden sofort auf die Ausgänge geschaltet.

Das Steuerkommando FREEZE ermöglicht dem Anwender, die Eingangsdaten von DP-Slaves „einzufrieren". Wird an eine Gruppe von DP-Slaves ein FREEZE-Kommando geschickt, so frieren alle diese DP-Slaves zeitgleich die momentan an ihren Eingängen anliegenden Signale ein, so dass diese anschließend vom DP-Master gelesen werden können. Eine Aktualisierung der Eingangsdaten an den DP-Slaves findet erst nach einem erneuten Empfang eines FREEZE-Kommandos statt. Das Bild 6.19 veranschaulicht den Ablauf eines FREEZE-Kommandos.

Das Steuerkommando UNFREEZE hebt den FREEZE-Mode der angesprochenen DP-Slaves auf, so dass diese wieder in den zyklischen Datentransfer mit dem DP-Master übergehen. Die Eingangsdaten werden vom DP-Slave sofort aktualisiert und können vom DP-Master anschließend sofort gelesen werden.

Beachten Sie auch, dass ein DP-Slave nach einem Neu- oder Wiederanlauf erst mit Erhalt des ersten vom DP-Master gesendeten SYNC- bzw. FREEZE-Kommandos in den SYNC- bzw. FREEZE-Mode wechselt.

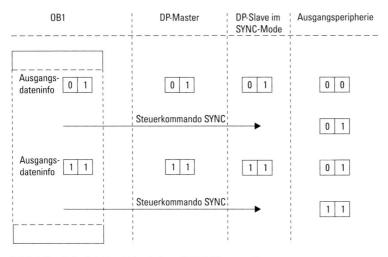

Bild 6.18 Prinzipieller Ablauf eines SNYC-Kommandos

6.5 DP-Steuerkommandos SYNC/FREEZE auslösen

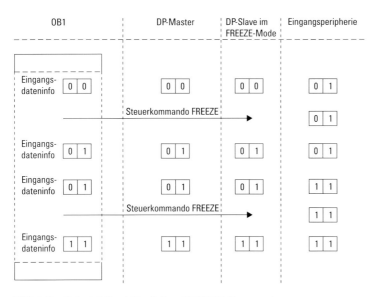

Bild 6.19 Prinzipieller Ablauf eines FREEZE-Kommandos

6.5.1 Anwendungsbeispiel für SYNC/FREEZE mit DP-Master IM467 erstellen

Mit dem nachfolgend beschriebenen praktischen Anwendungsbeispiel soll der Einsatz und die Anwendung der Steuerkommandos verdeutlicht werden.

Um die benötigte Anlagenkonfiguration zu erstellen, öffnen Sie zuerst den *SIMATIC Manager* und wählen Sie DATEI → NEU. Geben Sie dem neuen Projekt den Namen „SYNCFR" und verlassen Sie das Fenster mit OK. Fügen Sie anschließend mit EINFÜGEN → STATION → SIMATIC 400-STATION eine neue S7-400-Station ein.

Öffnen Sie mit Doppelklick auf den Objektbehälter *SIMATIC 400(1)* die Station. Im rechten Fenster des SIMATIC Managers erscheint das Objekt Hardware. Mit Doppelklick auf dieses Objekt wird die Hardwarekonfiguration der SIMATIC 400-Station geöffnet.

Fügen Sie nun aus dem Hardwarekatalog das Rack „UR2" ein. Plazieren Sie auf Steckplatz 1 die Stromversorgung „PS407 10A". Beim Auswählen der CPU muss darauf geachtet werden, dass diese die Funktionen SYNC und FREEZE unterstützt. Wählen Sie deshalb z. B. die CPU 416-1 mit der Bestellnummer 6ES7416-1XJ02-0AB0 und plazieren Sie diese auf Steckplatz „3".

6 Anwendungsbeispiele zum Datenaustausch mit PROFIBUS-DP

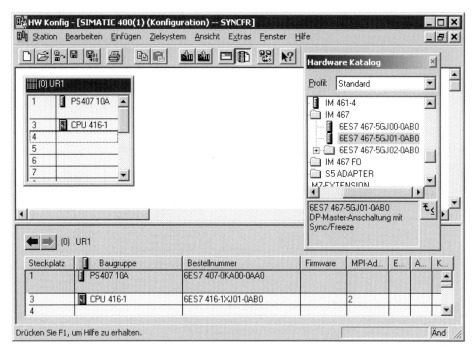

Bild 6.20 Auswahl der IM467 aus dem Hardwarekatalog

Zum Projektieren der steckbaren DP-Masterbaugruppe (IM467) wechseln Sie im Hardwarekatalog der SIMATIC 400 zum Unterkatalog IM-400. Wählen Sie dort die Baugruppe IM467 mit der Bestellnummer 6ES7467-5GJ01-0AB0 und plazieren Sie diese auf Steckplatz „4" (Bild 6.20).

Beim Platzieren der Baugruppe im Baugruppenträger erscheint automatisch das Fenster „Eigenschaften-PROFIBUS Teilnehmer IM467", Register „Netzanschluss". Wählen Sie NEU und bestätigen Sie die nachfolgende Dialogbox mit OK. Damit wird ein neues PROFIBUS-Subnetz mit 1,5 MBaud und Busparameterprofil DP erstellt. Übernehmen Sie die für die IM467 vorgeschlagene Teilnehmeradresse „2". Schließen Sie das Fenster mit OK. Die Baugruppe IM467 wird auf Steckplatz „4" eingefügt und es wird grafisch das DP-Mastersystem für die IM467 angezeigt (Bild 6.21).

Als Slaves werden jetzt einfache ET200B-Stationen, die die Steuerkommandos SYNC und FREEZE unterstützen, projektiert. Öffnen Sie hierfür im Hardwarekatalog die Auswahl für PROFIBUS-DP-Baugruppen und wählen Sie aus dem Unterkatalog „ET200B" die Baugruppe „B-16DI".

Ziehen Sie die Baugruppe auf das grafisch dargestellte DP-Mastersystem der IM467. Das Fenster „Eigenschaften-PROFIBUS Teilnehmer ET 200B 16DI" wird geöffnet. Wählen Sie als PROFIBUS-Adresse „3" und verlassen Sie das Fenster mit OK.

6.5 DP-Steuerkommandos SYNC/FREEZE auslösen

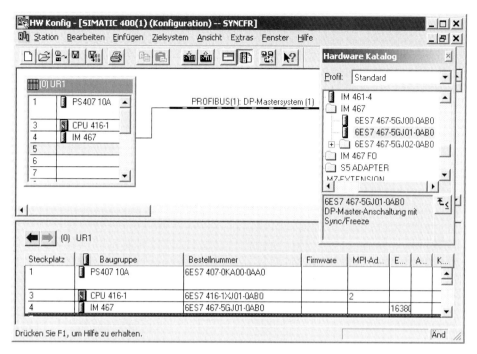

Bild 6.21 Hardwarekonfiguration mit IM467

Ziehen Sie nun aus dem Hardwarekatalog PROFIBUS-DP → ET 200B die Baugruppe „B-16DO" auf das Mastersystem der IM467. Vergeben Sie im folgenden Fenster „Eigenschaften-PROFIBUS Teilnehmer ET 200B 16DO" die PROFIBUS-Adresse „4" und schließen Sie das Fenster mit OK.

Damit ist das DP-Mastersystem der IM467 für das Übungsbeispiel vollständig projektiert. Jetzt müssen noch die Einstellungen für die SYNC-/FREEZE-Funktion parametriert werden.

Wählen Sie hierzu das grafisch dargestellte DP-Mastersystem PROFIBUS(1) mit einem Doppelklick aus. Wechseln Sie in das Register „Gruppenzuordnung". In diesem Fenster können die SYNC-/FREEZE-fähigen DP-Slaves verschiedenen Gruppen zugeordnet werden (Bild 6.22). In der ersten Spalte der Tabelle werden die im DP-Mastersystem projektierten DP-Slaves, geordnet nach ihrer PROFIBUS-Adresse, angezeigt (PROFIBUS-Adresse steht in Klammern). In den Spalten 1 bis 8 werden 8 mögliche Gruppen angezeigt, denen die DP-Slaves zugeordnet werden können.

6 Anwendungsbeispiele zum Datenaustausch mit PROFIBUS-DP

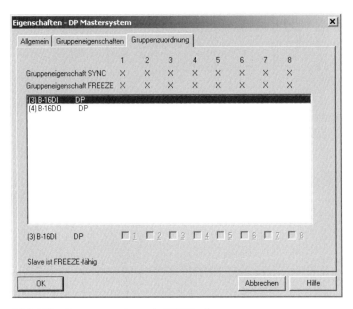

Bild 6.22 Gruppenzuordnung in *HW Konfig*

Wählen Sie jedoch zuerst das Register „Gruppeneigenschaften", um die Eigenschaften der benutzten Gruppen festzulegen. In der Spalte „Kommentar" können Sie einen Zusatztext (Kommentar/Gruppenbezeichnung) für die jeweilige Gruppe festlegen. In der Spalte Eigenschaften wählen Sie aus, welche Funktion der Gruppe zugeordnet ist. Parametrieren Sie die Gruppen so, wie es in Bild 6.23 dargestellt ist. Die Gruppe 1 ist dabei als FREEZE-Gruppe und die Gruppe 2 als SYNC-Gruppe parametriert.

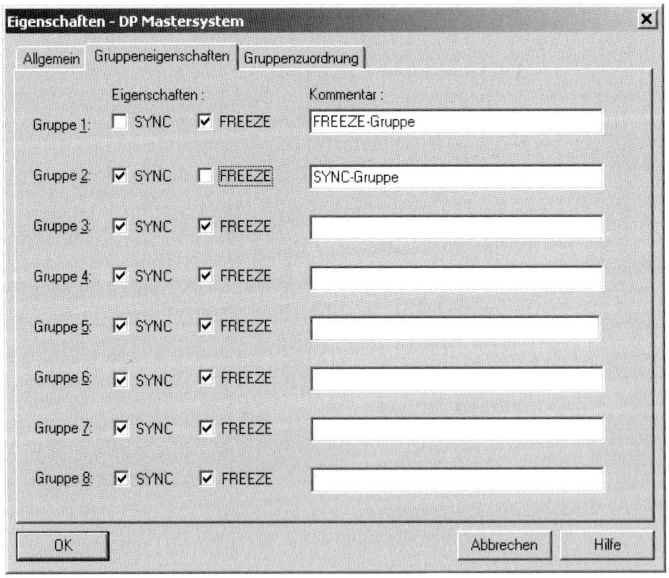

Bild 6.23 Gruppeneigenschaften in *HW Konfig*

6.5 DP-Steuerkommandos SYNC/FREEZE auslösen

Durch Klick auf das Register „Gruppenzuordnung" werden die Änderungen übernommen und Sie befinden sich wieder im Eigenschaftsfenster der Gruppenzuordnung. Klicken Sie jetzt die Station B-16DI an. Jetzt können Sie den DP-Slave der Gruppe 1 zuordnen. Anschließend markieren Sie den DP-Slave B16-DO und weisen ihn der Gruppe 2 zu (Bild 6.24). Übernehmen Sie die Einstellungen mit OK.

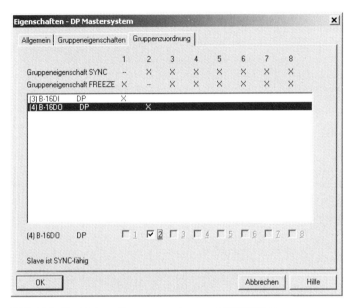

Bild 6.24 Projektierte Gruppenzuordnung mit ET 200B-Baugruppen

Das DP-Mastersystem ist jetzt fertig projektiert.

Wählen Sie nun STATION → SPEICHERN UND ÜBERSETZEN. Schalten Sie ihre entsprechend der Projektierung aufgebaute SIMATIC 400-Station auf STOP und laden Sie die Hardwarekonfiguration auf die S7-400-CPU.

Verbinden Sie mit einem PROFIBUS-Kabel die IM467 mit beiden ET200B-Baugruppen und stellen Sie den Betriebsartenschalter der CPU416-1 auf RUN-P. Die CPU wechselt in den Betriebszustand RUN. Alle roten Fehler-LEDs müssen erlöschen. Schließen Sie das STEP 7-Tool *HW Konfig*.

6 Anwendungsbeispiele zum Datenaustausch mit PROFIBUS-DP

6.5.2 Anwenderprogramm für die Funktion SYNC/FREEZE erstellen

Jetzt muss noch die SYNC-/FREEZE-Funktion mit SFC11 programmiert werden. Als Beispiel wird SFC11 *DPSYC_FR* im OB1 programmiert und mit einem Signalwechsel (Flanke) aufgerufen. Wählen Sie mit einem Doppelklick die jetzt im rechten Fenster des *SIMATIC Manager* abgebildete CPU416-1 aus. Das Objekt öffnet sich und das „S7-Programm(1)" wird sichtbar. Mit Doppelklick auf „S7-Programm(1)" und anschließend auf „Bausteine" wird der Bausteinbehälter geöffnet und der defaultmäßig vorhandene „OB1" wird sichtbar (Bild 6.25).

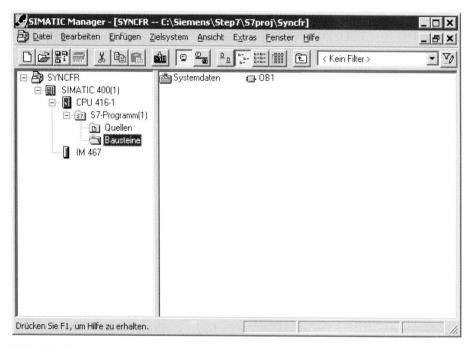

Bild 6.25 *SIMATIC Manager* mit geöffnetem Bausteinbehälter

Öffnen Sie den „OB1" mit Doppelklick. Es erscheint das Fenster „Objekteigenschaften für OB1". Über OK wird das STEP 7-Programmiertool *KOP/AWL/FUP* zum Programmieren des OB1 in der AWL-Ansicht gestartet.

Um SFC11 aus der „Standard Library V3.x" einsetzen zu können, wählen Sie ANSICHT → KATALOG. Der Bausteinkatalog wird sichtbar. Wählen Sie jetzt im geöffneten Bausteinkatalog BIBLIOTHEKEN → STANDARD LIBRARY V3.x → SYSTEM FUNCTION BLOCKS. Die SFC11 *DPSYC_FR* wird sichtbar (Bild 6.26).

Ziehen Sie SFC11 in das erste Netzwerk des OB1 und vervollständigen Sie das AWL-Programm gemäß dem im Bild 6.27 dargestellten Listing.

Speichern und laden Sie den OB1 in die CPU416-1. Anschließend kann das Programm mit *Variable beobachten und steuern* beobachtet und diagnostiziert werden. Wählen Sie hierzu in *KOP/AWL/FUP – S7 Bausteine programmieren* ZIELSYSTEM → VARIABLE BE-

6.5 DP-Steuerkommandos SYNC/FREEZE auslösen

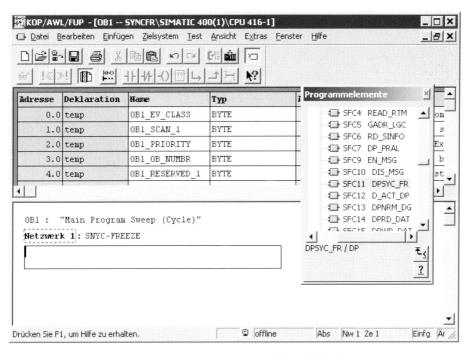

Bild 6.26 *KOP/AWL/FUP S7-Bausteine programmieren* – Bausteinkatalog

```
      U           M           10.0           //Flankenauswertung für die SFC11
      FP          M           10.1           //Flanke positiv ???
      =           M           10.2           //Anstoßmerker (bleibt einen Zyklus 1)
G01:              CALL SFC 11                //SFC11 aufrufen

                  REQ         :=M10.2        //Anstoßmerker
                  LADDR       :=W#16#200     //Eingangsadr. der IM467 (512 dezimal)
                  GROUP       :=B#16#1       //Gruppe 1 wird ausgewählt
                  MODE        :=B#16#8       //Als Mode wird FREEZE ausgewählt
                  RET_VAL     :=MW12         //RET_VAL steht im MW12
                  BUSY        :=M10.3        //BUSY-Flag ist M10.3

      U           M           10.3           //SFC11 fertig ??? Wenn nein, dann
      SPB         G01                        //Sprung zur Marke G01

      U           M           10.4           //Flankenauswertung für die SFC11
      FP          M           10.5           //Flanke positiv ???
      =           M           10.6           //Anstoßmerker (bleibt einen Zyklus 1)
G02:              CALL SFC 11                //SFC11 aufrufen

                  REQ         :=M10.6        //Anstoßmerker
                  LADDR       :=W#16#200     //Eingangsadr. der IM467 (512 dezimal)
                  GROUP       :=B#16#2       //Gruppe 2 wird ausgewählt
                  MODE        :=B#16#20      //Als Mode wird SYNC ausgewählt
                  RET_VAL     :=MW14         //RET_VAL steht im MW12
                  BUSY        :=M10.7        //BUSY-Flag ist M10.7

      U           M           10.7           //SFC11 fertig ??? Wenn nein, dann
      SPB         G02                        //Sprung zur Marke G02
```

Bild 6.27 Listing des OB1 mit SFC11 *DPSYC_FR*

6 Anwendungsbeispiele zum Datenaustausch mit PROFIBUS-DP

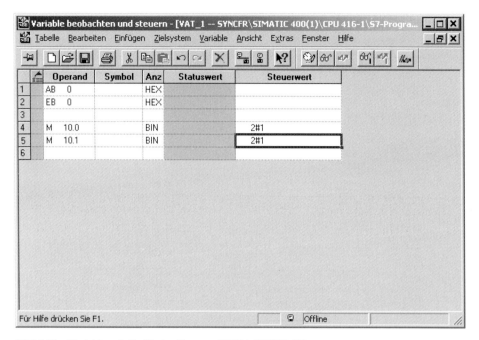

Bild 6.28 Variablentabelle für den Test von SFC11 *DPSYC_FR*

obachten und steuern. Geben Sie anschließend die im Bild 6.28 dargestellten Zeilen ein, wobei „AB0" dem ersten Ausgangsbyte der ET200B/16DO und „EB0" dem ersten Eingangsbyte der ET200B/16DI entspricht. Merker 10.0 ist der Auftrags-Anstoßmerker für die FREEZE-Gruppe und Merker 10.4 für die SYNC-Gruppe,

Nach dem Hochlauf des DP-Bussystems befinden sich alle DP-Slaves im zyklischen Datentransfer. Mit dem Setzen der Merker 10.1 und 10.4 auf Signalzustand „1" wird das Steuerkommando SYNC und FREEZE abgesetzt.

Die ET 200B/16DI befindet sich jetzt im FREEZE-Mode und die ET 200B/16DO befindet sich im SYNC-Mode. Veränderungen der Eingangssignale an der ET 200B/16DI-Station werden nun nicht mehr an die CPU weitergegeben. Im Fenster für *Variable beobachten und steuern* werden die Änderungen der Eingangssignale entsprechend auch nicht mehr angezeigt.

Ebenso werden die Werte, die für das „AB0" eingetragen und mit STEUERWERTE AKTIVIEREN aktiviert werden, nicht an den Ausgängen der ET200B/16DO ausgegeben. Erst wenn die Auftrags-Anstoßmerker 10.0 und 10.4 innerhalb des SFC11-Aufrufes einmal mit Signalzustand „0" und dann wieder mit „1" (Signalzustandswechsel) durchlaufen wurden, werden die Steuerkommandos SYNC und FREEZE erneut ausgelöst. Damit werden die eingestellten und zur ET200B/16DO-Station übertragenen Ausgangsdaten ausgegeben und die aktuellen Eingangsdaten der ET 200B/16DI eingelesen.

Beachten Sie jedoch, dass während einer laufenden SFC11 (BUSY=„1") die Ausgänge der DP-Slaves, die mit SFC11 angesprochen werden, nicht mit dem Anwenderprogramm verändert werden dürfen. Es wird deshalb empfohlen, SFC11 entweder in einer Schleife zu programmieren (Abfrage von BUSY) oder die Funktion „Teilprozessabbild" zu nutzen.

6.6 Datenaustausch über Querverkehr

Die Funktion Querverkehr ermöglicht das direkte Weiterleiten von Eingangsdaten eines DP-Slaves an weitere DP-Slaves und DP-Master (Klasse 2). Dies wird ermöglicht, indem der DP-Slave sein Response-Telegramm nicht über eine *one-to-one*, sondern über eine *one-to-many*-Verbindung an den DP-Master sendet (Bild 6.29). Das Projektieren der Querverkehrverbindungen erfolgt in *HW Konfig* und ist nur für die DP-Busteilnehmer (Master/Slave) möglich, die diese Funktion unterstützen.

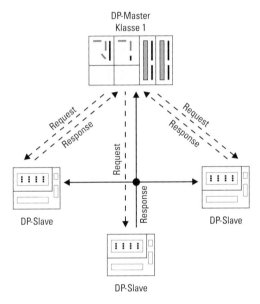

Bild 6.29 Response-Telegramm des DP-Slave bei Querverkehrverbindung

6.6.1 Anwendungsbeispiel für Querverkehr mit I-Slaves (CPU 315-2DP)

Das nachfolgend beschriebene praktische Anwendungsbeispiel zum Einsatz von Querverkehrverbindungen, zeigt anhand des Einsatzes von S7-300-CPU315-2DP als DP-Master und I-Slaves die Möglichkeiten des Datenaustausches Slave zu Slave und Slave zu DP-Master.

Um die benötigte Anlagenkonfiguration zu erstellen, öffnen Sie zuerst den *SIMATIC Manager* und wählen Sie DATEI → Neu. Geben Sie für das neue Projekt den Namen „Querverkehr" ein und verlassen Sie das Fenster mit OK. Fügen Sie anschließend mit EINFÜGEN → Station → SIMATIC 300-Station eine neue S7-300-Station ein, der Sie den Namen „DP-Master" geben. Fügen Sie dann nach der selben Vorgehensweise noch drei weitere S7-300-Stationen mit den Namen „I-Slave 5", „I-Slave 6" und „DP-Master/Inputs" ein (Bild 6.30).

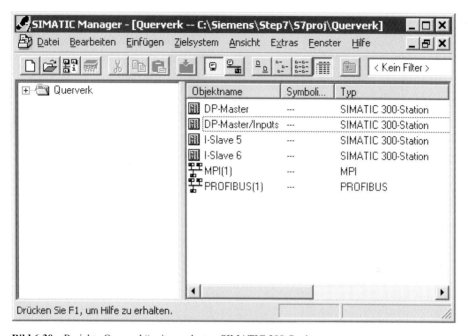

Bild 6.30 Projekt „Querverk" mit angelegten SIMATIC 300-Stationen

Öffnen Sie nun mit Doppelklick auf den Objektbehälter *I-Slave 5* die erste S7-300-DP-Slave-Station. Im rechten Fenster des *SIMATIC Managers* erscheint das Objekt Hardware. Mit Doppelklick auf dieses Objekt wird die Hardwarekonfiguration der entsprechenden SIMATIC 300-Station geöffnet.

Fügen Sie nun aus dem Hardwarekatalog der SIMATIC 300, RACK-300 die „Profilschiene" ein. Plazieren Sie auf Steckplatz 1 die Laststromversorgung „PS 307 2A". Beim Auswählen der CPU muss darauf geachtet werden, dass diese die Querverkehrfunktionen unterstützt. Wählen Sie deshalb die CPU 315-2DP mit der Bestellnummer 6ES7 315-2AF03-0AB0 und plazieren Sie diese auf Steckplatz „2".

Beim Plazieren der Baugruppe im Baugruppenträger erscheint automatisch das Fenster „Eigenschaften-PROFIBUS Schnittstelle DP-Master", Register „Parameter". Ändern Sie die voreingestellte (PROFIBUS) Adresse auf „5" und wählen Sie unter dem Fenster Subnetz NEU. Quittieren Sie das nachfolgende Fenster „Eigenschaften – Neues Subnetz PROFIBUS", Register „Allgemein" mit OK. Bestätigen Sie das nachfolgende Register „Parameter" ebenfalls mit OK. Damit wird ein neues PROFIBUS-Subnetz mit 1,5 MBaud Übertragungsgeschwindigkeit und Busparameterprofil DP erstellt.

Durch einen Doppelklick auf die DP-Master-Schnittstelle der CPU 315-2DP gelangen Sie in das Fenster „Eigenschaft-DP-Master". Stellen Sie dort im Register „Betriebsart" die DP-Schnittstelle der CPU auf „DP-Slave" Betrieb um.

6.6 Datenaustausch über Querverkehr

Wechseln Sie nun in das Register „Konfiguration". Hier legen Sie über den entsprechenden Konfigurationsdialog alle nötigen Einstellungen zum Datenaustausch für den I-Slave fest. Im Feld „Mode" des Konfigurationsdialogs legen Sie fest, ob es sich bei dem im nachfolgenden angegebenen E-/A-Bereich um Daten handelt, die über eine Master-Slave-Kommunikationsbeziehung „MS" (*M*aster-*S*lave) oder über eine Querverkehrverbindung „DX" (*D*irect Data E*x*change) ausgetauscht werden sollen. Geben Sie die im Bild 6.31 dargestellten Parameter und Werte im Konfigurationsdialog ein und verlassen Sie die Maske mit OK. Speichern Sie die *HW-Konfig*-Parametrierung für diesen Slave mit der Funktion „Speichern und Übersetzen" ab.

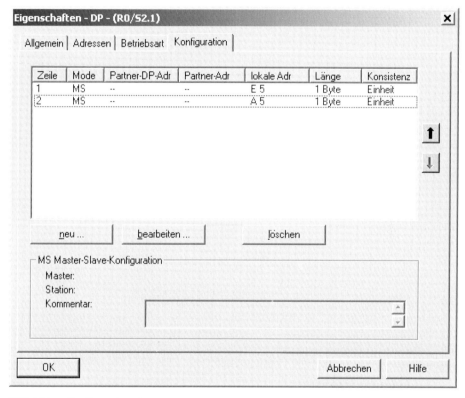

Bild 6.31 „Konfiguration" des I-Slave 5

6 Anwendungsbeispiele zum Datenaustausch mit PROFIBUS-DP

Projektieren Sie jetzt, ausgehend vom *SIMATIC Manger*, in gleicher Weise auch den I-Slave 6. Stellen Sie die PROFIBUS-Adresse 6 ein und hängen Sie den Slave auf das bereits vorhandene PROFIBUS-Subnetz „PROFIBUS(1)". Die im Register „Konfiguration" einzustellenden Werte sind im Bild 6.32 dargestellt. Speichern Sie nun auch die Projektierung für den I-Slave 6 ab.

In gleicher Weise projektieren Sie nun auch die Hardwarekonfiguration für die S7-300-Station „DP-Master". Geben Sie dieser Station die PROFIBUS-Adresse 2 und verbinden Sie den Master mit dem bereits vorhandenen PROFIBUS-Subnetz „PROFIBUS(1)". Da es sich bei dieser Station um einen DP-Master handelt, bleibt die voreingestellte Betriebsart „DP-Master" bestehen.

Im nächsten Schritt schließen Sie die beiden bereits projektierten DP-Slave-Stationen „I-Slave 5" und „I-Slave 6" an das PROFIBUS-DP-Subnetz des DP-Masters an.

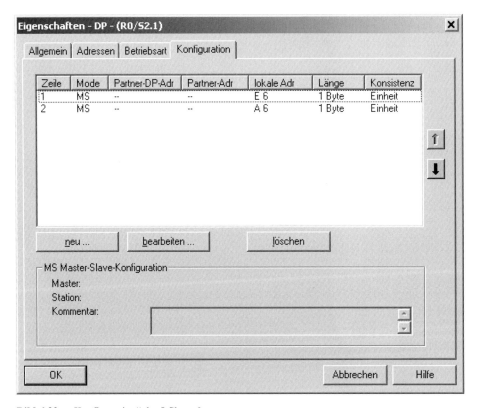

Bild 6.32 „Konfiguration" des I-Slave 6

6.6 Datenaustausch über Querverkehr

Hierzu öffnen Sie im Hardware-Katalog unter „PROFIBUS-DP" Hardware-Auswahl den Unterkatalog „bereits projektierte Stationen" und schließen die *CPU31x-2DP* durch Drag&Drop an das DP-Mastersystem an. Im anschließenden Fenster „DP Slave Eigenschaften" (Bild 6.33) wählen Sie unter dem Register „Kopplung" die Station „I-Slave 5" aus und verbinden diese mit Hilfe des Button „Koppeln" mit dem DP-Mastersystem.

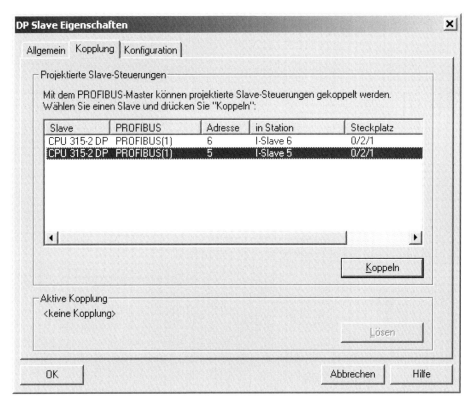

Bild 6.33 I-Slave 5 mit PROFIBUS-Subnetz verbinden

Ergänzen Sie anschließend im Register „Konfiguration" die im Bild 6.34 dargestellte E-/A-Konfiguration für den „I-Slave 5" aus DP-Mastersicht unter der Hauptspalte „PROFIBUS-DP Partner". Danach verlassen Sie das Fenster „DP Slave Eigenschaften" mit OK.

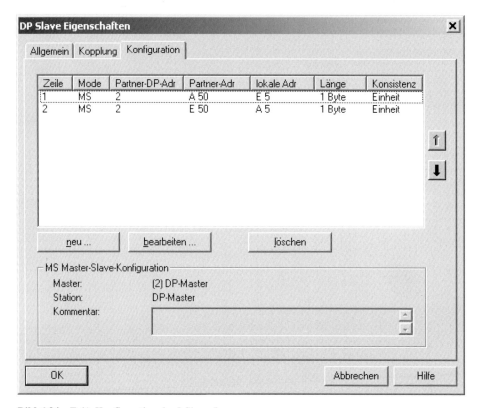

Bild 6.34 E-/A-Konfiguration des I-Slave 5

6.6 Datenaustausch über Querverkehr

Schließen Sie nun mit gleicher Vorgehensweise die Station „I-Slave 6" an das DP-Mastersystem an und ergänzen Sie die im Bild 6.35 dargestellte E-/A-Konfiguration.

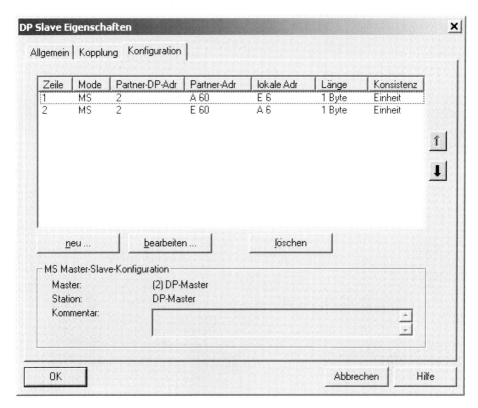

Bild 6.35 E-/A-Konfiguration des I-Slave 6

Mit den nächsten Schritten projektieren Sie je eine Querverkehrverbindung vom I-Slave 5 zum I-Slave 6 und umgekehrt. Öffnen Sie hierzu per Doppelklick aus der Hardware-Konfiguration des DP-Masters das Register „Konfiguration" des I-Slave 5. Durch Klick auf „neu..." öffnet sich der Konfigurationsdialog. Wählen Sie im Feld Mode „DX" für Querverkehr und tragen Sie die im Bild 6.36 gezeigten Parameter ein. Verlassen Sie den Dialog mit OK. Anschließend erscheint die im Bild 6.37 gezeigte Konfiguration. Verlassen Sie das Fenster mit OK.

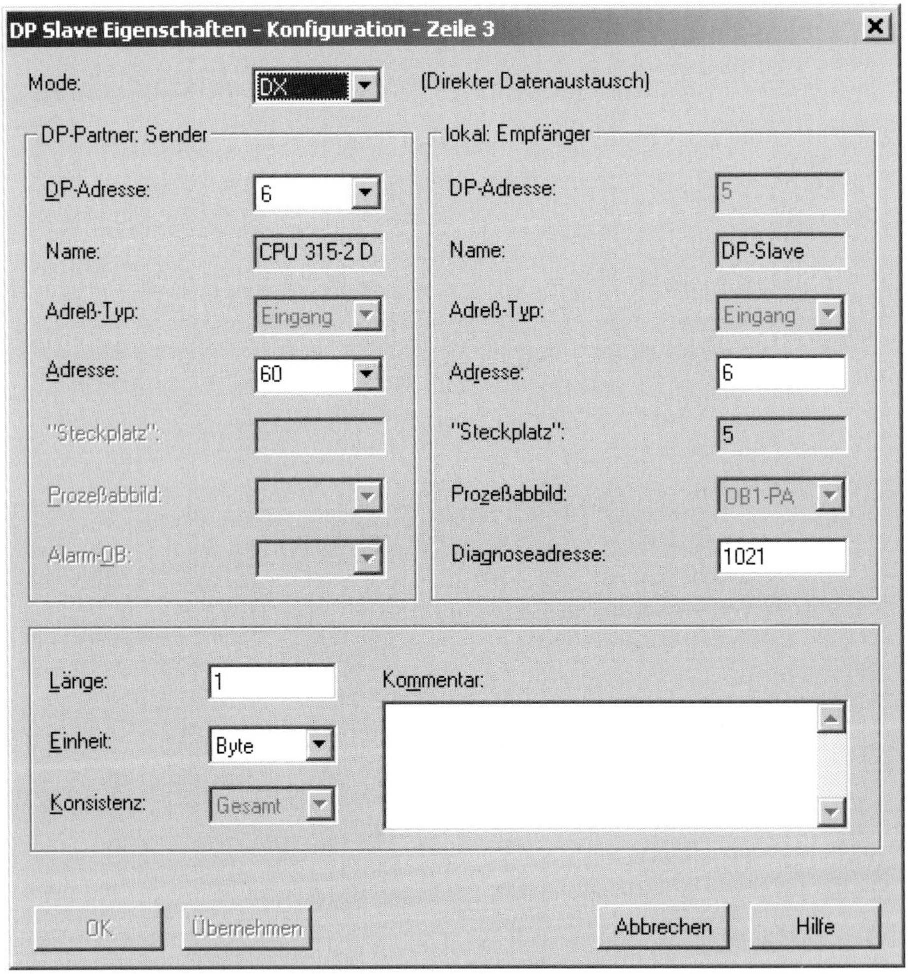

Bild 6.36 Parameter für Querverkehrverbindung des I-Slave 5 zum I-Slave 6

6.6 Datenaustausch über Querverkehr

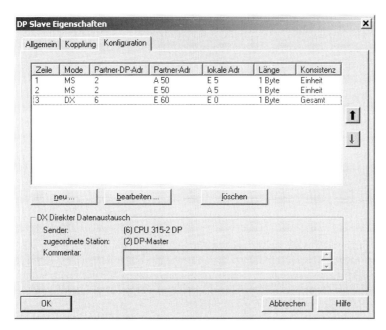

Bild 6.37 Konfiguration der Querverkehrverbindung I-Slave 5 zu I-Slave 6

Für die Querverkehrverbindung des I-Slave 6 zum I-Slave 5 gehen Sie in gleicher Weise vor. Öffnen Sie das Register „DP Slave Eigenschaften" per Doppelklick auf den I-Slave 6 und wechseln Sie in das Register „Konfiguration". Die für das Beispiel einzutragenden Parameter sind im Bild 6.38 dargestellt.

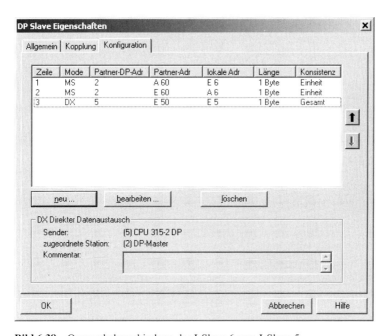

Bild 6.38 Querverkehrverbindung des I-Slave 6 zum I-Slave 5

175

6 Anwendungsbeispiele zum Datenaustausch mit PROFIBUS-DP

Bei den bisher projektierten Querverkehrverbindungen handelte es sich um Slave-zu-Slave-Verbindungen. Eine weitere Variante für den Einsatz von Querverkehrverbindungen stellt die Slave-zu-Master-Verbindung dar. Bei dem hier genannten Master handelt es sich jedoch nicht um den Parametriermaster (Klasse 1-Master) des entsprechenden DP-Slaves, sondern um einen weiteren DP-Master, der in der Lage ist, die aktuellen Eingangszustände des DP-Slaves ebenfalls zu empfangen und weiterzuverarbeiten.

Im Beispielprojekt soll dies über die S7-300-Station „DP-Master/Inputs" realisiert werden. Richten Sie dazu, ausgehend vom *SIMATIC Manager*, die DP-Master-Station über *HW Konfig* ein. Als CPU kommt ebenfalls eine S7-300-CPU315-2DP zum Einsatz. Geben Sie diesem DP-Master die Busadresse 3 und verbinden Sie ihn mit dem bereits vorhandenen PROFBUS-Subnetz. Über Doppelklick auf die DP-Masterschnittstelle dieser Station gelangen Sie über das Fenster „Eigenschaften-DP-Master" in das Register „Konfiguration". Tragen Sie dort die im Bild 6.39 dargestellten beiden passiven (Mode „DX" ist gegraut dargestellt) Querverkehrverbindungen für den I-Slave 5 und I-Slave 6 ein und verlassen Sie das Fenster mit OK. Damit stehen diesem DP-Master ebenfalls die Eingangszustände der entsprechenden DP-Slaves zur Verfügung. Nach dem Speichern und Übersetzen der Projektierung auch für diese Station können Sie die entsprechenden Projekte auf die einzelnen S7-300-Stationen laden. Anschließend können Sie den Datenaustausch über die projektierten E-/A-Adressen den Datenaustausch mit der STEP 7-Funktion *Variable beobachten und steuern* (siehe Abschnitt 6.2.3) testen.

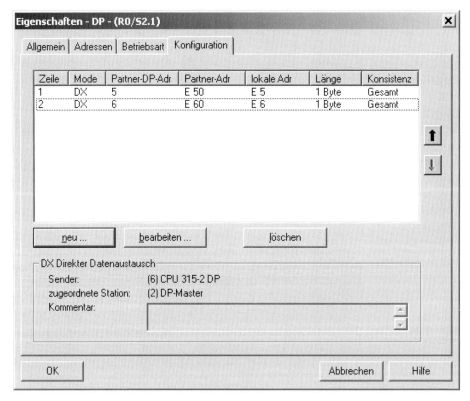

Bild 6.39 Querverkehrverbindung des DP-Master/Inputs

7 Diagnosefunktionen für PROFIBUS-DP

Einführung

Die in der SIMATIC S7 für PROFIBUS-DP zur Verfügung stehenden Diagnosemittel und Diagnosefunktionen dienen dazu, einen Fehler in einer Automatisierungsanlage zu erkennen und zu lokalisieren. Diagnosefunktionen können außerdem als Überwachungsfunktionen eingesetzt werden, die im Anwenderprogramm automatisch ablaufen können. Der gezielte Einsatz der vorhanden Diagnosemittel und Diagnosefunktionen ermöglicht das schnelle Auffinden und Beheben von Fehlern.

Die Diagnosemöglichkeiten, die bei einer mit SIMATIC S7 realisierten DP-Anlage zur Verfügung stehen, lassen sich wie folgt einteilen:

▷ Diagnose über lokale Anzeigenelemente

Hierfür dienen Anzeigenelemente an der CPU, dem DP-Master und den einzelnen DP-Slaves.

▷ Diagnose mit Online-Funktionen von STEP 7

STEP 7 stellt eine Reihe von Online-Diagnosefunktionen, wie z.B. *Erreichbare Teilnehmer*, *Hardware diagnostizieren* und *Baugruppenzustand*, zur Verfügung.

▷ Diagnose über das Anwenderprogramm

Die DPS7-Slaves sind voll in das SIMATIC S7-Diagnosekonzept eingebunden, das dem Anwenderprogramm entsprechende Schnittstellen für Stör- und Ausfallmeldungen zur Verfügung stellt. Weiterhin können mit Hilfe von SFCs detaillierte Informationen zu Störursachen und Systemzuständen abgefragt werden.

▷ Diagnose mit einem PROFIBUS-Monitor

Für die Untersuchung von komplexen Störungen oder Problemen bei der Datenübertragung steht der PROFIBUS-Monitor zur Verfügung. Dieses Werkzeug ermöglicht eine Aufzeichnung und Auswertung des Telegrammverkehrs am PROFIBUS.

Das folgende Kapitel beschreibt die bei SIMATIC S7 vorhandenen wichtigsten Diagnosemittel und Diagnosefunktionen. Weiterhin wird anhand einer Reihe von praktischen Anwendungsbeispielen das Benutzen der Diagnoseschnittstellen und der Einsatz von SFCs zur Diagnoseauswertung behandelt.

7 Diagnosefunktionen für PROFIBUS-DP

7.1 Diagnose über Anzeigenelemente der SIMATIC S7-CPUs, der DP-Master-Schnittstellen und der DP-Slaves

Über die Anzeigenelemente der S7-300- und 400-CPUs, die sich als LEDs auf der Frontplatte der CPU befinden, ist es möglich, den aktuellen Zustand der CPU bzw. der PROFIBUS-DP-Schnittstelle festzustellen. Anhand dieser LED-Anzeigen kann im Störungsfall eine erste Diagnose durchgeführt werden.

Die LED-Anzeigen teilen sich auf in
▷ allgemeine Status- und Fehleranzeigen für die CPU und
▷ Fehleranzeigen, die für die DP-Schnittstelle relevant sind.

7.1.1 Anzeigenelemente der S7-300

Allgemeine Anzeigenelemente der CPU315-2-DP

Die allgemeinen Status- und Fehleranzeigen für die S7-300-CPU315-2DP sind in der Tabelle 7.1 erläutert. Die Reihenfolge der LEDs in Tabelle 7.1 entspricht der Anordnung der Anzeigenelemente auf der CPU.

Tabelle 7.1 Allgemeine Anzeigenelemente der CPU315-2DP

Anzeige	Bedeutung	Erläuterungen
SF (rot)	Sammelfehler	LED leuchtet bei • Hardwarefehlern • Firmwarefehlern • Programmierfehlern • Parametrierfehlern • Rechenfehlern • Zeitfehlern • fehlerhafter Memory Card • Batterieausfall, bzw. bei NETZ-EIN fehlt Pufferung • Peripheriefehler (nur für externe Peripherie)
		Anmerkung: Zur weiteren Fehlerermittlung müssen Sie ein PG einsetzen und den Diagnosepuffer der CPU auslesen.
BATF (rot)	Batteriefehler	LED leuchtet, wenn Batterie defekt, fehlt oder entladen ist.
DC5V (grün)	DC 5V-Versorgung	LED leuchtet, wenn interne DC 5V-Versorgung für CPU und S7-300-Bus in Ordnung ist.
FRCE (gelb)	reserviert	Funktion „Forcen" ist bei dieser CPU nicht realisiert.
RUN (grün)	Betriebszustand RUN	• LED blinkt mit 2 Hz während des CPU-Anlaufs für mindestens 3 s (der CPU-Anlauf kann kürzer sein). Während des CPU-Anlaufs leuchtet zusätzlich die STOP-Anzeige; nach dem Erlöschen der STOP-Anzeige sind die Ausgänge freigegeben. • LED leuchtet, wenn CPU im Betriebszustand RUN ist.

Fortsetzung Seite 179

Tabelle 7.1 Fortsetzung

Anzeige	Bedeutung	Erläuterungen
STOP (gelb)	Betriebszustand STOP	• LED leuchtet, wenn CPU kein Anwenderprogramm bearbeitet. • LED blinkt im 1-Sekunden-Abstand, wenn CPU Urlöschen anfordert.

Anzeigenelemente der DP-Schnittstelle der CPU315-2DP

Die Bedeutung der Anzeigenelemente für die PROFIBUS-DP-Schnittstelle ist abhängig von der Betriebsart der DP-Schnittstelle. Es wird zwischen den beiden Betriebsarten der PROFIBUS-DP-Schnittstelle

▷ „DP-Master" und

▷ „DP-Slave"

unterschieden.

LED-Anzeigen der CPU315-2DP in der Betriebsart „DP-Master"

Ist die CPU315-2DP als DP-Master eingesetzt, so haben die LED-Anzeigen der PROFIBUS-DP-Schnittstelle die in der Tabelle 7.2 dargestellte Bedeutung.

Tabelle 7.2 LED-Anzeigen der CPU315-2DP in der Betriebsart „DP-Master"

SF DP	BUSF	Bedeutung	Maßnahme
aus	aus	• Projektierung in Ordnung • alle projektierten Slaves sind ansprechbar	
leuchtet	leuchtet	• Busfehler (physikalischer Fehler) • DP-Schnittstellenfehler • verschiedene Baudraten im Multi-Master-Betrieb	• Überprüfen Sie das Buskabel auf Kurzschluss oder Unterbrechung. • Werten Sie die Diagnose aus. Projektieren Sie neu oder korrigieren Sie die Projektierung.
leuchtet	blinkt	• Stationsausfall • mindestens einer der zugeordneten Slaves ist nicht ansprechbar	Überprüfen Sie, ob das Buskabel an der CPU315-2 DP angeschlossen ist bzw. der Bus unterbrochen ist. Warten Sie, bis die CPU315-2 DP hochgelaufen ist. Wenn die LED nicht aufhört zu blinken, überprüfen Sie die DP-Slaves oder werten Sie die Diagnose der DP-Slaves aus.
leuchtet	aus	fehlende oder fehlerhafte Projektierung (auch wenn die CPU nicht als DP-Master parametriert wurde)	Werten Sie die Diagnose aus. Projektieren Sie neu oder korrigieren Sie die Projektierung.

LED-Anzeigen der CPU315-2DP in der Betriebsart „DP-Slave"

Ist die CPU315-2DP als DP-Slave eingesetzt, so haben die LED-Anzeigen der PROFIBUS-DP-Schnittstelle die in der Tabelle 7.3 dargestellte Bedeutung.

Tabelle 7.3 LED-Anzeigen der CPU315-2DP in der Betriebsart „DP-Slave"

SF	DP BUSF	Bedeutung	Abhilfe
aus	aus	Projektierung in Ordnung	–
nicht relevant	blinkt	Die CPU315–2 DP ist falsch parametriert. Es findet kein Datenaustausch zwischen DP–Master und der CPU315–2 DP statt. Ursachen hierfür: • Die Ansprechüberwachung ist abgelaufen. • Die Buskommunikation über PROFIBUS-DP ist unterbrochen. • PROFIBUS-Adresse ist falsch parametriert.	• Überprüfen Sie die CPU315–2 DP. • Überprüfen Sie, ob der Busanschlussstecker richtig steckt. • Überprüfen Sie, ob das Buskabel zum DP–Master unterbrochen ist. • Überprüfen Sie die Konfigurierung und Parametrierung.
nicht relevant	leuchtet	Buskurzschluss	Überprüfen Sie den Busaufbau.
leuchtet	nicht relevant	• fehlende oder fehlerhafte Projektierung • kein Datenaustausch mit dem DP-Master	• Überprüfen Sie die Projektierung. • Werten Sie den Diagnosealarm bzw. den Diagnosepuffereintrag aus.

7.1.2 Anzeigeelemente der S7-400-CPUs mit DP-Schnittstelle

In Tabelle 7.4 sind die Anzeigenelemente der S7-400-CPUs mit PROFIBUS-DP-Schnittstelle und deren Bedeutung angegeben. Die Anzeigenelemente sind in derselben Reihenfolge aufgelistet, wie sie auf der CPU angeordnet sind.

Tabelle 7.4 Anzeigenelemente der S7-400-CPUs mit DP-Schnittstelle

CPU		DP-Schnittstelle	
Anzeige	Bedeutung	Anzeige	Bedeutung
INTF (rot)	Interner Fehler	DP INTF (rot)	Interner Fehler an der DP-Schnittstelle
EXTF (rot)	Externer Fehler	DP EXTF (rot)	Externer Fehler an der DP-Schnittstelle
FRCE (gelb)	Forcen	BUSF	Busfehler an der DP-Schnittstelle
CRST (gelb)	Neustart		
RUN (grün)	Betriebszustand RUN		
STOP (gelb)	Betriebszustand STOP		

Allgemeine LED-Anzeigen der S7-400-CPUs mit DP-Master-Schnittstelle

Die LED-Anzeigen für die Statusmeldungen der S7-400-CPUs mit DP-Masterschnittstelle sind in der Tabelle 7.5 erläutert.

Tabelle 7.5 LED-Anzeigen für Statusmeldungen der S7-400-CPUs mit DP-Schnittstelle

LED			Bedeutung
RUN	STOP	CRST	
leuchtet	aus	aus	CPU ist im Betriebszustand RUN.
aus	leuchtet	aus	CPU ist im STOP-Zustand. Das Anwenderprogramm wird nicht bearbeitet. Wiederanlauf oder Neustart ist möglich. Wurde der STOP-Zustand durch Fehler ausgelöst, ist zusätzlich die Störanzeige (INTF oder EXTF) gesetzt.
aus	leuchtet	leuchtet	CPU ist im STOP-Zustand. Als nächste Anlaufart ist nur Neustart möglich.
blinkt (0,5 Hz)	leuchtet	aus	HALT-Zustand wurde durch Testfunktion des PG ausgelöst.
blinkt (2 Hz)	leuchtet	leuchtet	Es wird ein Neustart durchgeführt.
blinkt (2 Hz)	leuchtet	aus	Es wird ein Wiederanlauf durchgeführt.
nicht relevant	blinkt (0,5 Hz)	nicht relevant	CPU fordert Urlöschen an.
nicht relevant	blinkt (2 Hz)	nicht relevant	Urlöschen läuft.

Anstehende Fehler oder laufende Sonderfunktionen werden über die in der Tabelle 7.6 erläuterten LED-Anzeigen angezeigt.

Tabelle 7.6 LED-Anzeigen für Fehler und Sonderfunktionen der S7-400-CPUs mit DP-Schnittstelle

LED			Bedeutung
INTF	EXTF	FRCE	
leuchtet	nicht relevant	nicht relevant	Es wurde ein interner Fehler (Programmier- oder Parametrierfehler) erkannt.
aus	leuchtet	nicht relevant	Es wurde ein externer Fehler (Fehler, dessen Ursache nicht auf der CPU-Baugruppe liegt) erkannt.
nicht relevant	nicht relevant	leuchtet	Von einem PG wird die Funktion „Forcen" an dieser CPU ausgeführt. Variablen des Anwenderprogramms werden dabei mit einem festen Wert belegt und können durch das Anwenderprogramm nicht mehr verändert werden.

Tabelle 7.7 LED-Anzeigen der S7-400-DP-Schnittstelle

LED			Bedeutung
DP INTF	DP EXTF	BUSF	
leuchtet	nicht relevant	nicht relevant	Es wurde ein interner Fehler (Programmier- oder Parametrierfehler) auf der DP-Schnittstelle erkannt.
nicht relevant	leuchtet	nicht relevant	Es wurde ein externer Fehler (Fehler, dessen Ursache nicht auf der CPU-Baugruppe liegt, sondern von einem DP-Slave verursacht wird) erkannt.
Nicht relevant	nicht relevant	blinkt	Ein oder mehrere DP-Slaves am PROFIBUS antworten nicht.
Nicht relevant	nicht relevant	leuchtet	Es wurde ein Busfehler (z. B. bei Leitungsbruch oder bei unterschiedlichen Busparametern) an der DP-Schnittstelle erkannt.

LED-Anzeigen der DP-Schnittstelle der S7-400 CPUs

Die Bedeutung der LED-Anzeigen der PROFIBUS-DP-Schnittstelle der S7-400 CPUs sind in der Tabelle 7.7 dargestellt.

7.1.3 Anzeigenelemente der DP-Slaves

Auch DP-Slaves besitzen Anzeigenelemente, mit denen der Betriebszustand und ggf. die Störungen am DP-Slave angezeigt werden. Die Anzahl und die Bedeutung der Anzeigenelemente ist jedoch vom eingesetzten Slave-Typ abhängig und muss deshalb der technischen Dokumentation des jeweiligen DP-Slaves entnommen werden.

Die Anzeigen der DP-Slaves, die im Projektierungsbeispiel (Abschnitt 4.2.5) eingesetzt wurden, werden nachfolgend beschrieben.

LED-Anzeigen der ET200B 16DI/16DO

In der Tabelle 7.8 ist die Bedeutung der LED-Anzeigen der ET200B 16DI/16DO erläutert.

Tabelle 7.8 Status- und Fehler-Anzeigen der ET200B 16DI/16DO

LED	optisches Signal	Bedeutung
RUN	leuchtet (grün)	ET200B befindet sich in Betrieb (Stromversorgung eingeschaltet; STOP/RUN-Schalter in der Stellung RUN.
BF	leuchtet (rot)	• Ansprechüberwachungszeit ist abgelaufen, ohne dass die Station angesprochen wurde (z. B. Verbindung zum S7-DP-Master ausgefallen). • Bei Inbetriebnahme/Hochlauf wurde die Station noch nicht parametriert.
DIA	leuchtet (rot)	Bei digitalen DC-24V-Ausgabebaugruppen; bei mindestens einem Ausgang: Kurzschluss oder fehlende Lastspannung.
L1+	leuchtet (grün)	Spannung für Kanalgruppe „0" liegt an (bei Sicherungsfall bzw. bei Unterspannung, typisch: +15,5 V, erlischt die Meldediode).
L2+	leuchtet (grün)	Spannung für Kanalgruppe „1" liegt an (bei Sicherungsfall bzw. bei Unterspannung, typisch: +15,5 V, erlischt die Meldediode).

LED-Anzeigen der ET200M/IM153-2

In der Tabelle 7.9 ist die Bedeutung der LED-Anzeigen der ET200M/IM153-2 erläutert.

Tabelle 7.9 Status- und Fehler-Anzeigen der ET200M/153-2

LED			Bedeutung	Abhilfe
ON (grün)	SF (rot)	BF (rot)		
aus	aus	aus	Es liegt keine Spannung an oder Hardwaredefekt der IM153-2.	Überprüfen Sie die DC 24V der Stromversorgungsbaugruppe.
leuchtet	nicht relevant	blinkt	IM153-2 ist falsch parametriert und es findet kein Datenaustausch zwischen DP-Master und IM153-2 statt. Mögliche Ursachen: ▷ Ansprechüberwachungszeit ist abgelaufen. ▷ Die Buskommunikation über PROFIBUS-DP zur IM153-2 ist unterbrochen.	Überprüfen Sie die DP-Adresse. Überprüfen Sie die IM153-2. Überprüfen Sie, ob der Busanschlussstecker richtig gesteckt ist. Überprüfen Sie, ob das Buskabel zum DP-Master unterbrochen ist. Schalten Sie den Ein-/Ausschalter für DC 24V an der Stromversorgungsbaugruppe aus und wieder ein. Überprüfen Sie die Konfigurierung und Parametrierung.
leuchtet	nicht relevant	leuchtet	Baudratensuche oder unzulässige DP-Adresse.	Stellen Sie an der IM153-2 eine gültige DP-Adresse („1" bis „125") ein, oder überprüfen Sie den Busaufbau.
leuchtet	leuchtet	nicht relevant	Projektierter Aufbau der ET200M stimmt nicht mit dem tatsächlichen Aufbau der ET200M überein. Fehler in einer gesteckten S7-300-Baugruppe oder IM153-2 ist defekt.	Prüfen Sie den Aufbau der ET200M: Ob eine Baugruppe fehlt, defekt ist oder ob eine nicht-projektierte Baugruppe steckt. Überprüfen Sie die Projektierung. Tauschen Sie die S7-300-Baugruppe oder die IM153-2 aus.
leuchtet	aus	aus	Der Datenaustausch zwischen DP-Master und ET200M findet statt. Soll- und Ist-Konfiguration der ET200M stimmen überein.	

7.2 Diagnose mit Online-Funktionen von STEP 7

Das STEP 7-Basispaket stellt dem Anwender verschiedene Online-Funktionen für die Diagnose zur Verfügung. Dieses Kapitel beschreibt die Funktionen und deren Einsatz am Beispiel einer PROFIBUS-DP-Anlage.

7.2.1 Funktion *Erreichbare Teilnehmer* im SIMATIC Manager

Mit der Funktion *Erreichbare Teilnehmer* im SIMATIC Manager kann geprüft werden, welche aktiven und passiven Busteilnehmer sich an einem MPI- oder PROFIBUS-Netz befinden. Ebenso ist es möglich, über diese Funktion für die am Netz angeschlossenen MPI- und PROFIBUS-Teilnehmer auch ohne vorhandene STEP 7-Datenbasis Diagnosen durchzuführen.

Um diese Online-Diagnose-Funktion zu nutzen, muss die PG/PC-Schnittstelle auf die am PROFIBUS-Netz eingestellte Baudrate (bei MPI defaultmäßig 187,5 kBaud) und dem gewählten Busprofil angepaßt werden. Die Online-Schnittstelle des PG/PC verhält sich beim Starten der Funktion am Bus passiv und prüft, ob die auf der Schnittstelle eingestellte Baudrate mit der am PROFIBUS-Netz eingestellten übereinstimmt. Ist dies nicht der Fall, wird eine entsprechende Fehlermeldung aufgeblendet. Das gleiche gilt für eine mögliche Doppelbelegung einer Busteilnehmeradresse durch das angeschlossene PG/PC. Erst wenn festgestellt wurde, dass sowohl die eingestellten Baudraten übereinstimmen als auch keine Doppelbelegung einer Busteilnehmeradresse besteht, meldet sich das PG/PC als aktiver Busteilnehmer am Bus an und wird in den Tokenring aufgenommen.

Mit einer MPI/ISA-Card kann hierbei nur eine Übertragungsgeschwindigkeit bis 1,5 MBaud eingestellt werden. Um die Funktion bei höheren Baudraten durchführen zu können, ist eine weitere Anschaltungskarte nötig, beispielsweise ein CP 5411 (ISA-Karte), CP 5511 (PCMCIA-Karte) oder ein CP 5611 (PCI-Karte). Alle genannten Anschaltungen werden vom STEP 7-Basispaket voll unterstützt, d.h. es sind keine zusätzlichen Treiber notwendig.

Beim Aktivieren der Funktion *Erreichbare Teilnehmer* über den Menübefehl im SIMATIC-Manager wird ein Fenster aufgeblendet, in dem alle im Netz erreichbaren programmierbaren Baugruppen (CPUs, FMs, CPs) mit ihren MPI- oder Busadressen angezeigt werden. Es werden auch MPI- und Busteilnehmer angezeigt, die nicht mit STEP 7 projektiert worden sind (z.B. Operator-Panels). Der Busteilnehmer, mit dem das PG oder der PC direkt über die MPI oder das aktive Buskabel verbunden ist, wird durch die Angabe „direkt" hinter der angegebenen Busadresse speziell gekennzeichnet (Bild 7.1).

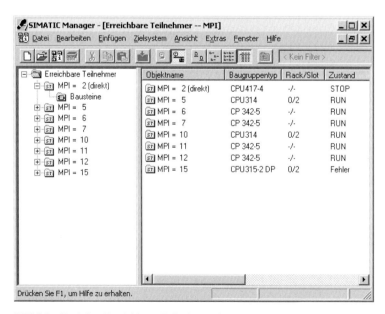

Bild 7.1   Funktion *Erreichbare Teilnehmer* über MPI

Diese Diagnosemöglichkeit bietet vor allem für Service-Zwecke einen schnellen Zugriff auf programmierbare Baugruppen.

Beachten Sie jedoch, dass Änderungen in der Online-Ansicht (z. B. Teilnehmerausfall) nicht automatisch in einem geöffneten Fenster *Erreichbare Teilnehmer* aktualisiert werden. Eine Aktualisierung kann entweder über die Funktionstaste „F5" oder über ANSICHT → AKTUALISIEREN erreicht werden.

Wird ein MPI-Teilnehmer mit der rechten Maustaste angewählt, so öffnet sich das Kontextmenü. Wird ZIELSYSTEM gewählt, so öffnet sich ein weiteres Untermenü. Für die Diagnose sind die folgenden Kontextmenüpunkte von Bedeutung:

▷ VARIABLE BEOBACHTEN/STEUERN; Ein Anwählen dieser Funktion startet das STEP 7-Tool *Variable beobachten und steuern*. Sie können anschließend ohne zugehöriges Projekt Variablen des Zielsystems beobachten bzw. steuern.

▷ BETRIEBSZUSTAND; Mit dieser Funktion können Sie den aktuellen Zustand des Teilnehmers abfragen und, wenn möglich, ändern.

▷ BAUGRUPPENZUSTAND (siehe Kapitel 7.2.3).

▷ HARDWARE DIAGNOSTIZIEREN (siehe Kapitel 7.2.4).

PG/PC-Online-Schnittstelle einstellen

Wählen Sie hierzu im SIMATIC Manager EXTRAS → PG/PC-SCHNITTSTELLE EINSTELLEN (Bild 7.2). Benutzen Sie ein PG740 mit integrierter MPI-Karte, dann wählen Sie als Baugruppenparametrierung „MPI/ISA on Board (PROFIBUS)". Wechseln Sie über EIGENSCHAFTEN in die Details dieser Baugruppenparametrierung und wählen anschließend eine am PROFIBUS nicht belegte Adresse, mit der das PG betrieben werden soll. Stellen

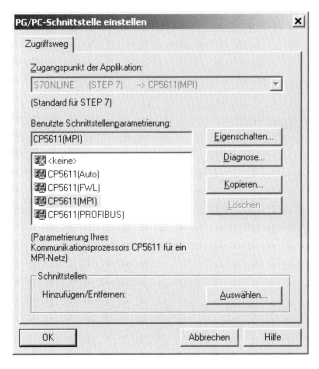

Bild 7.2
PG/PC-Schnittstelle einstellen

7 Diagnosefunktionen für PROFIBUS-DP

Sie die Baudrate auf den an Ihrer Anlage vorhanden Wert ein und vergleichen Sie die „Höchste Teilnehmeradresse" und das „Profil" für die zu benutzenden Busparameter mit den an der Anlage eingestellten Werten. Quittieren Sie Ihre Einstellungen mit OK.

Verbinden Sie die MPI/DP-Schnittstelle Ihres PG's mit dem PROFIBUS. Beachten Sie jedoch, dass beim Anschließen eines PG's an den PROFIBUS ein Aktivkabel (PROFIBUS-Leitung mit integriertem Repeater) eingesetzt wird. Ansonsten könnten Sie mit dem Aufstecken Ihrer Leitung eine Busstörung verursachen.

Ist das PG/PC physikalisch mit dem PROFIBUS verbunden, klicken Sie anschließend auf den Button ERREICHBARE TEILNEHMER. Jetzt „hört" das PG den Bus ab und bildet eine Lifelist aller am Bus angeschlossenen PROFIBUS-Geräte. Die Teilnehmer werden nach dem Erstellen der Lifelist im SIMATIC Manager angezeigt. Ebenso wird der Typ der Station angezeigt, also ob er aktiver Teilnehmer (DP-Master) oder passiver Teilnehmer (DP-Slave) ist. Falls das Programmiergerät an der PG-Buchse des PROFIBUS-Steckers eines Teilnehmers angeschlossen ist, wird auch hier wieder die Angabe „direkt" hinter der PROFIBUS-Adresse des Teilnehmers angegeben (Bild 7.3).

Die Funktion *Erreichbare Teilnehmer* kann beispielsweise eingesetzt werden, um die an den DP-Slaves eingestellten PROFIBUS-Adressen zu kontrollieren, oder wenn ein Leitungsbruch der PROFIBUS-Leitung vermutet wird. Dann kann festgestellt werden, ob und welche Baugruppen noch erreicht werden können.

Eine weitere Diagnose der angeschlossenen PROFIBUS-Teilnehmer ist nur dann möglich, wenn der angewählte Teilnehmer Diagnosefunktionen durch STEP 7 unterstützt. S7-CPUs mit PROFIBUS-DP-Schnittstelle unterstützen beispielsweise diese Diagnosefunktionen.

Ein Anklicken der PROFIBUS-Adresse einer CPU öffnet wie gewohnt das Kontextmenü. Über ZIELSYSTEM können auch hier die Diagnosefunktionen wie *Variable beobachten/ steuern*, *Baugruppenzustand*, *Betriebszustand* usw. geöffnet werden.

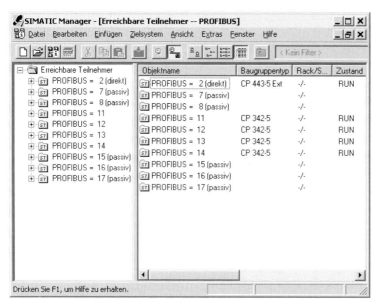

Bild 7.3 Funktion *Erreichbare Teilnehmer* über PROFIBUS

Mit Doppelklick auf die PROFIBUS-Adresse einer erreichbaren CPU öffnet sich das Objekt und es erscheint der Bausteinbehälter der CPU. Wiederum durch Doppelklick auf den Bausteinbehälter werden in der rechten Fensterhälfte des SIMATIC Managers die Anwenderbausteine sichtbar. Diese können dann geöffnet, geändert und wieder in die CPU zurückgespielt werden. Allerdings ist in diesem Fall keine symbolische Programmierung möglich, da hierzu das STEP 7-Offline-Projekt nötig ist.

7.2.2 Funktion *ONLINE* im SIMATIC Manager

Sind Sie im Besitz des STEP 7-Projektes einer zugehörigen Anlagenkonfiguration, so können Sie im SIMATIC Manager bei einer MPI-Vernetzung über den Symbolmenübefehl „ONLINE" aus der Offline-Ansicht in die Online-Ansicht des Projektes wechseln, um beispielsweise STEP 7-Bausteine mit symbolischem Namen online zu öffnen. Diese Funktion ist auch bei einem Anschluss Ihres PG/PC über PROFIBUS möglich. Öffnen Sie hierzu das Projekt und stellen Sie Ihre PG/PC-Schnittstelle, wie im Kapitel 7.2.1 beschrieben, auf die an Ihrer Anlage gültigen Werte um. Der Zugriff auf das Zielsystem mit Projektverwaltung kann dann mit Berücksichtigung der im Projekt konfigurierten Hardware oder ohne diese erfolgen.

Um den Zugriff mit konfigurierter Hardware durchzuführen, öffnen Sie das entsprechende Projekt und wählen Sie zur Online-Ansicht der Station den Menübefehl ANSICHT → ONLINE aus. Führen Sie anschließend einen Doppelklick auf die Station aus, die Sie online öffnen möchten, um die enthaltenen programmierbaren Baugruppen zu sehen. Automatisch wird ein Fenster aufgeblendet, in dem anhand der Registerkarten die Verbindungseigenschaften, wie z. B. die PROFIBUS-Adresse des angewählten Teilnehmers sowie dessen Steckplatz, festgelegt werden (Bild 7.4). Geben Sie die entsprechenden Daten Ihres

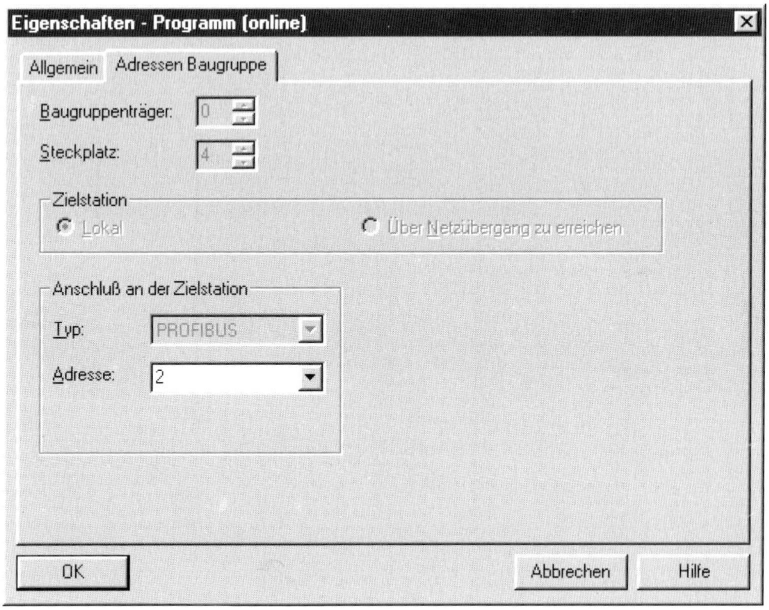

Bild 7.4 Eigenschaften der Verbindung

Verbindungspartners bzw. Ihrer CPU ein und verlassen Sie die Dialogbox mit OK. Die Abfrage erscheint nur beim ersten Online-Zugriff mit Projektverwaltung. Die eingegebenen Daten werden im STEP 7-Projekt gespeichert und müssen somit nicht bei jedem Online-Zugriff neu eingegeben werden. Mit Doppelklick auf die Baugruppe in der Station, zu der Sie eine Verbindung herstellen wollen, wird die Verbindung unter Berücksichtigung der eingegeben Einstellungen aufgebaut und es kann eine Online-Diagnose der gesamten S7-Station bzw. des STEP 7-Programms über die PROFIBUS-Verbindung stattfinden.

Für den Zugriff ohne konfigurierte Hardware, also ohne eine Konfiguration der Hardware im Offline-Projekt, öffnen Sie das entsprechende Projektfenster. Wählen Sie für die Online-Ansicht den Menübefehl ANSICHT → ONLINE. Markieren Sie das S7-Programm, das direkt unter dem Projekt angeordnet ist, mit der rechten Maustaste und wählen Sie im Kontextmenü den Befehl OBJEKTEIGENSCHAFTEN. Wechseln Sie in das Register ADRESSEN und geben Sie im folgenden Dialogfeld die PROFIBUS-Adresse der CPU an, auf die Sie zugreifen möchten. Schließen Sie das Dialogfeld mit OK. Die Verbindung wird aufgebaut und Sie können das STEP 7-Programm online testen.

7.2.3 Diagnose über die Funktion *Baugruppenzustand*

Mit Aufruf der Funktion *Baugruppenzustand* öffnet sich ein Fenster mit Registerkarten, die aktuelle Baugruppeninformationen angezeigen. Der Umfang dieser Information hängt vom Typ der ausgewählten Baugruppe ab. Es werden nur die Registerseiten dargestellt, die für diese Baugruppe sinnvoll sind. Neben der Information auf den Registerseiten wird der Betriebszustand der Baugruppe angezeigt. Wird keine S7-CPU ausgewählt, so wird der Status angegeben, den diese Baugruppe aus Sicht der CPU besitzt (z. B. OK, Fehler, Baugruppe nicht vorhanden).

Tabelle 7.10 zeigt, welche Registerseiten bei den einzelnen Baugruppentypen im Register „Baugruppenzustand" vorhanden sind.

Systemdiagnosefähig sind z. B. FM-Baugruppen (*Funktions*Modul). Diagnosefähig sind die meisten analogen SM-Baugruppen. Nicht diagnosefähig sind die meisten digitalen SM-Baugruppen.

Das Register „Baugruppenzustand" kann über mehrere Wege geöffnet werden:

▷ Über die SIMATIC Manager-Funktion *Erreichbare Teilnehmer*; Anklicken des gewünschten Zielpartners mit der rechten Maustaste, dann im Kontextmenü ZIELSYSTEM → BAUGRUPPENZUSTAND wählen.

Tabelle 7.10 Information zum Baugruppenzustand der Baugruppentypen

Registerseite	CPU oder M7-FM	systemdia-gnosefähige Baugruppe	diagnose-fähige Baugruppe	nicht-dia-gnosefähige Baugruppe	DP-Normslave
Allgemein	X	X	X	X	X
Diagnosepuffer	X	X			
Speicher	X				
Zykluszeit	X				

Fortsetzung Seite 189

7.2 Diagnose mit Online-Funktionen von STEP 7

Tabelle 7.10 Fortsetzung

Registerseite	CPU oder M7-FM	systemdia-gnosefähige Baugruppe	diagnose-fähige Baugruppe	nicht-dia-gnosefähige Baugruppe	DP-Normslave
Zeitsystem	X				
Leistungsdaten	X				
Stacks	X				
Kommunikation	X				
Diagnosealarm		X	X		
DP-Slave Diagnose					X

▷ Über die SIMATIC Manager-Funktion „ONLINE"; Das Projekt ONLINE schalten und die gewünschte Station in der linken Fensterhälfte des SIMATIC-Managers aufblenden. Mit einem Doppelklick die Station öffnen und die programmierbare Baugruppe bzw. die CPU mit der rechten Maustaste anklicken und im Kontextmenü ZIELSYSTEM → BAUGRUPPENZUSTAND wählen.

▷ Über die Funktion *Hardware diagnostizieren* (siehe Kapitel 7.2.4)

Bild 7.5 zeigt das geöffnete Register „Allgemein" der Funktion *Baugruppenzustand*. Die einzelnen Register stellen verschiedene Informationen bereit. Tabelle 7.11 zeigt eine Auflistung der möglichen Registerseiten dieses Dialogfelds und deren möglicher Einsatz. Im konkreten Anwendungsfall werden nur die Registerseiten angezeigt, die für die ausgewählte Baugruppe sinnvoll sind.

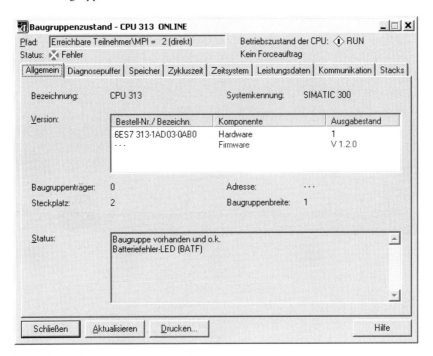

Bild 7.5 Register „Baugruppenzustand"

Tabelle 7.11 Übersicht über die Auskunftsfunktionen

Auskunftsfunktion	Information	Einsatz
Allgemein	Identifikationsdaten der ausgewählten Baugruppe, z. B. Typ, Bestellnummer, Steckplatz im Rack, Ausgabestand.	Die Online-Auskunft der gesteckten Baugruppe kann mit den Daten der projektierten Baugruppe verglichen werden.
Diagnosepuffer	Übersicht über Ereignisse im Diagnosepuffer.	Zum Auswerten der STOP-Ursache einer CPU.
Speicher	Aktuelle Auslastung von Arbeitsspeicher und Ladespeicher der gewählten CPU oder M7-FM.	Wird eingesetzt vor dem Übertragen neuer oder erweiterter Bausteine auf eine CPU.
Zykluszeit	Dauer des kürzesten, längsten, und letzten Zyklus der gewählten CPU oder M7-FM.	Zur Kontrolle der parametrierten Mindestzykluszeit sowie der maximalen und aktuellen Zykluszeit.
Zeitsystem	Aktuelle Uhrzeit, Betriebsstunden und Informationen zur Uhrensynchronisation.	Anzeige von Uhrzeit und Datum einer Baugruppe und zur Kontrolle der Uhrzeitsynchronisation.
Leistungsdaten „Bausteine" (aus Register Leistungsdaten aufrufbar)	Speicherausbau, Operandenbereiche und die verfügbaren Bausteine der angewählten CPU-/FM-Baugruppe. Anzeige aller Bausteinarten, die im Funktionsumfang der angewählten Baugruppe verfügbar sind. Liste der OBs, SFBs und SFCs, die in dieser Baugruppe eingesetzt werden können.	Wird eingesetzt vor und während der Erstellung eines Anwenderprogramms und zur Überprüfung, ob ein existierendes Anwenderprogramm mit einer speziellen Baugruppe verträglich ist.
Kommunikation	Baudraten, Verbindungsübersicht, Kommunikationsbelastung sowie maximale Größe der Telegramme.	Dient der Feststellung, wie viele und welche Verbindungen der CPU bzw. M7-FM möglich bzw. belegt sind.
Stacks	Inhalt von B-Stack, U-Stack und L-Stack werden angezeigt. Zusätzlich können Sie in den Bausteineditor wechseln.	Zur Feststellung der Ursache eines Übergangs in STOP und zur Korrektur eines Bausteins.
Diagnosealarm	Diagnosedaten der ausgewählten Baugruppe.	Zur Ermittlung der Ursache einer Baugruppenstörung.
DP-Slave Diagnose	Diagnosedaten des ausgewählten DP-Slave nach EN 50170.	Zur Ermittlung der Ursache eines Fehlers des DP-Slave.

Die folgenden Informationen werden in jeder Registerseite angezeigt:

▷ ONLINE-Pfad zur ausgewählten Baugruppe;
▷ Betriebszustand der zugehörigen CPU (z. B. RUN, STOP);
▷ Status der ausgewählten Baugruppe (z. B. gestört, OK);
▷ Betriebszustand der ausgewählten Baugruppe (z.B. RUN, STOP), soweit diese über einen eigenen Betriebszustand verfügen (z. B. IM467).

Bei jedem Wechsel auf eine andere Registerseite des Registers „Baugruppenzustand" werden die Daten neu von der Baugruppe gelesen. Während der Anzeige einer Seite wird

7.2 Diagnose mit Online-Funktionen von STEP 7

der Inhalt jedoch nicht automatisch aktualisiert. Durch Klicken auf die Schaltfläche „Aktualisieren" werden die Daten erneut von der Baugruppe gelesen, ohne die Registerseite zu wechseln.

Nachfolgend werden die wichtigsten Unterregister des Registers „Baugruppenzustand" genauer beschrieben.

Diagnosepuffer

Die Registerseite „Diagnosepuffer" liest auf einer systemdiagnosefähigen Baugruppe (z. B. CPU) den Diagnosepuffer aus. Im Diagnosepuffer werden alle Diagnoseereignisse in der Reihenfolge ihres Auftretens mit näheren Informationen eingetragen (Bild 7.6). Beim Urlöschen einer CPU bleibt der Inhalt des Diagnosepuffers erhalten.

Als Diagnoseereignisse zählt z. B. ein Fehler auf einer Baugruppe, ein Systemfehler in der CPU, Betriebszustandsübergänge (z. B. von RUN nach STOP) sowie Fehler im Anwenderprogramm.

Fehler im System können durch den Diagnosepuffer auch nach längerer Zeit noch ausgewertet werden, um die Ursache für einen STOP festzustellen oder um das Auftreten einzelner Diagnoseereignisse zurückzuverfolgen und zuordnen zu können.

Wird ein Ereignis mit der Maus markiert, so können mit der Schaltfläche „Hilfe zum Ereignis" zusätzliche Informationen angezeigt werden. Bei Diagnosepuffereinträgen, die auf eine Fehlerstelle (Bausteintyp, Bausteinnummer, Relativadresse) verweisen, kann der

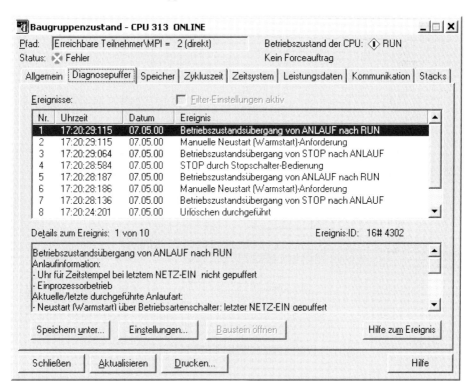

Bild 7.6 Unterregister „Diagnosepuffer" im Register „Baugruppenzustand"

zugehörende Baustein geöffnet werden, um die Fehlerursache zu beheben. Der Cursor steht anschließend direkt an der ereignisverursachenden Programmstelle.

Der Diagnosepuffer ist ein Ringpuffer. Je nach angewählter Baugruppe kann die maximale Anzahl von Einträgen variieren. Wird die maximale Anzahl von Einträgen erreicht, so wird bei einem neuen Diagnosepufferereignis der älteste Eintrag gelöscht. Alle Einträge rücken entsprechend weiter. Dadurch steht der aktuellste Diagnoseeintrag immer an erster Stelle.

Diagnosealarm

Auf der Registerseite „Diagnosealarm" werden für diagnosefähige Baugruppen Informationen zu aufgetretenen Baugruppenstörungen angezeigt. Im Fenster „Standarddiagnose der Baugruppe" werden interne und externe Baugruppenstörungen und die zugehörigen Diagnoseinformationen dargestellt (Bild 7.7). Beispiele für mögliche Anzeigen sind:

▷ Baugruppe gestört

▷ Kanalfehler vorhanden

▷ externe Hilfspannung fehlt

▷ Baugruppe nicht parametriert

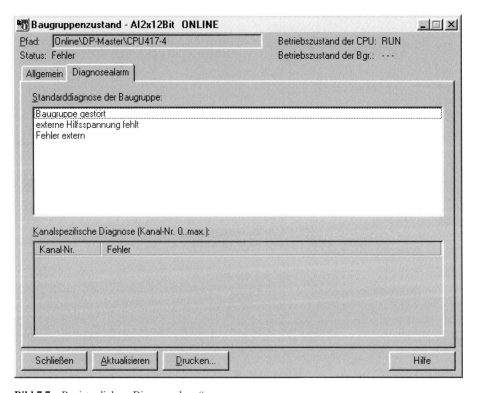

Bild 7.7 Registerdialog „Diagnosealarm"

Im Fenster „Kanalspezifische Diagnose" werden Diagnosedaten zu aufgetretenen Kanalfehlern angezeigt. Für jeden gestörten Kanal werden spezifische Diagnoseinformationen ausgegeben. Beispiele für mögliche Anzeigen sind:
▷ Projektierungs-/Parametrierfehler
▷ Drahtbruch
▷ Referenzkanal-Fehler

DP-Slave Diagnose

Die Registerseite „DP-Slave Diagnose" informiert Sie über Diagnosedaten von DP-Slaves, die nach EN 50170 aufgebaut sind (Bild 7.8).

Im Feld „Standarddiagnose des Slave" werden allgemeine und gerätebezogene Diagnoseinformationen zum Slave angezeigt.
▷ Allgemeine Diagnoseinformationen zum DP-Slave

Die Informationen beziehen sich auf den korrekten Hochlauf oder auf den Ausfall des DP-Slaves. Es werden hier insbesondere Fehlermeldungen wie „Slave kann nicht angesprochen werden", Konfigurationsfehler oder Parametrierfehler angezeigt.
▷ Gerätebezogene Diagnosetexte des DP-Slave

Die angezeigten Diagnosetexte werden gerätespezifisch anhand der GSD-Datei (*Geräte-StammDaten*) ermittelt. Ist die Diagnosemeldung nicht in der GSD-Datei hinterlegt, kann die Diagnose nicht als Klartext ausgegeben werden.

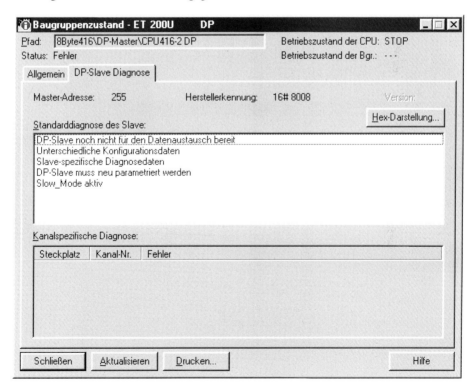

Bild 7.8 Registerdialog DP-Slave Diagnose

Bei „Kanalspezifische Diagnose" werden kanalbezogene Diagnosetexte für konfigurierte Module des DP-Slaves angezeigt. Zu jeder eingetragenen Diagnosemeldung ist genau der auslösende Kanal angegeben. Ein Kanal ist durch den Steckplatz der Baugruppe und die Kanalnummer eindeutig beschrieben.

Gerätespezifische Diagnosetexte werden anhand der GSD-Datei ermittelt. Ist die Diagnosemeldung nicht in der GSD-Datei hinterlegt, kann die Diagnose nicht als Klartext ausgegeben werden. Mit der Schaltfläche „HEX-Darstellung" kann das gesamte Diagnosetelegramm zusätzlich in hexadezimaler Darstellung ausgegeben werden.

7.2.4 Diagnose über die Funktion *Hardware diagnostizieren*

Die Funktion *Hardware diagnostizieren* kann über verschiedene Wege aufgerufen werden.

▷ Über das Fenster *Erreichbare Teilnehmer*; Anklicken des gewünschten Zielpartners mit der rechten Maustaste, dann im Kontextmenü ZIELSYSTEM → HARDWARE DIAGNOSTIZIEREN wählen.

▷ Über die Funktion *ONLINE* im SIMATIC Manager; Das Projekt ONLINE schalten, die gewünschte Station mit der rechten Maustaste anklicken und dann im Kontextmenü ZIELSYSTEM → HARDWARE DIAGNOSTIZIEREN wählen.

Es wird das Fenster „Hardware diagnostizieren – Schnellansicht" aufgeblendet. In diesem Fenster werden Symbole für den Baugruppenzustand angezeigt. Ist z. B. ein DP-Slave gestört, so wird in der Schnellansicht neben der CPU auch ein Symbol am DP-Slave angezeigt (Bild 7.9). In der Tabelle 7.12 sind die Symbole allgemein beschrieben. Ein Fehler bei einer diagnosefähigen Baugruppe wird nur dann erkannt und im Symbol für den Baugruppenzustand angezeigt, wenn diese Baugruppe diagnosefähig ist bzw. der Diagnosealarm freigegeben wurde.

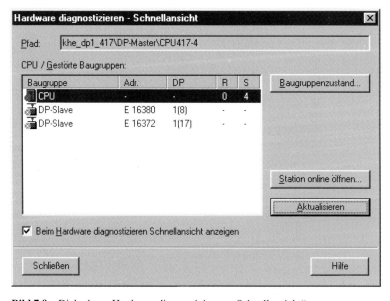

Bild 7.9 Dialogbox „Hardware diagnostizieren – Schnellansicht"

7.2 Diagnose mit Online-Funktionen von STEP 7

Tabelle 7.12 Allgemeine Beschreibung der Diagnosesymbole

Diagnosesymbol	Bedeutung
Roter diagonaler Balken vor dem Baugruppensymbol	Soll-Ist-Abweichung von der Projektierung: Die projektierte Baugruppe ist nicht vorhanden oder ein anderer Baugruppentyp ist gesteckt.
Roter Punkt mit weißem Kreuz	Baugruppe ist gestört. Mögliche Ursachen: Erkennung eines Diagnosealarms oder eines Peripheriezugriffsfehlers.
Kontrastverminderte Darstellung der Baugruppe	Es ist keine Diagnose möglich, weil keine Online-Verbindung besteht oder die CPU keine Diagnoseinformation zur Baugruppe liefert (z. B. Stromversorgung, Submodule).
Rot angedeutete Schraubzwinge über der Baugruppe	Auf dieser Baugruppe wird ein Forcen von Variablen durchgeführt, d. h. Variablen im Anwenderprogramm der Baugruppe sind mit festen Werten vorbelegt, die vom Programm nicht geändert werden können. Die Kennzeichnung für Forcen kann auch im Zusammenhang mit anderen Symbolen auftreten.

Die Dialogbox „Hardware diagnostizieren – Schnellansicht" bietet über drei Buttons verschiedene Funktionen zur Auswahl (Bild 7.9). Über den Button „Baugruppenzustand" wird das entsprechende Register geöffnet. Mit dem Button „Aktualisieren" kann der Inhalt der Dialogbox „Hardware diagnostizieren – Schnellansicht" aktualisiert werden. Mit dem Button „Station online öffnen" wird die Hardwarekonfiguration der angewählten Station geladen. Dabei wird jede konfigurierte Baugruppe überprüft. Fehlerhafte oder gestörte Baugruppen werden mit den entsprechenden Symbolen gekennzeichnet (Bild 7.10). Eine weitere Diagnose kann erfolgen, wenn eine Baugruppe mit der rechten Maustaste angeklickt und über das Kontextmenü BAUGRUPPENZUSTAND angewählt wird.

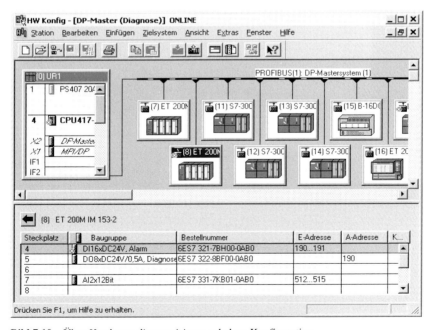

Bild 7.10 Über *Hardware diagnostizieren* geladene Konfiguration

7.3 Diagnose über das Anwenderprogramm

Die SIMATIC S7-Automatisierungssysteme bieten eine Reihe von Diagnosefunktionen, die über das Anwenderprogramm ausgeführt werden können. Bei gezieltem Einsatz dieser Diagnosefunktionen kann bei einer Anlagenstörung die Störursache erfasst und im Anwenderprogramm gezielt darauf reagiert werden.

Im nachfolgenden Kapitel werden nur Beispiele einiger möglichen Diagnosefunktion aufgezeigt, die sich auf die Beispielkonfiguration im Abschnitt 4.2.5 beziehen.

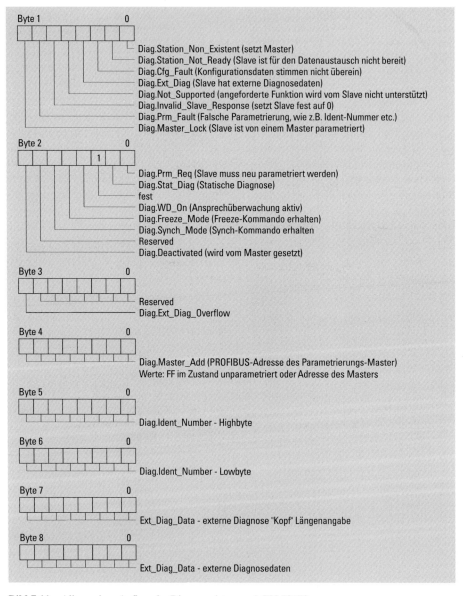

Bild 7.11 Allgemeiner Aufbau der Diagnosedaten nach EN 50170

7.3.1 DP-Slave-Diagnose mit SFC13 *DPNRM_DG*

Um einen DP-Slave zu diagnostizieren, kann über SFC13 *DPNRM_DG* die Normdiagnose eines DP-Slaves gelesen werden. Die gelieferten Daten entsprechen den Diagnosedaten nach EN 50170.

Die maximal lesbare Telegrammlänge, die mit SFC13 gelesen werden kann, ist auf 240 Byte begrenzt, obwohl die maximal vom Slave lieferbare Telegrammlänge nach EN 50170 bis zu 244 Byte betragen kann. In diesem Fall würde das „Overflow-Bit" in den gelesenen Diagnosedaten gesetzt werden. Der allgemeine Aufbau der Diagnosedaten ist im Bild 7.11 dargestellt.

Der Einsatz der SFC13 kann im zyklischen Programm (OB1), im Diagnosealarm-OB (OB82) sowie bei Stationsausfall bzw. Stationswiederkehr (OB86) erfolgen. Zu beachten ist hierbei, dass der Leservorgang der SFC13 asynchron ausgeführt wird, d. h., der Leservorgang benötigt mehrere Aufrufe der Systemfunktion nach dem Anstoß (REQ = „1"), um die Diagnosedaten eines DP-Slave zu lesen und in den am Parameter RECORD parametrierten Zielbereich einzutragen.

Um bei einer Störung oder bei einem Ausfall, bei denen OB82 oder OB86 aufgerufen wird, möglichst aktuelle Diagnosedaten des DP-Slave zu lesen, sollte SFC13 wiederholt in einer Schleife aufgerufen werden, bis die Ausgabeparameter der Systemfunktion signalisieren, dass der Auftrag fertig gelesen wurde.

Bild 7.12 zeigt den Aufruf von SFC13 im OB82, mit dem man bei einer Störung der ET200B 16DI/16DO die Störungsursache erfassen kann. Es wird eine kommende und eine gehende Störungsursache getrennt ausgewertet und in zwei verschiedenen Datenbereiche eingetragen. SFC13 läuft durch die Programmierung solange in einer Schleife, bis über den Parameter BUSY angezeigt wird, dass der Auftrag abgearbeitet wurde. Die Funktionsweise der SFC13 ist im Bild 7.13 dargestellt.

Um das Beispielprogramm zu testen, müssen Sie den DB13 mit einer Mindestlänge von 132 Byte einrichten und die Aufrufe der SFC13 im OB82, wie im Bild 7.13 dargestellt, programmieren. Starten Sie hierzu den *SIMATIC Manager* und öffnen Sie das Beispielprojekt S7_PROFIBUS_DP aus Abschnitt 4.2.5. Überprüfen Sie nochmals die Hardwarekonfiguration der S7-400-CPU. Es sollte nur die ET200B 16DI/16DO am DP-Masterstrang angeschlossen sein. Führen Sie an der CPU Urlöschen durch, stellen Sie den Betriebsartenschalter der CPU416-2DP in die Stellung STOP, und übertragen Sie die Konfiguration auf die CPU. Anschließend müssen Sie mit einer PROFIBUS-Leitung eine Verbindung zwischen DP-Schnittstelle der CPU und der PROFIBUS-Schnittstelle der ET200B-Baugruppe herstellen. Stellen Sie nun den Schlüsselschalter der CPU in die Stellung RUN-P. Die CPU wechselt in den Betriebszustand RUN und alle Fehler-LEDs gehen aus. Öffnen Sie nun im *SIMATIC Manager* den Bausteinbehälter der CPU416-2DP und wählen Sie über das Kontextmenü (rechte Maustaste) NEUES OBJEKT EINFÜGEN – ORGANISATIONSBAUSTEIN. In der anschließenden Dialogbox geben Sie nun „OB82" ein und bestätigen mit OK. Dadurch wird eine leere Bausteinhülse für den OB82 in den Bausteinobjektbehälter eingefügt. Öffnen Sie nun den OB82 mittels Doppelklick. Das STEP 7-Tool *KOP/AWL/FUP – S7-Bausteine programmieren* wird geöffnet, und Sie können das abgebildete Beispiellisting eingeben. Speichern Sie anschließend den OB82 und übertragen Sie ihn mittels Symbolmenübefehl auf die CPU. Stellen Sie nun den Betriebsartenschalter der CPU416-2DP in die Stellung RUN-P, und wechseln Sie im AWL-Editor mittels Symbolmenübefehl in die STATUS-Ansicht.

7 Diagnosefunktionen für PROFIBUS-DP

```
    L       #OB82_EV_CLASS              //Ereignisklasse laden
    L       B#16#39                     //prüfen auf "kommend"
    ==I
    SPB     go1
//
//Programmteil für Diagnoseereignis „gehend" auslesen
//
go2: CALL SFC13
        REQ     : =TRUE
        LADDR   : =W#16#1FFC            //Diagnoseadresse der ET200B-Station
        RET_VAL : =MW240
        RECORD  : =P#DB13.DBX 100.0 BYTE 32
        //Diagnosedaten DB13 ab DBB100
        BUSY    : =M230.0

  U M   230.0
  SPB go2
  BEA
//
//Programmteil für Diagnoseereignis „kommend" auslesen
//
go1: CALL SFC13
        REQ     : =TRUE
        LADDR   : =W#16#1FFC            //Diagnoseadresse der ET200B-Station
        RET_VAL : =MW240
        RECORD  : =P#DB13.DBX 0.0 BYTE 32
        //Diagnosedaten DB13 ab DBB0
        BUSY    : =M230.0

  U       M       230.0
  SPB     go1
```

Bild 7.12 Aufruf der SFC13 *DPNRM_DG* im OB82

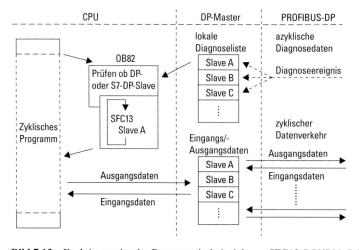

Bild 7.13 Funktionsweise des Programmierbeispiels zur SFC13 *DPNRM_DG* im OB82

Um eine Störung der ET200B 16DI/16DO hervorzurufen, trennen Sie bitte die Lastspannung einer Kanalgruppe von der DC24V-Stromversorgung. Anschließend wird der OB82 aufgerufen, und es erfolgt die Diagnoseauswertung über SFC13. Dabei wird im AWL-Editor der Status der Abarbeitung angezeigt. Bei Bedarf können die gelesenen Daten jetzt mit der S7-Funktion *Variable beobachten und steuern* ausgewertet werden.

7.3.2 Diagnose über SFC51 *RDSYSST* im OB82

DPS7-Slaves bzw. S7-300-Baugruppen in einem DPS7-Slave bieten erweiterte Diagnosefunktionen. Bei einem modularen DPS7-Slave, wie ET200M mit mehreren S7-300-Baugruppen, kann jede einzelne S7-300-Baugruppe genau diagnostiziert werden. Diese Diagnose kann mit SFC51 *RDSYSST* durchgeführt werden. Bei einer Störung sind diese Komponenten in der Lage, einen Diagnosealarm an den DP-Master bzw. an die CPU zu stellen. In der CPU wird dadurch der OB82 aufgerufen.

Die SFC51 ist eine asynchron arbeitende Systemfunktion, d.h. sie benötigt mehrere Aufrufe, bis die Daten gelesen und in den am Parameter DR parametrierten Zielbereich eingetragen werden. Nur wenn die SFC51 im OB82 aufgerufen und der Datensatz „0" bzw. „1" der Baugruppe gelesen wird, die den Alarm ausgelöst hat, wird der Aufruf sofort, also synchron, ausgeführt. Ebenso ist bei diesem Lesevorgang gewährleistet, dass nur die Diagnosedaten gelesen werden, die die Störung verursacht haben.

Durch Aufruf der SFC51 kann der betreffende DPS7-Slave bzw. die betreffende S7-300-Baugruppe genau diagnostiziert werden, indem der Datensatz „0" (4 Byte) bzw. der Datensatz „1" (16 Byte) gelesen wird. Der gelesene Datensatz entspricht im Aufbau und im Inhalt den Diagnosedaten einer zentral gesteckten Baugruppe. Dadurch kann eine durchgängige Diagnose von zentral und dezentral gesteckten Baugruppe durchgeführt werden.

Durch Einsatz der im OB82 mitgelieferten Lokaldaten kann die SFC51 variabel programmiert werden. Somit muss nicht für jeden DPS7-Slave bzw. für jede S7-300-Baugruppe, die in einem DPS7-Slave eingesetzt ist, ein eigener Aufruf der SFC51 programmiert werden.

Im nachfolgenden Listing wird der Datensatz „1" der gestörten Baugruppe gelesen, die den Diagnosealarm ausgelöst hat. Es erfolgt eine Unterscheidung zwischen „kommender Störung" und „gehender Störung". Die genaue Auswertung der gelesenen Diagnosedaten kann anschließend im OB82 oder im zyklischen Programm (OB1) durchgeführt werden.

Die SFC51 wird im Beispiel mit den Lokaldaten des OB82 programmiert. Die lokale Variable OB82_EV_CLASS (Ereignisklasse und Kennungen) hat folgende Bedeutung:

▷ Gehendes Ereignis   B#16#38

▷ Kommendes Ereignis   B#16#39

Die Lokaldatenvariable OB82_IO_FLAG (Typ der Baugruppe) liefert folgende Werte:

▷ Eingabebaugruppe   B#16#54

▷ Ausgabebaugruppe   B#16#55

Für den Aufruf der SFC51 im OB82 benötigen Sie die in der Tabelle 7.13 dargestellte Variablenstruktur „SZL_HEADER". Erweitern Sie deshalb die Lokaldaten des OB82 um die Variable „SZL_HEADER".

Tabelle 7.13 Variablenstruktur „SZL_HEADER"

Name	Typ
SZL_HEADER	STRUCT
LENGTH_DR	WORD
NUMBER_DR	WORD
END_STRUCT	

Der Parameter INDEX muss vor dem SFC51-Aufruf versorgt werden: In #OB82_-MDL_ADDR ist dafür Bit 15 zu setzen, falls der Diagnosealarm von einem Ausgangskanal angefordert wurde. Der OB82 sollte dann wie in Bild 7.14 programmiert werden.

```
      L           #OB82_IO_FLAG         //Typ der Baugruppe abfragen
      L           B#16#54               //Kennung für Eingabebaugruppe laden
      ==I                               //Eingang ?
      SPB go                            //Bit 15 bleibt unverändert bei Eingang
//
      L           #OB82_MDL_ADDR        //Gelieferte Adresse aus Lokaldaten
      L           W#16#8000             //Hexadezimal 8000 laden
      OW                                //„Oder Wort" → Bit 15 setzen
      T           #OB82_MDL_ADDR        //Abspeichern in Lokaldaten
//
//****************************************************************
//
//Ermitteln ob kommendes oder gehendes Ereignis vorliegt
go:   L           #OB82_EV_CLASS        //Ereignisklasse und Kennungen
      L           B#16#39               //Kennung für kommendes Ereignis
      ==I                               //kommendes Ereignis?
      SPB come                          //Sprung zum Lesen
//****************************************************************
//Diagnoseinformation auslesen und abspeichern
      CALL SFC51            //gehendes Ereignis
       REQ        :=TRUE                //Immer TRUE
       SZL_ID     :=W#16#00B3           //Kennung für Datensatz 1
       INDEX      :=#OB82_MDL_ADDR      //Gebildete Adresse
       RET_VAL    :=MW 100              //RET_VAL im Merkerwort 100
       BUSY       :=M 102.0             //BUSY-Flag ist Merker 102.0
       SZL_HEADER :=#SZL_HEADER         //Ablage in Lokaldatenstruktur
       DR         :=P#M 10.0 BYTE16     //Gelesene Daten ab Merkerbyte 10
      BEA

come: CALL SFC51                        //kommendes Ereignis
       REQ        :=TRUE                //Immer TRUE
       SZL_ID     :=W#16#00B3           //Kennung für Datensatz 1
       INDEX      :=#OB82_MDL_ADDR,     //Gebildete Adresse
       RET_VAL    :=MW 104              //RETVAL im Merkerwort 104
       BUSY       :=M 102.7             //BUSY-Flag ist Merker 102.7
       SZL_HEADER :=#SZL_HEADER         //Ablage in Lokaldatenstruktur
       DR         :=P#M 20.0 BYTE16     //Gelesene Daten ab Merkerbyte 20
//
```

Bild 7.14 Aufruf der SFC51 im OB82

Das Listing kann in der selben Vorgehensweise eingegeben und getestet werden, wie schon bei der SFC13 beschrieben. Ändern Sie jedoch die Hardwarekonfiguration der S7-400-Station in der Form ab, dass Sie die ET200B 16DI/16DO vom DP-Masterstrang entfernen und dafür die ET200M/IM153-2, wie in Abschnitt 4.2.5 beschrieben, projektieren. Übertragen Sie die geänderte Hardwarekonfiguration und den mit dem abgebildeten Listing neu eingegebenen OB82. Stellen Sie ebenso eine Verbindung zwischen ET200M und DP-Schnittstelle der CPU416-2DP her. Laden Sie die geänderte Hardwarekonfiguration und den nach dem Beispiellisting eingegebenen OB82. Um einen Diagnosealarm auszulösen, trennen Sie die Versorgungsspannung der in der ET200M gesteckten Analogeingabe. Die ET200M generiert einen Diagnosealarm, der im OB82 gelesen wird.

Im laufenden Anlagenprogramm kann nach dem SFC51-Aufruf eine Auswertung der gelesenen Daten durchgeführt werden und somit eine gezielte Reaktion auf das Anwenderprogramm erfolgen.

7.3.3 Diagnose über SFB54 RALRM

DP-Slaves bzw. Baugruppen in DP-Slaves können je nach ihrer Funktionalität verschiedene Alarme auslösen. Teilweise werden die dabei gesendeten Diagnosedaten schon in den Lokaldaten des aufgerufenen Alarm-OB zur Verfügung gestellt. Die vollständigen Diagnoseinformationen können mit dem SFB54 *RALRM* im jeweiligen Alarm-OB gelesen werden.

Wird der SFB54 in einem OB aufrufen, dessen Startereignis kein Alarm aus der Peripherie ist, stellt der SFB an seinen Ausgängen entsprechend weniger Informationen zur Verfügung (siehe auch Kapitel 5.4.2, Tabelle 5.37). Außerdem muss bei jedem Aufruf des SFB54 in verschiedenen OBs ein neuer Instanz-DB verwendet werden. Falls die aus einem SFB54-Aufruf resultierenden Daten außerhalb des zugehörigen Alarm-OB ausgewertet werden sollen, sollte sogar pro OB-Startereignis ein eigener Instanz-DB benutzt werden.

Der SFB54 kann in verschiedenen Modi aufgerufen werden. Die Angabe des Mode erfolgt am entsprechenden Eingangsparameter der SFB54:

- Im Mode „0" wird der alarmauslösende DP-Slave bzw. dessen Baugruppe am Parameter ID ausgegeben und der Ausgangsparameter NEW erhält den Wert „TRUE". Alle anderen Ausgangsparameter werden nicht beschrieben.

- Im Mode „1" hingegen werden alle Ausgangsparameter der SFB54 unabhängig von der alarmauslösenden Komponente mit den entsprechenden Diagnosedaten beschrieben.

- Im Mode „2" prüft der SFB54, ob die am Eingangsparameter F_ID angegebene Komponente den Alarm ausgelöst hat. Falls ja, wird der Ausgangsparameter NEW mit „TRUE" und alle anderen Ausgangsparameter mit den entsprechenden Daten beschrieben. Falls F_ID und die auslösende Komponente nicht übereinstimmen, erhält NEW den Wert „FALSE".

Im folgenden Programmbeispiel (Bild 7.15) werden mit dem SFB54 die Diagnosedaten im OB82 ausgewertet. Dabei soll der Zielbereich der Diagnosedaten für die Standard-Diagnose (6 Bytes), für die kennungsspezifische Diagnose (3 Bytes für 12 Steckplätze)

7 Diagnosefunktionen für PROFIBUS-DP

sowie die für die Auswertung der gerätespezifischen Diagnose (weitere 7 Bytes für den Modulstatus) ausreichen.

Für weitergehende Auswertung (Kanalspez. Diagnose) wären zusätzliche Bytes zu reservieren, sofern der DP-Slave diese Funktion unterstützt.

```
//...
//****************************************************************
//Aufruf der SFB 54. Als Instanz-DB wird der DB54 gewählt
//****************************************************************
CALL SFB54, DB54
     MODE :=1                    //1 = Alle Ausgangsparameter werden gesetzt
     F_ID :=                     //Adr. des Steckplatzes, von dem Diagnose geholt werden
                                 soll
     MLEN :=20                   //Max. Länge der Diagnosedaten in Bytes
     NEW :=M80.0                 //irrelevant
     STATUS :=MD90               //Funktionsergebnis, Fehlermeldung
     ID :=MD94                   //Adr. des Steckplatzes, von dem ein Alarm empfangen wurde
     LEN :=MW82                  //Länge Alarmzusatzinfo (4 Byte Kopf+16 Bytes Diag.-
                                 daten)
     TINFO :=P#M 100.0 BYTE 28   //Zeiger auf OB-Start- und +Verwaltungsinfo: 28 Bytes
     AINFO :=P#M 130.0 BYTE 20   //Zeiger Zielbereich, mit Diagnosedaten
//****************************************************************
//Struktur der abgelegten Diagnosedaten:
// MB 130 bis MB 133:    Kopfinfo (Laenge, Identifier, Steckplatz)
// MB 134 bis MB 139:    Standard-Diagnose (6 Bytes)
// MB 140 bis MB 142:    Kennungsspezifische Diagnose (3 Bytes)
// MB 143 bis MB 149:    Modulstatus (7 Bytes)
//...
//****************************************************************
//Beispielhafte Auswertung der Diagnosedaten
//****************************************************************
     U M 141.0              //Steckplatz 1 mit Fehler?
     SPB stp1
BE
//****************************************************************
//Auswertung für Fehler auf Steckplatz 1
//****************************************************************
stp1:  L    MB 147          //Modulstatus Steckpl. 1 bis 4 holen
       UW   W#16#3          //Steckplatz 1 herausfiltern
       L    W#16#2          //2-Bit-Status 'wrong module' falsche Baugruppe gesteckt
       ==I
       S A0.1               //Reaktion auf falsches Modul
       L MB 147             //Modulstatus Steckpl. 1 bis 4 holen
       UW   W#16#3          //Stecklpl 1 herausfiltern
       L    W#16#1          //2-Bit-Status 'invalid data' ungültige Nutzdaten
       ==I
       S A0.2               //Reaktion auf ungueltige Nutzdaten
//****************************************************************
//Auswertung Ende
//****************************************************************
//...
```

Bild 7.15   Aufruf des SFB54 im OB82

Das Listing kann in derselben Vorgehensweise getestet werden, wie im Kapitel 7.3.2 beschrieben: Öffnen Sie den OB82 und löschen Sie das vorhergehende Programm. Geben Sie anschließend das entsprechende Listing ein und laden Sie OB82 auf die über MPI angeschlossene CPU. Bei Eintreffen eines Diagnosealarms werden dann über den SFB54 die Diagnosedaten gelesen.

Im laufenden Anlagenprogramm kann nach dem SFB54-Aufruf eine Auswertung der gelesenen Daten durchgeführt werden und somit eine gezielte Reaktion auf das Anwenderprogramm erfolgen.

7.4 Diagnose mit dem SIMATIC S7-Diagnosebaustein FB125

Der DP-Diagnosebaustein FB125 dient zur komfortablen Diagnoseauswertung eines DP-Mastersystems aus dem STEP 7-Anwenderprogramm heraus. Eine Übersichtsdiagnose gibt Auskunft über projektierte, vorhandene, ausgefallene und gestörte DP-Slaves. Darüber hinaus lassen sich über eine Einzeldiagnose die Diagnoseinformationen von beliebigen DP-Slaves lesen und interpretieren.

Einsetzbar ist der FB125 für folgende integrierte und externe DP-Schnittstellen:

- CPU 31x-2 DP (ab 6ES7 315-2AF01-0AB0)
- C7-626 DP (ab 6ES7 626-2AG01-0AE3)
- C7-633 DP und C7-634 DP
- SINUMERIK 840D
- CPU 41x-2 DP
- CP 443-5
- IM 467 und IM 467 FO
- WIN AC
- WIN LC

Weitere Informationen und die Diagnosebausteine selbst, stehen auf dem Internetserver der Siemens A&D CS unter der Adresse http://www4.ad.siemens.de → FINDEN → Suchbegriff: FB125.

7.4.1 Diagnosebaustein FB125

Der Baustein ermittelt interruptgesteuert ausgefallene und gestörte DP-Slaves. Hierbei werden für die gestörten Slaves detaillierte Diagnoseinformationen zur Störungsursache angezeigt (Steckplatz bzw. Modulnummer, Modulstatus, Kanalnummer, Kanalfehler).

7 Diagnosefunktionen für PROFIBUS-DP

Die Tabellen 7.14 und 7.15 zeigen die Aufrufschnittstelle des FB125 „DP_DIAG".

Tabelle 7.14 Eingangsparameter des FB125

Name	Typ	Kommentar
DP_MASTERSYSTEM	INT	DP_Mastersystem-Nr.
EXTERNAL_DP_INTERFACE	BOOL	Externe DP-Schnittstelle (CP/IM)
MANUAL_MODE	BOOL	Betriebsart Hand für Einzeldiagnose
SINGLE_STEP_SLAVE	BOOL	Durchwahl der DP_Slaves
SINGLE_STEP_ERROR	BOOL	Durchwahl der Fehler auf dem DP_Slave
RESET	BOOL	Auswertung zurücksetzen
SINGLE_DIAG	BOOL	DP_Slave-Einzeldiagnose
SINGLE_DIAG_ADR	BYTE	DP_Slave-Adresse bei Einzeldiagnose

Tabelle 7.15 Ausgangsparameter des FB125

Name	Typ	Kommentar
ALL_DP_SLAVES_OK	BOOL	Alle DP-Slaves sind o. k.
SUM_SLAVES_DIAG	BYTE	Anzahl der betroffenen Slaves
SLAVE_ADR	BYTE	DP_Slave-Adresse
SLAVE_STATE	BYTE	0: o.k., 1: ausgefallen, 2: gestört, 3: nicht projektiert/nicht auswertbar
SLAVE_IDENT_NO	WORD	Ident-Nummer des DP-Slaves
ERROR_NO	BYTE	Fehler-Nummer
ERROR_TYP	BYTE	1: Steckplatzdiagnose, 2: Modulstatus, 3: Kanaldiagnose, 4: S7-Diagnose
MODULE_NO	BYTE	Modul-Nr.
MODULE_STATE	BYTE	Modul-Status
CHANNEL_NO	BYTE	Kanal-Nr.
CHANNEL_ERROR_INFO	DWORD	Kanal-Fehlerinformation (bei Norm- und S7-Slaves)
SPECIAL_ERROR_INFO	DWORD	Spezial-Fehlerinformation (zusätzlich bei S7-Slaves)
DIAG_OVERFLOW	BOOL	Diagnoseüberlauf
BUSY	BOOL	Auswertung läuft

7.5 Diagnose mit einem PROFIBUS-Busmonitor

Der PROFIBUS-Busmonitor, auch SCOPE genannt, ist ein weiteres Diagnosemittel für PROFIBUS-Anlagen. Ein Busmonitor besteht meist aus einer PROFIBUS-Anschaltungskarte, die in einem PG/PC eingebaut wird, sowie einer Software mit WINDOWS-Oberfläche. Ein Busmonitor zeichnet den Telegrammverkehr am PROFIBUS auf, indem er den Bus „abhört". Er belegt dabei keine PROFIBUS-Adresse am Bus.

Je nach Hersteller besitzt ein Busmonitor verschiedene Funktionen und Oberflächen. Die wichtigsten Funktionen sind

▷ Lifelist
▷ Filter
▷ Trigger

Lifelist

Mit der Funktion *Lifelist* werden alle am PROFIBUS angeschlossenen Geräte über ihre PROFIBUS-Adresse identifiziert. Die Geräte werden mit ihrer zugehörigen PROFIBUS-Adresse in einer Dialogbox (Bild 7.16) dargestellt.

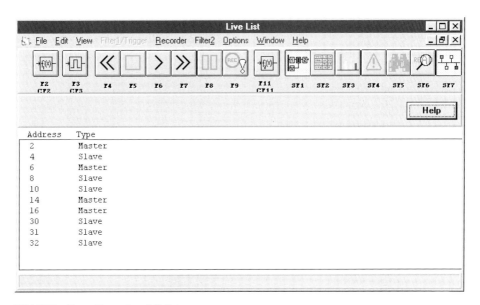

Bild 7.16 Darstellung einer Lifelist

Filter

Mit der Funktion *Filter* kann eine Vorauswahl über die aufzuzeichnenden Telegramme getroffen werden. Ebenso kann meistens ein weiterer Filter nach der Aufzeichnung parametriert werden, um die aufgezeichneten Telegramme weiter zu filtern. Wird zum Beispiel ein Tokenfilter parametriert, so werden alle Token-Telegramme ausgeblendet und damit nicht aufgezeichnet.

7 Diagnosefunktionen für PROFIBUS-DP

Trigger

Mit der Funktion *Trigger* kann eine Aufzeichnung beim Eintreffen eines Ereignisses gestoppt werden. Der Trigger kann so parametriert werden, dass er z. B. bei einer bestimmten PROFIBUS-Adresse oder einem bestimmten Wert im Datentelegramm ausgelöst wird.

Neuere Busmonitore sind zudem in der Lage,

▷ die am PROFIBUS vorhandene Baurate selbst zu erkennen,

▷ die Telegramme in einem Ringbuffer oder in einer Datei zu speichern sowie für eine Analyse darzustellen (Bild 7.17),

▷ Telegramm zu decodieren und entsprechend des gewählten Profils weiter aufzuschlüsseln (Bild 7.18),

▷ diverse Statistikfunktionen (z.B. Zählen der Bytes oder der fehlerhaften Telegramme pro Sekunde) durchzuführen,

▷ einen Hardware-Trigger einzubinden, d. h. bei einem externen Signal zu triggern,

▷ bei fehlerhaften Telegrammen automatisch zu triggern,

▷ fehlerhafte Telegramme aufzuzeichnen und diese so darzustellen, dass eine Analyse des fehlerhaften Telegramms möglich ist.

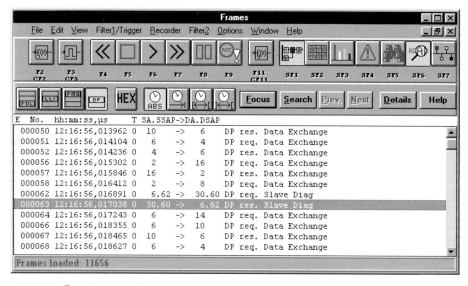

Bild 7.17 Übersichtsdarstellung der aufgezeichneten Telegramme

7.6 Diagnose mit dem Diagnose-Repeater

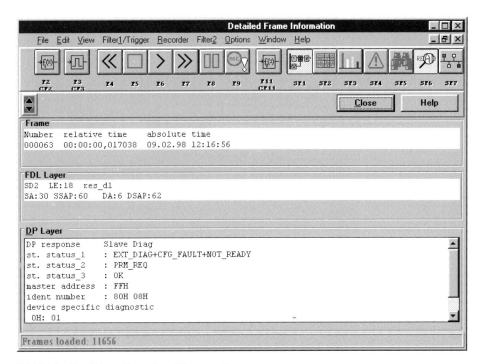

Bild 7.18 Detaildarstellung eines Diagnosetelegramms

Auch wenn ein Busmonitor alle diese Funktionen bietet und mit der WINDOWS-Oberfläche die Analyse der aufgezeichneten Telegramme verständlich dargestellt werden kann, muss für eine effiziente Analyse sehr viel grundlegendes Know-how zum Thema PROFIBUS vorhanden sein.

7.6 Diagnose mit dem Diagnose-Repeater

Der Diagnose-Repeater (Bild 7.19) ist in seiner Grundfunktionalität ein RS485-Repeater (Kapitel 1.4.1). Er besitzt jedoch zusätzlich die Fähigkeit, Segmente eines RS485-PROFIBUS-Subnetzes (Kupferleitung) im laufenden Betrieb auf physikalische Probleme hin zu überwachen und auftretende Leitungsfehler an den zugehörigen DP-Master zu melden.

7 Diagnosefunktionen für PROFIBUS-DP

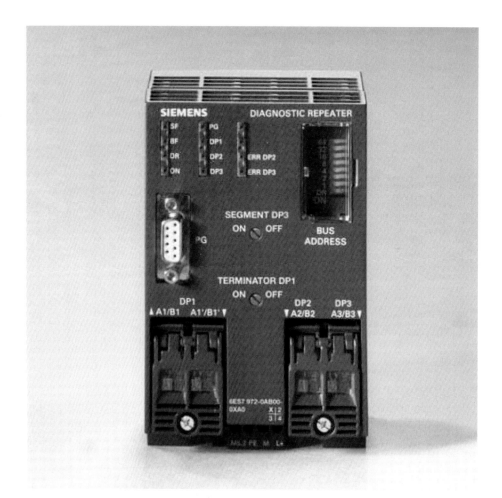

Bild 7.19 Diagnose-Repeater

Neben den Funktionen des normalen Repeaters, wie beispielsweise die galvanische Trennung zweier Bussegmente und der Anschluss von mehr als 32 Teilnehmer ermöglicht der Diagnose-Repeater den Anschluss eines dritten Bussegments und auf zwei angeschlossenen Segmenten eine permanente Leitungsdiagnose während des Betriebs einer Anlage.

Um die bei der Leitungsdiagnose erkannten Probleme an den DP-Master weiterzumelden, wird der Diagnose-Repeater als DP-Slave betrieben. Für die Projektierung der Slavefunktionalität ist STEP 7 ab Version 5.1 SP2 zu verwenden.

Die Leitungsdiagnose des Diagnose-Repeaters erfolgt immer in zwei Schritten.

7.6.1 Topologieermittlung

Im ersten Schritt wird die Topologieermittlung durchgeführt. Diese wird einmalig durch den Anwender angestoßen. Der Diagnose-Repeater ermittelt dabei alle am Bus befindli-

7.6 Diagnose mit dem Diagnose-Repeater

chen PROFIBUS-Adressen und die absolute Entfernung der Teilnehmer zu sich selbst. Die ermittelten Werte speichert der Diagnose-Repeater in der Topologietabelle, einem internen remanenten Speicherbereich ab, so dass diese auch nach einem eventuellen Netzausfall wieder zur Verfügung stehen.

Wird der physikalische Aufbau der Anlage verändert, z.B. durch Hinzufügen oder Wegnehmen von Teilnehmern, muss durch den Anwender erneut die Topologieermittlung angestoßen werden. Hierfür wird im *SIMATIC Manager* das entsprechende Projekt mit dem Diagnose-Repeater geöffnet, das Objekt PROFIBUS markiert und dann über das Menü die Funktion ZIELSYSTEM/LEITUNGSDIAGNOSE VORBEREITEN (Bild 7.20) gewählt.

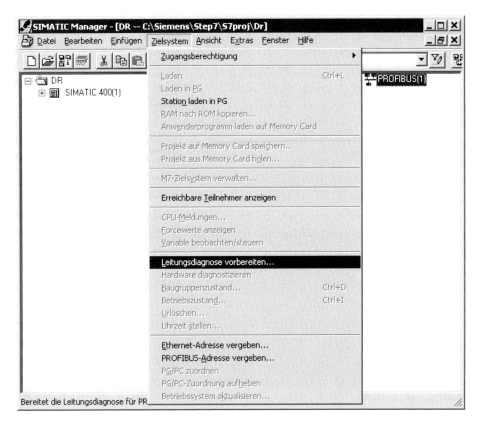

Bild 7.20 STEP 7/Leitungsdiagnose vorbereiten

7.6.2 Störstellenermittlung

Ist die Topologieermittlung abgeschlossen und befinden sich der Diagnose-Repeater und die angeschlossenen PROFIBUS-Subnetze im Betrieb, so analysiert und bewertet der Diagnose-Repeater die Signale an den Segmenten, die an den Anschlüssen DP2 und DP3 angeschlossen sind. Zusätzlich werden Entfernung und Art eventueller Störstellen ermittelt. Beim Auftreten einer Störung übermittelt der Diagnose-Repeater automatisch eine Meldung per Diagnosetelegramm an den DP-Master. Diese Meldung enthält Angaben über den Fehlerort, das betroffene Segment und die Fehlerart.

Der Fehlerort wird auf Basis der Topologietabelle relativ zu den vorhandenen Teilnehmern angegeben, beispielsweise "Kurzschluss der Signalleitung A gegen Schirm zwischen Teilnehmer 12 und 13". Die Entfernungsangaben können jedoch eine Toleranz von ca. einem Meter besitzen. Die Fehlermeldungen werden in STEP 7 grafisch angezeigt (Bild 7.21).

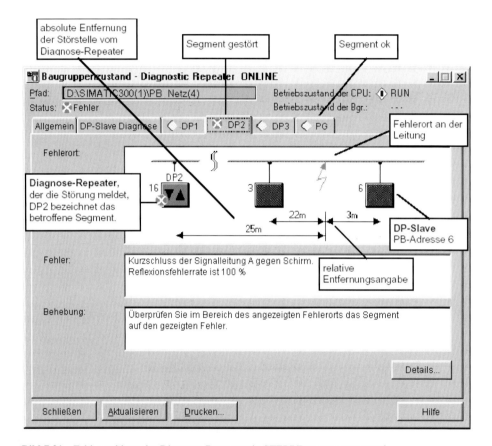

Bild 7.21 Fehlermeldung des Diagnose-Repeaters in STEP7/Baugruppenzustand

Der Diagnose-Repeater kann folgende Fehler feststellen:
- Bruch der Signalleitungen A oder B
- Kurzschluss der Signalleitungen A oder B gegen Schirm
- fehlende Abschlusswiderstände
- Wackelkontakte
- unzulässige Kaskadiertiefe
- zu viele Teilnehmer in einem Segment
- Teilnehmer zu weit entfernt vom Diagnose-Repeater
- fehlerhafte Telegramme

7.6 Diagnose mit dem Diagnose-Repeater

Der Diagnose-Repeater kann jedoch keine nicht bestromten und zusätzlich eingelegten Abschlusswiderstände erkennen. Weiterhin wird ein Kurzschluss zwischen den Signalleitungen A und B nicht erkannt.

7.6.3 Voraussetzungen für den Betrieb des Diagnose-Repeaters

Damit der Diagnose-Repeater zuverlässig arbeitet und seine volle Funktionalität bereitstellen kann, sind neben den allgemein gültigen Aufbaurichtlinien für PROFIBUS-Netze noch weitere, spezielle Aufbaurichtlinien zu beachten:

- In reinen MPI-/FDL-/FMS-Netzen darf der Diagnose-Repeater nicht eingesetzt werden.
- Der DP-Master sollte am Segment DP1 betrieben werden.
- Es dürfen keine Stichleitungen in den Segmenten DP2 und DP3 vorkommen.
- Die Leitungslänge an den Segmenten DP2 und DP3 darf maximal je 100 m betragen.
- Der Einsatz eines RS485-Busterminals ist nicht erlaubt.
- Der Einsatz weiterer Komponenten mit Repeater-Funktion führt zu fehlerhafter Topologieermittlung. Die Leitungsüberwachung erfolgt nur bis zur Repeater-Komponente.

Anordnung der Diagnose-Repeater

Bei der Anordung der Diagnose-Repeater muss darauf geachtet werden, dass pro Segment nur eine Mess-Schaltung aktiv ist. Die Mess-Schaltung wirkt nur an den Anschlüssen DP2 und DP3. Soll an diesen Segmenten ein weiterer Diagnose-Repeater angeschlossen werden, so muss bei diesem die Schnittstelle DP1 verwendet werden. Sind in einem Segment zwei oder mehr Mess-Schaltungen vorhanden, so wird eine Diagnosemeldung an den DP-Master gesendet.

Im Bild 7.22 sind die unzulässigen Verschaltungen zwischen zwei Diagnose-Repeatern dargestellt, Bild 7.23 zeigt die zulässigen Verschaltungen.

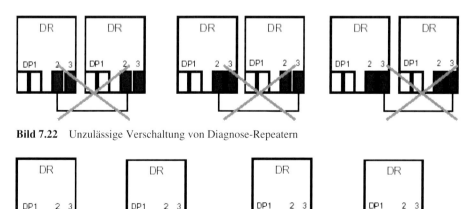

Bild 7.22 Unzulässige Verschaltung von Diagnose-Repeatern

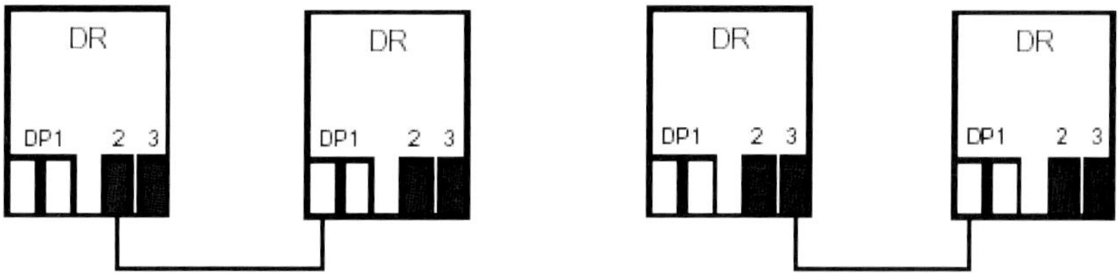

Bild 7.23 Zulässige Verschaltung von Diagnose-Repeatern

8 Aufbau und Inbetriebnahme einer PROFIBUS-DP-Anlage

Einführung

Die Tips in diesem Kapitel zum Aufbau und zur (Erst-)Inbetriebnahme einer PROFIBUS-DP-Anlage in RS485-Kupfertechnik helfen, Fehler beim Anlagenaufbau zu vermeiden und zeigen einfache Möglichkeiten, durch die Buskabelverlegung verursachte Fehler zu suchen und zu beheben.

Weiterhin wird ein Signaltest der DP-Ein-/Ausgangsperipherie mit Hilfe von entsprechenden STEP 7-Funktionen beschrieben.

Die Hinweise in diesem Kapitel ersetzen jedoch nicht die allgemein geltenden Aufbaurichtlinen zum Aufbau elektrischer und elektronischer Anlagen. Ebenso müssen die Aufbaurichtlinen der Hersteller und/oder die produktspezifischen Vorschriften zum Aufbau einer PROFIBUS-Anlage beachtet werden.

8.1 Tips zum Aufbau einer PROFIBUS-DP-Anlage

8.1.1 Anlagenaufbau mit geerdetem Bezugspotential

Die Standard-Aufbauvariante von S7-DP-Anlagen im Bereich Maschinenbau und Industrieanlagen ist die mit geerdetem Bezugspotential, d.h. alle Baugruppenträger und Laststromkreise haben dabei ein gemeinsames Bezugspotential (Erde). Auftretende Störströme werden über die angeschlossene Erdleitung abgeleitet. Der Schirm des PROFIBUS-Kabels ist über die Busanschlussstecker an alle Busteilnehmer angeschlossen. Störströme, die bedingt durch eine ungünstige PROFIBUS-Kabelführung oder einen ungünstigen Anlagenaufbau auftreten können, werden bereits am Schrankgehäuse durch z.B. großflächiges Auflegen des Kabelschirms mit Hilfe von Kabelschellen zur angeschlossenen Erde abgeleitet.

Bei dieser Aufbauvariante muss der Erdungsanschluss der einzelnen Komponenten, wie zum Beispiel der Profilschiene der S7-300 und der ET200M, mit einem gemeinsamen Erdungspunkt (Erdsammelleiter) im Schrank verbunden werden. Weiterhin wird das M-Potential (Masse) der 24-V-Versorgungsspannung mit dem Erdungspunkt verbunden. Generell ist bei den Verbindungsleitungen zum Erdungspunkt auf einen genügend großen Leitungsquerschnitt zu achten. Die einzelnen Erdsammelleitungen in den Schränken müssen auf demselben Erdpotential liegen, damit zwischen diesen keine Potentialunterschiede entstehen und Ausgleichsströme fließen können.

8.1 Tips zum Aufbau einer PROFIBUS-DP-Anlage

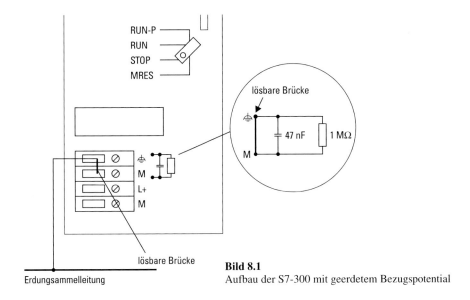

Bild 8.1
Aufbau der S7-300 mit geerdetem Bezugspotential

S7-300 mit geerdetem Bezugspotential

Bei einer S7-300-Steuerung mit geerdetem Bezugspotential muss, wie im Bild 8.1 dargestellt, an der CPU eine Brücke zwischen M-Potentialanschluss und Funktionserde eingelegt sein. Die S7-300-CPU312 IFM kann nur mit geerdetem Bezugspotential betrieben werden, da M-Potential und Funktionserde bereits CPU-intern verbunden sind.

S7-400 mit geerdetem Bezugspotential

Bei einer S7-400-Steuerung mit geerdetem Bezugspotential muss, wie im Bild 8.2 dargestellt, eine Brücke zwischen dem Bezugspotential M und dem Anschluss am Baugruppen-

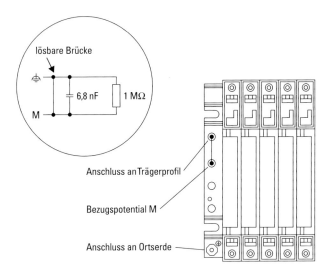

Bild 8.2
Aufbau der S7-400 mit geerdetem Bezugspotential

213

trägerprofil eingelegt sein. Der Baugruppenträger selbst muss über den dafür vorgesehenen Anschluss mit dem Erdungssammelleiter im Schrank verbunden werden.

8.1.2 Anlagenaufbau mit ungeerdetem Bezugspotential

Anlagen, bei denen eine Erdschlussüberwachung realisiert werden soll oder bei denen durch ihre räumliche Ausdehnung mit einem Bezugspotentialunterschied zwischen den einzelnen Busteilnehmern zu rechnen ist, der nicht über Potentialausgleichsleitungen ausgeglichen werden kann, sind mit ungeerdetem Bezugspotential aufzubauen. Auftretende Störströme werden bei dieser Aufbauvariante über RC-Netzwerke zur Erde abgeleitet. Die eingesetzten Lastspannungsversorgungen müssen erdpotentialfrei aufgebaut sein. Ebenso müssen die RS485-Schnittstellen der angeschlossenen Busteilnehmer potentialfrei aufgebaut sein. Wichtig ist bei dieser Aufbauvariante, dass der Schirm des PROFIBUS-Kabels nur einseitig aufgelegt wird.

S7-300 mit ungeerdetem Bezugspotential

Um eine S7-300-Steuerung mit ungeerdetem Bezugspotential zu betreiben, darf die im Bild 8.1 dargestellte Brücke an der CPU zwischen M-Potentialanschluss und Funktionserde nicht eingelegt sein. Über das RC-Netzwerk zwischen M und der Funktionserde werden auftretende hochfrequente Störströme zur Erde abgeleitet und gefährliche statische Aufladungen an Anlagenteilen vermieden.

S7-400 mit ungeerdetem Bezugspotential

Bei der S7-400-Steuerung mit ungeerdetem Bezugspotential darf die im Bild 8.2 dargestellte Brücke zwischen Bezugspotential M und dem Anschluss am Baugruppenträgerprofil nicht eingelegt sein. Über das RC-Netzwerk zwischen M und der Funktionserde werden auftretende hochfrequente Störströme zur Erde abgeleitet und gefährliche statische Aufladungen an Anlagenteilen vermieden.

8.1.3 Verlegung des PROFIBUS-Kabels

Die zum Betrieb einer Anlage benötigten elektrischen Leitungen und Kabel führen aufgrund der geforderten elektrischen Leistung oft hohe Spannungen und Ströme. Liegen derartige Leitungen und Kabel über längere Strecken parallel zum PROFIBUS-Kabel, so kann es zu kapazitiven und induktiven Einkopplungen auf das PROFIBUS-Kabel kommen, die den Datenverkehr stören. Um dem entgegenzuwirken, sollte bereits bei der Leitungsverlegung ein Abstand von mindestens 10 cm zwischen PROFIBUS-Kabel und den übrigen Leistungskabeln eingehalten werden. Leistungskabel und PROFIBUS-Kabel sollten generell über getrennte Kabel- und Leitungswege verlegt werden.

8.1.4 Schirmung des PROFIBUS-Kabels

Über den Schirm des PROFIBUS-Kabels werden auftretende Störströme und elektromagnetische Störfelder zur Erde abgeleitet. Hierbei ist eine Verbindung des Schirms mit geringer Impedanz zum Erdpotential besonders wichtig. Der Kabelschirm ist in der Regel beidseitig aufzulegen. Durch diese Maßnahme ist speziell im Bereich höherer Störfrequenzen eine gute Störunterdrückung zu erzielen. Wenn zwischen einzelnen Busteilnehmern einer räumlich ausgedehnten Anlage ein Potentialunterschied besteht und ein Potentialausgleich nicht durchgeführt werden kann, ist es von Vorteil, den Kabelschirm nur einseitig aufzulegen, um einen Potentialausgleichsstrom über den PROFIBUS-Kabelschirm zu vermeiden. Ein über den Kabelschirm fließender Potentialausgleichstrom kann die Schirmwirkung stark beeinträchtigen.

Bei einem stationärem Betrieb der Busteilnehmer ist es empfehlenswert, den Schirm am PROFIBUS-Kabel bei Schrankeintritt unterbrechungsfrei abzuisolieren und mit Hilfe von entsprechenden Kabelschellen auf Erdpotential zu legen.

8.2 Tipps zur (Erst-)Inbetriebnahme einer PROFIBUS-DP-Anlage

8.2.1 Buskabel und Busanschlussstecker

PROFIBUS-Kabel und Busanschlussstecker sind wichtige Bestandteile einer DP-Anlage. Fehler beim Verlegen und Anschließen der Buskabel können den Datenaustausch zwischen den Busteilnehmern erheblich beeinträchtigen. Bei schwerwiegenden Fehlern, wie vertauschten Datenleitungen, Leitungsbruch oder Kurzschlüssen, erfolgt überhaupt kein Datenaustausch. Vor dem ersten Einschalten einer PROFIBUS-DP-Anlage sollte deshalb die Buskabelverlegung, die Montageausführung der Busanschlussstecker und das korrekte Einlegen der Busabschlusswiderstände überprüft werden.

8.2.2 Prüfen des PROFIBUS-Buskabels und der Busanschlussstecker

Ein unsachgemäßer Anschluss des PROFIBUS-Kabels an den Busanschlussstecker kann zu Problemen beim Datenaustausch führen. Mit Hilfe einer einfachen, nachfolgend beschriebenen Prüfmethode können solche grundlegenden Fehler erkannt und beseitigt werden.

Mit der im Bild 8.3 vereinfacht dargestellten Prüfmethode ist es möglich, vertauschte Datenleitungen an den Standard-Busanschlusssteckern zu erkennen. Voraussetzung hierzu ist, dass die am Buskabel montierten Busanschlussstecker nicht mit den Busteilnehmern verbunden sind. Desweiteren dürfen bei der beschriebenen Prüfung keine Busabschlusswiderstände an den Busanschlusssteckern der Busleitung zugeschaltet sein.

Zur Durchführung der Messung(en) benötigen Sie als Hilfsmittel zwei einfache 9-polige D-SUB-Stecker mit Buchsen-Kontakt. Am Hilfsstecker 1 befindet sich ein 1-poliger Umschalter, dessen Fußkontakt mit dem Schirm (Gehäuse) des 9-poligen D-SUB-Steckers mit Buchsen-Kontakt verbunden ist. Die beiden Schaltkontakte sind jeweils mit PIN 3

8 Aufbau und Inbetriebnahme einer PROFIBUS-DP-Anlage

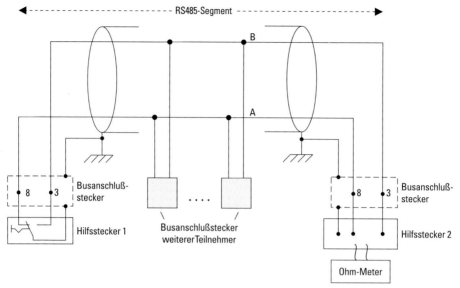

Bild 8.3 Prinzipschaltbild zum Prüfen des PROFIBUS-Kabels

(Datenleitung B) und PIN 8 (Datenleitung A) verbunden. Der Hilfsstecker 2 ist eine einfache Adaptionsmöglichkeit (Anschlussbuchsen) zum Anschluss eines Ohm-Meters an den Busanschlussstecker.

Zum Prüfen der Datenleitung werden die beiden Hilfsstecker 1 und 2 jeweils am Segmentanfang und -ende der Busleitung auf die Busanschlussstecker aufgesteckt. Durch eine Messung an den Kontakten 3, 8 und dem Schirm des Hilfssteckers 2 in Verbindung mit dem entsprechenden Umschalten des Schalters am Hilfsstecker 1 können somit bezüglich der Busleitung nacheinander folgende Punkte geprüft werden:

▷ Einfacher „Leitungsdreher" bei den Datenleitungen

▷ Unterbrechung einer der beiden Datenleitungen

▷ Unterbrechung des Leitungsschirmes

▷ Kurzschluss zwischen den Datenleitungen

▷ Kurzschluss zwischen den Datenleitungen und dem Kabelschirm

▷ Zuviele (unbeabsichtigt) eingelegte Busabschlusswiderstände

Zur Beurteilung der Messergebnisse muss der vom eingesetzten Leitungstyp (siehe z.B. Tabelle 1.2) und der vorhandenen Leitungslänge abhängige Schleifenwiderstand der Busleitung berücksichtigt werden.

Eine mögliche Fehlerstelle kann ohne Öffnen des Busanschlusssteckers durch sukzessives Annähern (Umstecken von Busanschlussstecker zu Busanschlussstecker) des Hilfssteckers 1 in Richtung Hilfsstecker 2, verbunden jeweils mit einer Kontrollmessung am Hilfsstecker 2, genau lokalisiert werden.

8.2 Tips zur (Erst-)Inbetriebnahme einer PROFIBUS-DP-Anlage

Das Prüfen der Datenleitung erfolgt in folgend beschriebenen 3 Schritten.

Im nachfolgenden sind die durchzuführenden Messungen, ausgehend von der Schalterstellung am Hilfsstecker 1 und dem Anschluss des Messgerätes am Hilfsstecker 2 (Konfiguration A bis D), aufgelistet und in den Bildern 8.4 bis 8.6 dargestellt.

Durchführung der Messungen

Konfiguration A:

Beim Hilfsstecker 1 den Schalter in Stellung 3 schalten (Verbindung von Pin 3 mit dem Schirm). Messgerät an Hilfsstecker 2 an Pin 3 und an Schirm anschließen.

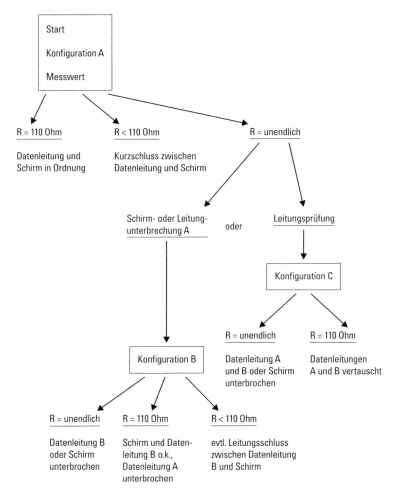

Bild 8.4 Prüfung der Busleitung, Teil 1

8 Aufbau und Inbetriebnahme einer PROFIBUS-DP-Anlage

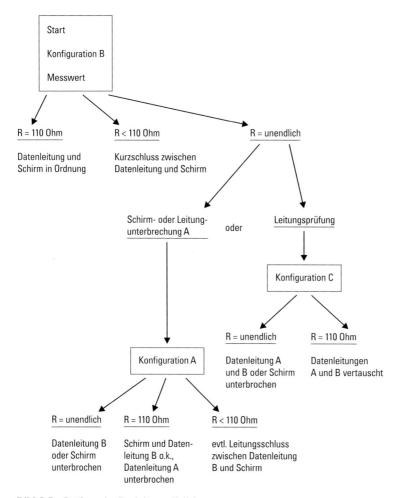

Bild 8.5 Prüfung der Busleitung, Teil 2

Konfiguration B:

Beim Hilfsstecker 1 den Schalter in Stellung 8 schalten (Verbindung von Pin 8 mit dem Schirm). Messgerät an Hilfsstecker 2, an Pin 8 und an Schirm anschließen.

Konfiguration C:

Beim Hilfsstecker 1 den Schalter in Stellung 3 schalten (Verbindung von Pin 3 mit dem Schirm). Messgerät an Hilfsstecker 2, an Pin 8 und an Schirm anschließen.

Konfiguration D:

Beim Hilfsstecker 1 ist die Schalterstellung beliebig. Messgerät an Hilfsstecker 2, an Pin 3 und an Pin 8 anschließen.

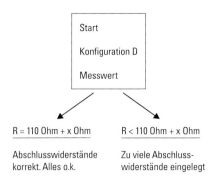

Bild 8.6 Prüfung der Busabschlusswiderstände

8.2.3 Busabschluss

Der aktive Busabschluss, bestehend aus einer Widerstandsabschlusskombination (siehe auch Bild 1.6), verhindert Reflexionen bei der Datenübertragung und sorgt für ein definiertes Ruhepotential auf der Datenleitung, wenn kein Teilnehmer am Bus aktiv ist. Es muss jeweils ein aktiver Busabschluss am Anfang und Ende des RS485-Bussegments vorhanden sein.

Ein nicht vorhandener Busabschluss führt zu Störungen beim Datenaustausch. Sind zuviele Widerstandsabschlusskombinationen eingelegt, führt dies ebenso zu Problemen, da jeder Busabschluss auch eine elektrische Last darstellt und somit die für einen hohen Störabstand nötigen Übertragungspegel bei der Datenübertragung nicht mehr gewährleistet sind. Auch sporadisch auftretende Übertragungsstörungen können durch zuviele oder fehlende Busabschlüsse auftreten. Dies ist vor allem dann der Fall, wenn ein Bussegment an der elektrischen Leistungsgrenze, die durch die maximale Anzahl der Busteilnehmer, der maximalen Bussegmentlänge und der maximal wählbaren Übertragungsgeschwindigkeit bestimmt wird, betrieben wird.

Die für den aktiven Busabschluss benötigte Spannungsversorgung wird im Regelfall direkt über den Busanschlussstecker vom angeschlossenen Busteilnehmer entnommen. Ist bei einer geplanten Anlage von vorneherein nicht sichergestellt, dass die benötigte Spannungsversorgung für den aktiven Busabschluss während des Anlagenbetriebes gewährleistet ist, müssen entsprechende Maßnahmen getroffen werden. Ein typisches, praktisches Anwendungsbeispiel hierzu ist, wenn der Busteilnehmer, der den Busabschlusswiderstand mit Spannung versorgt, während des Anlagenbetriebes immer wieder anlagenbedingt spannungslos geschaltet oder vom Bus abgetrennt wird. In diesem Fall muss für den betroffenen Busabschluss des Busteilnehmers ein Busabschluss mit externer Spannungsversorgung oder ein Repeater eingesetzt werden.

8.3 Busphysik-Testgerät „BT 200" für PROFIBUS-DP

Das im Bild 8.7 dargestellte BT 200 bietet in Form eines einfach zu bedienenden Handheldgerätes verschiedene Diagnosemöglichkeiten für PROFIBUS-DP-Bussysteme ohne zusätzliche Messhilfsmittel wie PC/PG oder Oszilloskop.

8 Aufbau und Inbetriebnahme einer PROFIBUS-DP-Anlage

Bild 8.7 Testgerät BT 200 für PROFIBUS-DP

8.3.1 Verdrahtungstest

Der Verdrahtungstest für ein Bussegment erfolgt zwischen BT 200 und dem Prüfstecker. Während der Installationsphase kann von Stecker zu Stecker geprüft werden. Der Prüfstecker ist dabei immer an dem einen Ende des Bussegmentes aufgesteckt. Kurzschlüsse können auch außerhalb der Teststrecke festgestellt werden (Bild 8.8). Das Bussegment darf nur am Anfang und am Ende mit einem Abschlusswiderstand versehen sein.

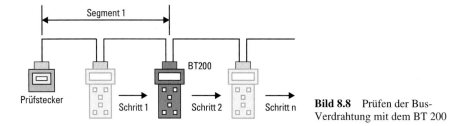

Bild 8.8 Prüfen der Bus-Verdrahtung mit dem BT 200

8.3.2 Teilnehmertest (RS485)

Mit dieser im Bild 8.9 dargestellten Messfunktion besteht die Möglichkeit, die RS485-Schnittstelle eines einzelnen DP-Slaves zu überprüfen. Das Testgerät prüft die RS485-Treiber-Versorgungsspannung und das RTS-Signal.

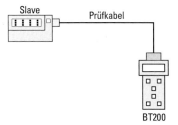

Bild 8.9 Prüfen der RS485-Schnittstelle mit dem BT 200

8.3.3 Strangtest

Hier kann mit dem BT 200 die Erreichbarkeit aller am PROFIBUS angeschlossen Slaves überprüft oder ein einzelner Slave angesprochen werden. Damit ist es möglich, die Busadresseinstellungen der Teilnehmer zu überprüfen. Der Strangtest kann auch über Repeater/LWL hinweg durchgeführt werden.

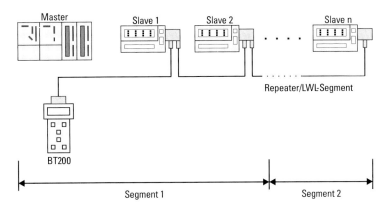

Bild 8.10   PROFIBUS-DP-Strangtest mit dem BT 200

8.3.4 Entfernungsmessung

Mit der Entfernungsmessung kann die Länge der verlegten PROFIBUS-Leitung gemessen werden, um z. B. die maximal zulässige Bussegmentlänge zu überprüfen.

8.3.5 Reflexionstest

Mit Hilfe des Funktion-Reflexionstests besteht die Möglichkeit, eine Störstelle (Angabe der Entfernung, Störstelle zu BT 200), z.B. Kurzschluss oder Unterbrechung, zu ermitteln.

Diese Messung kann auch bei angeschlossenen und spannungsversorgten Busteilnehmern durchgeführt werden. Während der Messung darf jedoch kein Datenaustausch stattfinden → DP-Master abgeschaltet, bzw. nicht angeschlossen.

Reflexionen können auftreten, wenn:
- Kurzschluss
- Leitungsbruch
- (zu viele oder zu lange) Stichleitungen vorhanden sind.
- zu viele oder keine Abschlusswiderstände eingelegt sind.
- innerhalb der Messstrecke (PROFIBUS-Leitung) der Wechsel auf einen ungeeigneten Kabeltyp erfolgt.
- unsachgemäße Kabelinstallation vorliegt (unzulässige Klemmverbindungen).

8 Aufbau und Inbetriebnahme einer PROFIBUS-DP-Anlage

8.4 Signaltest der DP-Ein- und Ausgänge

Bei der Inbetriebnahme einer DP-Anlage müssen auch die Signalwege der an den DP-Slaves angeschlossenen Geber und Stellgeräte überprüft werden (Prüfen der Verdrahtung). Mit der STEP 7-Funktion *Variable beobachten/steuern* ist es möglich einen Signaltest für die projektierten und angeschlossenen DP-Ein- und Ausgänge durchzuführen.

Um den Signaltest durchführen zu können, muss sich die CPU im Betriebszustand STOP befinden. Dies erreichen Sie über den Betriebsartenschalter der CPU oder durch das Stoppen der CPU mit STEP 7 ZIELSYSTEM → BETRIEBSZUSTAND in der Online-Sicht des *SIMATIC Manager*.

Stellen Sie hierzu die MPI-Kabelverbindung zwischen der CPU und dem PG/PC her. Mit ERREICHBARE TEILNEHMER und dem Kontexmenue MPI=„Adresse" gelangen Sie über ZIELSYSTEM → VARIABLE BEOBACHTEN/STEUERN zur STEP 7-Funktion *Variable beobachten und steuern*.

Geben Sie dort die zu testenden DP-Ein-/Ausgangsbytes ein. Arbeiten Sie hier mit direkten Peripherieadressen, PEB/PEW/PED für Eingänge und PAB/PAW/PAD für Ausgänge.

Wie im Bild 8.11 dargestellt, gelangen Sie über den Menuebefehle VARIABLE → PA FREISCHALTEN in das Fenster „Peripherieausgänge (PA) freischalten". Aktivieren Sie hier über JA den Modus „Peripherieausgänge freischalten". In diesem Modus schalten Sie das Signal OD (*O*utput-*D*isable) der CPU ab. Dieses Signal verhindert eine Wertausgabe von Ausgabebaugruppen im CPU-Betriebszustand STOP.

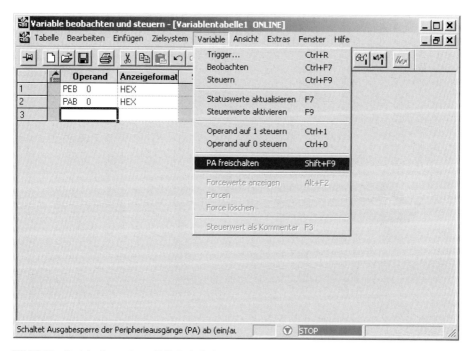

Bild 8.11 Peripherieausgänge (PA) freischalten

8.4 Signaltest der DP-Ein- und Ausgänge

Für die zu testenden Ausgänge geben Sie nun den gewünschten Steuerwert ein. Über STEUERWERTE AKTIVIEREN geben Sie den eingestellten Steuerwert auf die eingestellte Peripherieausgangsadresse aus. Die Funktion STEUERWERTE AKTIVIEREN wirkt nicht zyklisch. Für jeden neu eingestellten und auszugebenden Steuerwert müssen Sie die Funktion wieder aktivieren. Die zu überprüfenden Eingangszustände werden über die Funktion STATUSWERTE AKTUALISIEREN angezeigt (Bild 8.12).

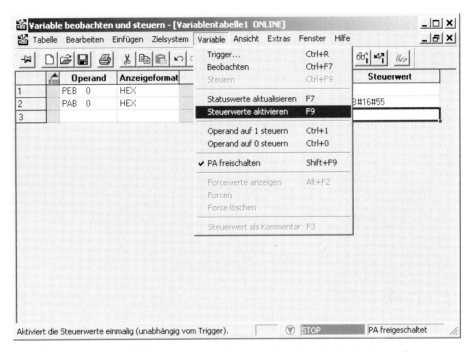

Bild 8.12 Signaltest der DP-Ein-/Ausgänge mit der Funktion *Variable beobachten und steuern*

9 Weitere DP-relevante STEP 7-Funktionen

9.1 GSD-Dateien

Die GSD-Dateien für DP-Slaves und DP-Master (Klasse 1) enthalten charakteristische Gerätemerkmale dieser DP-Komponenten. Über die festgelegten „DP-Schlüsselwörter" und das Dateiformat (Syntax) ist es möglich, die GSD-Dateien mit einem herstellerneutralen Projektierungswerkzeug weiterzuverarbeiten.

Mit den GSD-Dateien ist es schon bei der Projektierung eines PROFIBUS-DP-Systems möglich, Gerätedaten bezüglich der Einhaltung von Grenzwerten und Zulässigkeiten sowie der Leistungsfähigkeit eines DP-Gerätes zu prüfen. Damit können bereits bei der Projektierung mögliche Fehler beim Betrieb eines DP-Slaves vermieden werden.

GSD-Dateien sind ASCII-Dateien und können mit beliebigen ASCII-Texteditoren erzeugt und bearbeitet werden. Die festgelegten Schlüsselwörter und der vorgeschriebene Aufbau der GSD-Dateien sind der EN 50170 Volume 2 zu entnehmen. Die GSD-Dateien sind über die vorgeschriebene Namensgebung (Hersteller- und Gerätebezeichnung) zu identifizieren.

Die PNO stellt auf ihrem Internetserver unter http://www.profibus.com einen SVD-Editor zum Download zur Verfügung. Mit diesem Tool können sowohl SVD-Dateien erstellt als auch überprüft werden.

9.1.1 Neue GSD installieren

Neue GSD-Dateien werden in *HW Konfig* über EXTRAS → NEUE GSD INSTALLIEREN in STEP 7 installiert. Dies ist immer dann nötig, wenn bei der Projektierung eines PROFIBUS-DP-Systems neue, dem Projektierungswerkzeug bis dahin unbekannte DP-Geräte eingebunden werden sollen.

Die neu installierte GSD-Datei wird im Verzeichnis unter ...\Siemens\Step7\S7data\Gsd und das dazugehörige Piktogramm (Bitmap-Datei) unter
...\Siemens\Step7\S7data \Nsbmp abgelegt.

9.1.2 Stations-GSD importieren

STEP 7 speichert alle GSD-Dateien von DP-Geräten einer Anlage innerhalb des Projektes ab. Dadurch wird es möglich, jederzeit dieses STEP 7-Projekt mit einem weiteren STEP 7-Projektierungswerkzeug zu bearbeiten, auf das das Projekt übertragen wurde, auch wenn auf diesem Gerät die GSD-Dateien für die eingesetzten DP-Geräte noch nicht installiert sind.

GSD-Dateien, die nur in bestehenden Projekten, nicht aber im allgemeinen STEP 7-GSD-Verzeichnis abgespeichert sind, werden in *HW Konfig* über EXTRAS → STATIONS-GSD IMPORTIEREN ins allgemeingültige STEP 7-GSD-Verzeichnis übernommen und können damit bei weiteren neuen Projekten eingesetzt werden.

9.2 PROFIBUS-Adresse vergeben

Für eine Reihe von DP-Slavetypen, die die Funktion *Set_Slave_Add* (siehe auch Abschnitt 2.1.3) unterstützen (z.B. ET200C), erfolgt die Vergabe der Busteilnehmeradresse nicht über Hardwareschalter, sondern mit Hilfe der DP-Master-Klasse-2-Funktion *Set_Slave_Add*. Das auf dem PG/PC installierte Projektierungswerkzeug STEP 7 mit seiner MPI-Online-Schnittstelle unterstützt diese Funktion.

Die Vergabe der Busteilnehmeradresse an DP-Slaves erfolgt mit dem *SIMATIC Manager* oder mit *HW Konfig* über ZIELSYSTEM → PROFIBUS-ADRESSE VERGEBEN (siehe Bild 9.1). Dazu muss der DP-Slave über ein entsprechendes PROFIBUS-Kabel oder ggf. über eine MPI-Leitung an die MPI-Schnittstelle des PG/PC angeschlossen werden. Mit dem Starten der Funktion *PROFIBUS-Adresse vergeben* überprüft (sucht) STEP 7 die Adresse des angeschlossenen DP-Slaves und zeigt diese im Fenster „PROFIBUS-Adresse vergeben" unter „Aktuelle PROFIBUS-Adresse" an.

Die Default-Adresse (werksseitige Einstellung) für die über die DP-Master-Klasse-2-Funktion *Set_Slave_Add* einstellbaren DP-Slaves ist 126. Diese Adresse ist innerhalb von PROFIBUS-DP speziell für diese Slavetypen reserviert.

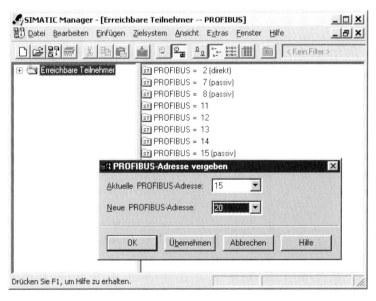

Bild 9.1   STEP 7-Funktion *PROFIBUS-Adresse vergeben*

Sind mehrere DP-Slaves angeschlossen, so werden alle gefundenen Adressen über das Listenfeld „Aktuelle PROFIBUS-Adresse" zur Auswahl angezeigt. Hierbei wird nicht berücksichtigt, ob es sich um DP-Slaves handelt, die die Funktion *Set_Slave_Add* unterstützen oder nicht.

Um die PROFIBUS-Adresse zu vergeben, muss im Feld „Aktuelle PROFIBUS-Adresse" die Adresse des DP-Slaves angewählt werden, die der DP-Slave erhalten soll. Im Feld „Neue PROFIBUS-Adresse" wird die neue Adresse eingegeben. Mit OK erhält der DP-Slave entsprechend der Eingabe diese neue Adresse und das Fenster wird verlassen. Sollen für weitere angeschlossene DP-Slaves Adressen vergeben werden, so kann man auch die im Fenster „PROFIBUS-Adresse vergeben" eingestellte neue Adresse des DP-Slaves mit dem Button „Übernehmen" übernehmen, ohne das Fenster zu verlassen. Es ist so möglich, alle DP-Slaves nacheinander anzuwählen und mit einer neuen Adresse zu belegen, ohne das Fenster „PROFIBUS-Adresse vergeben" verlassen zu müssen.

Sind mehrere zu adressierende DP-Slaves am PG/PC angeschlossen und bestehen bezüglich der aktuell eingestellten DP-Slave-Adressen Zweifel (Adresse der DP-Slaves in der Regel nicht von außen erkennbar), so sollten die DP-Slaves nacheinander einzeln an das PG/PC angeschlossen und umadressiert werden.

9.3 NETPRO

Mit dem Tool *NETPRO: Netz konfigurieren* (Bild 9.2) steht innerhalb von STEP 7 ein leistungsfähiges Tool zum grafisch unterstützten Projektieren von kompletten STEP 7-Projekten zur Verfügung. Das Tool ermöglicht auf grafischer Basis das Einfügen und Löschen von Netzobjekten wie

▷ DP-Slaves,

▷ Stationen und

▷ Subnetzen.

Mit *NETPRO, Netz konfigurieren* lassen sich über das Kontextmenue von selektierten grafisch dargestellten Objekten (z. B. DP-Slaves) die dazugehörigen Tools (z. B. *HW Konfig*) starten und bearbeiten.

9.4 PG-Online-Funktionen

Die integrierten und steckbaren DP-Master-Schnittstellen der S7-300- und 400-Systeme ermöglichen den PG-(Remote) Zugriff auf alle angeschlossenen aktiven S7-Systeme (auch aktive S7-300-Stationen, die als DP-Slave betrieben werden).

Um das PG oder den PC am PROFIBUS-Subnetz betreiben zu können, müssen lediglich die Busparameter für die Online-Schnittstelle über die Funktion *PG/PC-Schnittstelle einstellen* angepaßt werden (siehe hierzu Abschnitt 7.2 „PG/PC-Schnittstelle einstellen").

Der Leistungsumfang der PG/PC-Funktionen entspricht dem der gewohnten MPI-Funktionen.

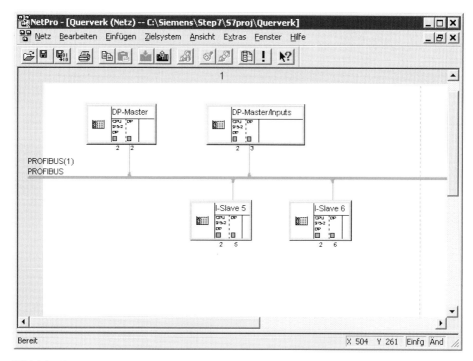

Bild 9.2 STEP 7-Tool *NETPRO: Netz konfigurieren*

9.5 NCM-Diagnose

Die DP-Masteranschaltungen CP342-5DP und CP443-5Extended können mit dem Zusatzsoftwarepaket NCM-Diagnose (*N*etwork*C*ommunication*M*anagement) eigenständig diagnostiziert werden. NCM-Diagnose ist eine unter der STEP 7-Basissoftware ablaufende Applikation. Die Masterbaugruppen können dabei ohne STEP 7-Projekt diagnostiziert werden. Die NCM-Diagnose bietet folgende Funktionen:

▷ Auslesen der Busparameter

▷ Diagnosepuffer auslesen

▷ Lifelist aller am PROFIBUS angeschlossenen Geräte

▷ PROFIBUS-Statistik auslesen

▷ Übersichtsdiagnose des DP-Masters (Bild 9.3)

▷ Einzeldiagnose von DP-Slaves, die von diesem DP-Master betrieben werden (Bild 9.4)

9 Weitere DP-relevante STEP 7-Funktionen

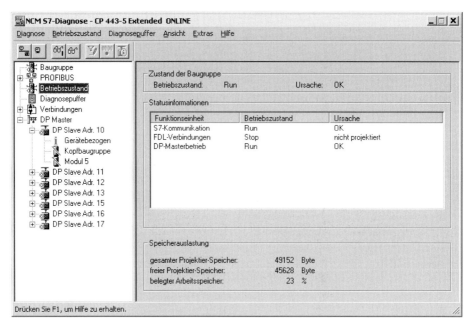

Bild 9.3 NCM-Übersichtsdiagnose des DP-Masters

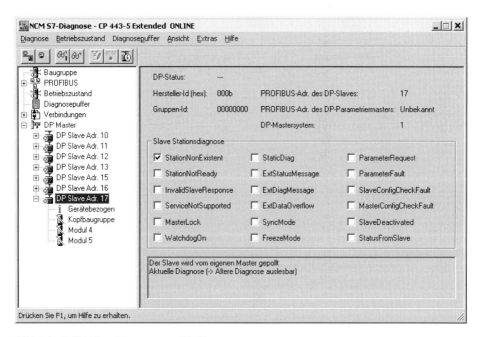

Bild 9.4 NCM-Einzeldiagnose von DP-Slaves

Glossar

Äquidistanter DP-Zyklus
Mit dem Parameter Äquidistanz stellen Sie für das PROFIBUS-Subnetz einen konstanten Buszyklus ein.
Dies bedeutet, dass der zeitliche Abstand aufeinanderfolgender Sendeberechtigungen für den DP-Master konstant ist.

Abschlusswiderstand
Widerstand zur Leitungsanpassung am Buskabel; Abschlusswiderstände sind beim PROFIBUS grundsätzlich an den Kabel- bzw. Segmentenden notwendig.

Adresse
Eine Adresse ist die Kennzeichnung für einen bestimmten Operanden oder Operandenbereich, Beispiele: Eingang E12.1; Merkerwort MW25; Datenbaustein DB3.

Adressierung
Zuweisung einer Adresse im Anwenderprogramm. Adressen können bestimmten Operanden oder Operandenbereichen zugewiesen werden (Beispiele: Eingang E 12.1; Merkerwort MW25).

Aktualparameter
Aktualparameter ersetzen beim Aufruf eines Funktionsbausteins (FB) oder einer Funktion (FC) die Formalparameter. Beispiel: Der Formalparameter „REQ" wird ersetzt durch den Aktualparameter „E 3.6"

Alarm
SIMATIC S7 kennt 10 verschiedene Prioritätsklassen, die die Bearbeitung des Anwenderprogramms regeln. Zu diesen Prioritätsklassen gehören u.a. Alarme, z.B. Prozessalarme. Bei Auftreten eines Alarms wird vom Betriebssystem automatisch ein zugeordneter Organisationsbaustein aufgerufen, in dem der Anwender die gewünschte Reaktion programmieren kann.

Anlage
Gesamtheit aller elektrischen Betriebsmittel. Zu einer Anlage gehören u.a. Speicher-

programmierbare Steuerung, Geräte für Bedienen und Beobachten, Bussysteme, Feldgeräte, Antriebe, Versorgungsleitungen.

ANLAUF
Der Betriebszustand ANLAUF ist der Übergang vom Betriebszustand STOP in den Betriebszustand RUN.

Anlauf-OB
Abhängig von der Schalterstellung des Anlaufartenschalters (nur bei S7-400), der Vorgeschichte (Wiederkehr der ausgefallenen Netzspannung. Umschalten zwischen Betriebsarten STOP/RUN mit dem Betriebsartenschalter oder dem Programmiergerät) wird entweder der Anlauf-Organisationsbaustein (Anlauf-OB) „Neustart" oder „Wiederanlauf" (nur bei S7-400 vorhanden) vom Ablaufsystem aufgerufen. Im Anlauf-OB können vom SIMATIC S7-Anwender z.B. Vorbesetzungen für einen definierten Anlauf der Anlage nach Spannungsausfall programmiert werden.

Ansprechüberwachung
Wenn ein DP-Slave innerhalb der Ansprechüberwachungszeit nicht angesprochen wird, dann geht er in einen sogenannten sicheren Zustand, d.h. der DP-Slave

setzt seine Ausgänge auf „0". Die Ansprechüberwachung ist für jeden DP-Slave bei der Projektierung einzeln ein- und ausschaltbar.

Anweisung
Eine Anweisung (STEP 7) ist die kleinste selbständige Einheit eines in einer textuellen Sprache erstellten Anwenderprogrammes. Sie stellt eine Arbeitsvorschrift für den Prozessor dar.

Anweisungsliste
Die Darstellungsart Anweisungsliste ist die Assemblersprache von STEP 7. Wird ein Programm in AWL programmiert, so entsprechen die einzelnen Anweisungen den Arbeitsschritten, mit denen die CPU das Programm bearbeitet.

Anwenderprogramm
Das Anwenderprogramm enthält alle Anweisungen und Deklarationen sowie Daten für die Signalverarbeitung, die zum Steuern einer Anlage oder eines Prozesses benötigt werden. Es ist einer programmierbaren Baugruppe (Baugruppe, programmierbar) (z.B. CPU, FM) zugeordnet und kann in kleinere Einheiten (Bausteine) strukturiert werden.

Automatisierungsgerät
Gerät, welches zur Verarbeitung von Eingabe- und Ausgabe-Informationen bei der Automatisierung technischer Prozesse dient. Keine eigenständige Anlage, sondern immer im Zusammenhang mit einem zu steuernden technischen Prozess zu sehen.

AWL
→ Anweisungsliste

B&B-System
Bedien- und Beobachtungssystem. Über B&B-Systeme können Prozessdaten entsprechend visualisiert und Anlagen bedient werden.

Baudrate
Die Baudrate bezeichnet die Datenübertragungsgeschwindigkeit und gibt die Anzahl der übertragenen Bits pro Sekunde an (Baudrate = Bitrate). Bei PROFIBUS-DP sind Baudraten von 9,6 kBaud bis 12 MBaud möglich.

Baugruppenparameter
Baugruppenparameter sind Werte, mit denen das Verhalten einer Baugruppe oder eines am PROFIBUS angeschlossenen Gerätes eingestellt werden kann. Ein Teil dieser Parameter (baugruppenspezifisch) kann im Anwenderprogramm verändert werden (dynamische Datensätze).

Betriebssystem
Zusammenfassende Bezeichnung für alle Funktionen, welche die Ausführung der Benutzerprogramme, die Verteilung der Betriebsmittel auf die einzelnen Benutzerprogramme und die Aufrechterhaltung der Betriebsart in Zusammenarbeit mit der Hardware steuern und überwachen (z.B. Windows).

Betriebssystem (CPU)
Das Betriebssystem der CPU organisiert alle CPU-internen Funktionen und Abläufe der CPU, die nicht mit einer speziellen Steuerungsaufgabe verbunden sind.

Betriebszustand
Die Automatisierungsfamilie SIMATIC S7 kennt fünf unterschiedliche Betriebszustände: STOP, ANLAUF, HALT und RUN.

Betriebszustand ANLAUF
Der Betriebszustand ANLAUF wird beim Übergang vom Betriebszustand STOP in den Betriebszustand RUN durchlaufen. Kann ausgelöst werden durch den Betriebsartenschalter oder nach Netz-Ein oder durch Bedienung am Programmiergerät. Bei S7-300 wird ein Neustart durchgeführt. Bei S7-400 wird abhängig von der Stellung des Anlaufartenschalters entweder ein Neustart oder ein Wiederanlauf durchgeführt.

Glossar

Betriebszustand HALT
Der Betriebszustand HALT wird aus dem Betriebszustand RUN durch Anforderung vom PG erreicht. In diesem Betriebszustand sind spezielle Testfunktionen möglich.

Betriebszustand RUN
Im Betriebszustand RUN wird das Anwenderprogramm bearbeitet, das Prozessabbild wird zyklisch aktualisiert. Alle digitalen Ausgänge sind freigegeben.

Betriebszustand STOP
Der Betriebszustand STOP wird erreicht durch: – Betätigung des Betriebsartenschalters – durch einen internen Fehler auf der Zentralbaugruppe – durch Bedienung am Programmiergerät. Im Betriebszustand „STOP" wird das Anwenderprogramm nicht bearbeitet. Alle Baugruppen werden in einen sicheren Zustand geschaltet. Bestimmte Programmierfunktionen sowie Bedien- und Beobachtungsfunktionen sind möglich.

Bezugspotential
Potential, von dem aus die Spannungen der beteiligten Stromkreise betrachtet und/oder gemessen werden.

Bus
Als Bus wird der gemeinsame Übertragungsweg (Medium), mit dem alle Teilnehmer am Bus verbunden sind bezeichnet. Bei PROFIBUS ist der Bus eine Zweidrahtleitung oder ein Lichtwellenleiter.

Busanschlussstecker
Physikalische Verbindung zwischen Station und Busleitung. Bei PROFIBUS gibt es Busanschlussstecker mit und ohne Anschluss für das PG, in den Schutzarten IP 20 und IP 65.

Bussegment
Um den möglichen Vollausbau (Teilnehmerzahl) und die maximal mögliche Ausdehnung eines PROFIBUS-Bussystems zu erreichen, ist der PROFIBUS aus physikalischen Gründen in Segmente unterteilt, die über Repeater verbunden werden.

Bussystem
Alle Stationen, die physikalisch über ein Buskabel verbunden sind, bilden ein Bussystem.

CLEAR
Eine Betriebsart des DP-Masters. Der DP-Master liest zyklisch die Eingangsdaten, Ausgänge bleiben auf „0" gesetzt.

Client-Server-Prinzip
Bei einem Datenaustausch nach dem Client-Server-Prinzip vergibt der Client immer die Kommunikationsaufträge und der Server führt sie aus.

Datenbaustein
Datenbausteine (DB) sind Datenbereiche im Anwenderprogramm, die Anwenderdaten enthalten. Es gibt globale Datenbausteine, auf die vom gesamten Anwenderprogramm aus zugegriffen werden kann. Weiterhin gibt es Instanz-Datenbausteine, die einem bestimmten FB-Aufruf zugeordnet sind.

Dezentrale Peripheriegeräte
Ein-/Ausgabeeinheiten, die nicht im Zentralgerät eingesetzt werden, sondern dezentral von der CPU aufgebaut sind, z.B.: ET 200B, ET 200C, ET 200L, ET 200M, ET 200U, S5-95U, DP/AS-I Link und S7-300-Stationen mit PROFIBUS-DP-Schnittstelle.

Diagnose
Diagnose ist die Erkennung, Lokalisierung, Klassifizierung, Anzeige und Auswertung von Fehlern, Störungen und Meldungen. Diagnose bietet Überwachungsfunktionen, die während des Anlagenbetriebs automatisch ablaufen. Dadurch erhöht sich die Verfügbarkeit von Anlagen.

Diagnosealarm
Diagnosefähige Baugruppen melden erkannte Systemfehler über Diagnosealarme an die Zentralbaugruppe.

Diagnosedaten
Diagnosedaten sind in der Fehlermeldung enthaltene Informationen (z. B. Diagnoseereignis)

Diagnosepuffer
Der Diagnosepuffer ist ein gepufferter Speicherbereich in der Zentralbaugruppe, in dem sämtliche Diagnoseereignisse in der Reihenfolge des Auftretens abgelegt sind.

Dienste
Angebotene Leistungen (Datenaustauschmöglichkeiten) eines Kommunikationsprotokolls.

DP
Als Dezentrale Peripherie (DP) werden Ein-/Ausgabebaugruppen bezeichnet, die dezentral von der CPU eingesetzt werden. Die Verbindung zwischen dem Automatisierungsgerät und der Dezentralen Peripherie erfolgt über das Bussystem PROFIBUS-DP.

DP-Master
Ein Master, der sich nach EN 50 170, Volume 2, PROFIBUS, mit dem Protokoll DP verhält, wird als DP-Master bezeichnet.

DP-Norm
ist das Busprotokoll für DP nach EN 50 170, Volume 2, PROFIBUS.

DP-Slave
Ein Slave, der am Bus PROFIBUS mit dem Protokoll PROFIBUS-DP betrieben wird und sich nach EN 50 170, Volume 2, PROFIBUS, verhält wird als DP-Slave bezeichnet.

DPV1-Slave
Ein DP-Slave nach EN 50170, Volume 2 bzw. IEC 61158-3 mit spezifischen Erweiterungen des Alarmmodells und des azyklischen Datenverkehrs.

Eingangsparameter
Eingangsparameter gibt es nur bei Funktionen und Funktionsbausteinen. Mit Hilfe der Eingangsparameter werden Daten zur Verarbeitung an den aufgerufenen Baustein übergeben.

Erden
Erden heißt, einen elektrisch leitfähigen Teil einer Anlage über eine Erdungsanlage mit dem Erder zu verbinden.

Erdfreier Aufbau
Aufbau ohne galvanische Verbindung zur Erde. In den meisten Fällen wird zur Ableitung von Störströmen ein RC-Netzwerk verwendet.

FDL
*F*ieldbus *D*ata *L*ink – Schicht 2 des ISO-Refernzmodells bei PROFIBUS; sie besteht aus *F*ieldbus *L*ink *C*ontrol (FCL) und *M*edium *A*ccess *C*ontrol (MAC)

Fehler, asynchron
Asynchrone Fehler sind Laufzeitfehler, die sich nicht einer bestimmten Stelle im Anwenderprogramm zuordnen lassen (z. B. Stromversorgungsfehler, Zyklusüberschreitung). Bei Auftreten dieser Fehler werden entsprechende Organisationsbausteine vom Betriebssystem aufgerufen, in denen der Anwender eine Reaktion programmieren kann.

Fehler, synchron
Synchrone Fehler sind Laufzeitfehler, die sich einer bestimmten Stelle im Anwenderprogramm zuordnen lassen (z. B. Fehler beim Zugriff auf eine Peripheriebaugruppe). Bei Auftreten dieser Fehler werden entsprechende Organisationsbausteine vom Betriebssystem aufgerufen, in denen der Anwender eine Reaktion programmieren kann.

Fehler-OB

Fehler-OBs sind Organisationsbausteine, mit deren Hilfe der Anwender die Reaktion auf Fehler programmieren kann. Eine programmierte Reaktion auf Fehler ist allerdings nur dann möglich, wenn der Fehler nicht zum Stopp des Automatisierungsgerätes führt. Für die unterschiedlichen Fehlertypen gibt es zugehörige Fehler-OBs. (z. B. Fehler-OB für Adressierfehler, Fehler-OB für oder Zugriffsfehler bei S7.)

Fehlerreaktion

Reaktion auf einen Laufzeitfehler. Das Betriebssystem kann auf folgende Arten reagieren: Überführen des Automatisierungssystems in den STOP-Zustand, Aufruf eines Organisationsbausteins, in dem der Anwender eine Reaktion programmieren kann oder Anzeigen des Fehlers.

Feldbus

Digital und seriell arbeitender Datenbus zur Mehrpunkt-Kommunikation

Feldgerät

Automatisierungs- oder dezentrales Gerät, welches im Feldbereich eingesetzt wird.

FM

Eine Funktionsbaugruppe (FM) ist eine Baugruppe, die die Zentralbaugruppe (CPU) der Automatisierungssysteme S7-300 und S7-400 von zeitkritischen bzw. speicherintensiven Prozesssignalverarbeitungsaufgaben entlastet. FM verwenden in der Regel den internen Kommunikationsbus zum schnellen Datenaustausch mit der CPU. Beispiele für FM-Anwendungen: Zählen, Positionieren, Regeln.

FMS

Fieldbus Message Specification, Schicht 7 des ISO-Refernzmodells bei PROFIBUS; sie umfaßt die Funktionen Protokollmaschine, Generierung der PDUs sowie Codierung/Decodierung und Interpretation der Protokolldateneinheit.

FMS-Dienst

Der Datenaustausch zwischen FMS-Teilnehmern erfolgt über die FMS-Dienste. Es gibt bestätigte und unbestätigte FMS-Dienste. Bei bestätigten FMS-Diensten (z. B. MSAZ) sendet der Slave eine Quittierung über den Erhalt des FMS-Dienstes zurück an den Master. Bei den unbestätigten FMS-Diensten (z. B. Broadcast) sendet der Kommunikationspartner keine Quittierung an den Master.

FMS-Master

Ein Master, der sich nach EN 50 170, Volume 2, PROFIBUS, mit dem Protokoll FMS verhält, wird als FMS-Master bezeichnet.

FMS-Protokoll

Protokoll für die Datenübertragung nach der Fieldbus Message Specification über ein PROFIBUS-Netz.

FMS-Slave

Ein Slave, der am PROFIBUS mit dem Protokoll PROFIBUS-FMS betrieben wird und sich nach EN 50 170, Volume 2, PROFIBUS, verhält, wird als FMS-Slave bezeichnet.

FMS-Station

Als FMS-Station wird ein FMS-Master oder ein FMS-Slave bezeichnet.

FMS-Verbindung

Als FMS-Verbindung wird eine Kommunikationsbeziehung zwischen zwei FMS-Stationen bezeichnet.

Formalparameter

Ein Formalparameter ist ein Platzhalter für den „tatsächlichen" Parameter (Aktualparameter) bei FB/FC/SFB/SFC. Bei FB und FC werden die Formalparamter vom Anwender deklariert, bei SFB und SFC sind sie bereits vorhanden. Beim Aufruf des Bausteins wird dem Formalparameter ein Aktualparameter zugeordnet, so dass der aufgerufene Baustein mit dessen aktuellen

Wert arbeitet. Die Formalparameter zählen zu den Lokaldaten des Bausteins und unterteilen sich nach Eingangs-, Ausgangs-, und Ein-/Ausgangsparametern.

FREEZE
Steuerkommando des DP-Masters an eine Gruppe von DP-Slaves. Nach Erhalt des Steuerkommandos FREEZE friert der DP-Slave den aktuellen Zustand der Eingänge ein und überträgt diese zyklisch an den DP-Master. Nach jedem neuen Steuerkommando FREEZE friert der DP-Slave erneut den aktuellen Zustand der Eingänge am DP-Slave ein. Die Eingangsdaten werden erst dann wieder zyklisch vom DP-Slave an den DP-Master übertragen, wenn der DP-Master das Steuerkommando UNFREEZE sendet.

GAP-Faktor
Gibt an, nach wie vielen Busumläufen der Master nach neuen aktiven Teilnehmern sucht, um sie in den Bus aufzunehmen und denToken an diese Station weiterleiten zu können. Der GAP-Bereich liegt zwischen der eigenen Stationsadresse und der nachfolgenden. (Ausnahme: Der Bereich der höchsten Teilnehmeradresse bis zur Adresse 127 gehört nicht zum GAP-Bereich.)

GAP-Bereich
GAP-Aktualisierungsfaktor. Der Abstand der eigenen PROFIBUS-Adresse des Masters bis zur nächsten PROFIBUS-Adresse eines Masters wird Gap (englisch: Lücke) genannt. Der Gap-Aktualisierungsfaktor sagt wiederum aus, nach wievielen Token-Umläufen der Master prüft, ob sich im Gap noch ein weiterer Master befindet. Z.B., wenn der Gap-Aktualisierungsfaktor 3 beträgt, heißt das, dass jeder Master nach ca. 3 Token-Umläufen prüft, ob sich ein neuer Master zwischen seiner eigenen PROFIBUS-Adresse und der PROFIBUS-Adresse des nächsten Masters befindet.

Gruppe
Das senden von Steuerkommandos FREEZE oder SYNC an DP-Slaves erfolgt über festgelegte Slave-Gruppen. Es können mehrere DP-Slaves zu einer Gruppe zusammengefaßt werden. Ein DP-Slave kann auch mehreren Gruppen angehören, aber nur einem Mastersystem.

GSD-Datei
Die GSD-Datei enthält die *Geräte Stamm Daten* (elektronisches Gerätedatenblatt) des PROFIBUS-DP-Geräts und ist vom Gerätehersteller auszufüllen. Die GSD-Datei wird üblicherweise mit dem Gerät auf Diskette ausgeliefert und enthält die technischen Merkmale des Gerätes. Diese Datei wird zur Projektierung des Gerätes benötigt.

Herstellerspezifischer Alarm
DPV1-Slaves können herstellerspezifische Ereignisse über Manufacture-Alarme (herstellerspezifische Alarme) an die Zentralbaugruppe melden.

Identnummer
Eine von der PROFIBUS Nutzerorganisation zugeteilt 16-Bit-Nummer, die ein Produkt eindeutig kennzeichnet. Sie stellt eine Referenz zur GSD-Datei dar. Bei modularen Geräten oder Geräte, die sich in der gleichen GSD-Datei beschreiben lassen, kann eine Ident-Nummer für eine ganze Gerätereihe erteilt werden.

Instanz-DB
Ein Instanz-Datenbaustein speichert die Formalparameter und statischen Daten von Funktionsbausteinen und Systemfunktionsbausteinen. Ein Instanz-DB ist für einen FB-/SFB-Aufruf notwendig.

ISA
Industrial System Architecture – PC-Busstandard; ISA-Bus – Erweiterungsbus bei XT- und AT-Rechnern (standardisierter 16-Bit-Daten- und 24-Bit-Adress-Bus).

ISO
International Standard Organization – Internationale Organisation mit Sitz in Genf zur Schaffung allgemeiner Normen, auch dem Gebiet des Datenübertragungsbereichs.

Isolationsüberwachung
Einrichtung zur Überwachung des Isolationswiderstands einer Anlage.

Kombimaster
Master, der sowohl als DP-Master als auch als FMS-Master arbeiten kann.

Kommunikationsbeziehung
Bei PROFIBUS-FMS ist eine Kommunikationsbeziehung die logische Verbindung zwischen zwei Busteilnehmern.

Konfiguration
Anlagenspezifische Zusammenstellung von Hard- und/oder Softwarekomponenten.

Konfigurieren
Auswählen und Zusammenstellen einzelner Komponenten eines Automatisierungssystems bzw. Installieren von benötigter Software und Anpassen an den speziellen Einsatz (z.B. durch Parametrieren der Baugruppen).

Konsistente Daten
Ein- und Ausgangsdatenbereiche, die vom Inhalt her eine in sich zusammenhängende Information darstellen und die nicht in einer Byte- oder Wort-Struktur untergebracht werden können, müssen als konsistente Daten behandelt werden.

Konstante
„Konstanten" sind Platzhalter für konstante Werte bei Codebausteinen. Konstanten werden verwendet, um die Lesbarkeit eines Programms zu erhöhen. Beispiel: Anstatt einen Wert (z.B. 10) direkt anzugeben, wird z.B. der Platzhalter „MaxSchleifendurchläufe" bei einem Funktionsbaustein angegeben. Bei dessen Aufruf wird dann der Wert der vorher deklarierten Konstanten (z.B. 10) angegeben.

Kurzschluss
Eine durch einen Fehler entstandene leitende Verbindung zwischen betriebsmäßig unter Spannung stehenden Leitern, wenn im Fehlerstromkreis kein Nutzwiderstand liegt.

Laden in programmierbare Baugruppe
Laden von ladbaren Objekten (z.B. Codebausteine) vom Programmiergerät in den Ladespeicher einer programmierbaren Baugruppe. Dies kann sowohl über ein direkt an die CPU angeschlossenes Programmiergerät oder z.B. über PROFIBUS geschehen.

Laden in PG
Laden von ladbaren Objekten (z.B. Codebausteine) aus dem Ladespeicher der Zentralbaugruppe in das Programmiergerät. Dies kann sowohl über ein direkt an das Zentralgerät angeschlossenes Programmiergerät oder z.B. über PROFIBUS geschehen.

Laden in Zielsystem
Laden von ladbaren Objekten (z.B. Codebausteinen) vom Programmiergerät in den Ladespeicher einer angeschlossenen programmierbaren Baugruppe (z.B. Zentralbaugruppe). Dies kann über ein direkt an die programmierbare Baugruppe angeschlossenes Programmiergerät oder z.B. über PROFIBUS geschehen.

Lastnetzgerät
Stromversorgung zur Speisung der Peripheriebaugruppen.

Logische Adresse
Adresse, unter der ein Anwenderprogramm im Automatisierungs-System ein Ein-/Ausgangs-Signal ansprechen kann.

Logische Basisadresse
Logische Adresse des ersten Ein-/Ausgangs-Signals einer Baugruppe.

LSAP
Link Service Access Point ist ein Schicht 2-Zugangspunkt (Adresse).

Manchester-Codierung
Codierung, mit deren Hilfe Daten und Takt in einem einzigen, selbstsynchronisierenden Signal übertragen werden können (IEC 1158-2, PROFIBUS-PA).

Mandatory Services
Das sind die Dienste, die jeder PROFIBUS Teilnehmer unbedingt unterstützen muss.

Masse
Als Masse gilt die Gesamtheit aller untereinander verbundenen inaktiven Teile eines Betriebsmittels, die auch im Fehlerfall keine gefährliche Berührungsspannung annehmen können.

Master Klasse 1
Der DP-Master, der den Nutzdatenverkehr durchführt.

Master Klasse 2
Der DP-Master für Steuerungs-/Inbetriebnahme und Projektierungsaufgaben.

Master-Slave-Verfahren
Buszugriffsverfahren, bei dem jeweils nur ein Teilnehmer der Master ist und alle anderen Teilnehmer Slaves sind.

Merker
Ein Merker ist ein 1-Bit-Speicher. Auf die Merker kann mit STEP-7-Grundoperationen schreibend und lesend zugegriffen werden (bit-, byte-, wort- und doppelwortweise). Der Merkerbereich kann vom Anwender zum Speichern von Zwischenergebnissen verwendet werden.

MPI
*M*ulti *P*oint *I*nterface – Mehrpunktfähige Schnittstelle für SIMATIC S7. Programmiergeräte-Schnittstelle von SIMATIC S7. Sie ermöglicht den gleichzeitigen Betrieb von mehreren Programmiergeräten, Text Displays, Operator Panels an einer oder auch mehreren Zentralbaugruppen (CPUs).

MPI-Adresse
In einem MPI-Subnetz muss jeder angeschlossenen Baugruppe eine eigene MPI-Adresse zugewiesen werden.

Neustart
Beim Anlauf einer Zentralbaugruppe (z. B. nach Betätigung des Betriebsartenschalters von STOP auf RUN oder bei Netzspannung EIN) wird vor der zyklischen Programmbearbeitung (OB 1) zunächst entweder der Organisationsbaustein OB 101 (Wiederanlauf; nur bei S7-400) oder der Organisationsbaustein OB 100 (Neustart) bearbeitet. Bei Neustart wird das Prozessabbild der Eingänge eingelesen und das STEP 7-Anwenderprogramm beginnend beim ersten Befehl im OB1 bearbeitet.

OB-Priorität
Das Betriebssystem der CPU unterscheidet zwischen verschiedenen Prioritätsklassen, z. B. zyklische Programmbearbeitung, prozessalarmgesteuerte Programmbearbeitung. Jeder Prioritätsklasse sind Organisationsbausteine (OB) zugeordnet, in denen der S7-Anwender eine Reaktion programmieren kann. Die OBs haben standardmäßig verschiedene Prioritäten, in deren Reihenfolge sie im Falle eines gleichzeitigen Auftretens bearbeitet werden bzw. sich untereinander unterbrechen. Die standardmäßigen Prioritäten sind vom S7-Anwender änderbar.

Offline
Zustand eines PG bzw. eines PC der nicht zum Zwecke der Datenübertragung mit dem Automatisierungsgerät verbunden ist.

Online
Zustand eines PG bzw. eines PC, das zum Zwecke der Datenübertragung mit dem Automatisierungsgerät verbunden ist.

Organisationsbaustein
Organisationsbausteine bilden die Schnittstelle zwischen dem Betriebssystem der CPU und dem Anwenderprogramm. In den Organisationsbausteinen wird die Reihenfolge der Bearbeitung des Anwenderprogrammes festgelegt.

Ortserde
Erdung bedeutet laut DIN EN 61158-2 eine „permanente Verbindung zur Orts-

erde über eine ausreichend niederohmige Verbindung mit ausreichender Stromtragfähigkeit, um Überspannungen von angeschlossenen Geräten oder von Personen fernzuhalten".

Parameter
1. Variable eines STEP 7-Codebausteins (siehe Bausteinparameter, Aktualparameter, Formalparameter). 2. Variable zur Einstellung des Verhaltens einer Baugruppe (eine oder mehrere pro Baugruppe). Jede Baugruppe besitzt im Lieferzustand eine sinnvolle Grundeinstellung, die durch STEP 7 verändert werden kann. Es gibt 2 Arten von Parametern: statische und dynamische.

Parameter, dynamisch
Dynamische Parameter von Baugruppen können, im Gegensatz zu statischen Parametern, im laufenden Betrieb durch Aufruf eines SFC verändert werden, z. B. Grenzwerte einer analogen Eingabebaugruppe.

Parameter, statisch
Statische Parameter von Baugruppen können, im Gegensatz zu den dynamischen Parametern, nicht durch das Anwenderprogramm, sondern nur über STEP 7 geändert werden, z. B. die Eingangsverzögerung einer digitalen Eingabebaugruppe.

Parametrieren
Unter Parametrieren versteht man das Einstellen des Verhaltens einer Baugruppe.

Parametriermaster
Jeder DP-Slave hat einen Parametriermaster (Klasse 1). Im Anlauf übergibt der Parametriermaster die Parametrierdaten an den DP-Slave, er hat lesenden und schreibenden Zugriff auf den DP-Slave.

PCMCIA
Personal Computer Memory Card International Association – Vereinigung von ca. 450 Mitgliedsfirmen der Computerbranche mit dem Hauptziel, weltweit Standards für die Miniaturisierung und flexible Nutzung von PC-Erweiterungskarten festzulegen und dem Markt damit eine Basistechnologie zur Verfügung zu stellen. Kooperiert mit JEIDA (PC-Kartenstandard für kompakte PC-Erweiterungsbaugruppen).

Physical Layer
Übertragungsschicht eines Bussystems, umfaßt bei PROFIBUS eine Zweidraht-Leitung (als Übertragungsmedium), Abschlusswiderstände, Verbindungselemente (z. B. Stecker), Busanschaltungen.

Potentialfrei
Bei potentialfreien Ein-/Ausgabebaugruppen sind die Bezugspotentiale von Steuer und Laststromkreis galvanisch getrennt. Ein- und Ausgabestromkreise sind nicht „gewurzelt", d. h., die Ein- und Ausgabestromkreise haben untereinander kein gemeinsames Bezugspotential (sogenannte 1er-Wurzelung). Nicht verwechseln mit „potentialgetrennt".

Potentialgebunden
Bei potentialgebundenen Ein-/Ausgabebaugruppen sind die Bezugspotentiale von Steuer- und Laststromkreis elektrisch verbunden.

Potentialgetrennt
Bei potentialgetrennten Ein-/Ausgabebaugruppen sind die Bezugspotentiale von Steuer- und Laststromkreis galvanisch getrennt; z. B. durch Optokoppler, Relaiskontakt oder Übertrager. Ein- und Ausgabestromkreise können gewurzelt sein. Nicht verwechseln mit „potentialfrei".

Priorität
Mit der Zuweisung von Prioritätsklassen bei Organisationsbausteinen wird bei SIMATIC S7-Systemen die Unterbrechbarkeit von laufenden Anwenderprogrammen festgelegt. Höherpriore Ereignisse (OBs) können niederpriore Ereignisse (OBs) unterbrechen.

Prioritätsklasse
Das Betriebssystem einer CPU bietet max. 28 Prioritätsklassen, denen verschiedene Organisationsbausteine (OBs) zugeordnet

werden können. Die Prioritätsklassen bestimmen, welche OBs andere OBs unterbrechen können. Umfaßt eine Prioritätsklasse mehrere OBs, so unterbrechen sie sich nicht gegenseitig, sondern werden sequentiell bearbeitet.

PROFIBUS
*PRO*cess *FI*eld *BUS*; europäische Prozess- und Feldbusnorm, die in der PROFIBUS-Norm EN 50 170, Volume 2, PROFIBUS, festgelegt ist. Sie gibt funktionelle, elektrische und mechanische Eigenschaften für ein bitserielles Feldbussystem vor. PROFIBUS ist ein Bussystem, das PROFIBUS-kompatible Automatisierungssysteme und Feldgeräte in der Zell- und Feldebene vernetzt. PROFIBUS gibt es mit den Protokollen DP (= Dezentrale Peripherie), FMS (= Fieldbus Message Specification), PA (Prozessautomatisierung).

PROFIBUS-Adresse
Jede Busteilnehmer muss zur eindeutigen Identifizierung eine PROFIBUS-Adresse erhalten. Für PG/PC ist am PROFIBUS die Default-Busadresse „0" reserviert. Für die weiteren Busteilnehmer stehen die Adressen im Bereich von 1 bis 125 zur Verfügung.

PROFIBUS-DP
Acronym für „Process Field Bus für dezentrale Peripherie". Genormte Spezifikation (EN 50170) eines offenen Feldbussystems, vorwiegend für zeitkritische Anwendungen in der Ferigungsautomatisierung.

PROFIBUS-FMS
Acronym für „Process Field Bus mit FMS-Protokoll". Genormte Spezifikation (EN 50170) eines offenen Feldbussystems, vorwiegend für die Fertigungsautomatisierung.

PROFIBUS-PA
Acronym für „Process Field Bus for Process Automation". Genormte Spezifikation (DIN E 19 245, Teil 4) eines offenen Feldbussystems, vorwiegend für die Prozessautomatisierung (Verfahrenstechnik).

Programmbearbeitung, ereignisgesteuert
Bei der ereignisgesteuerten Programmbearbeitung wird das laufende Anwenderprogramm durch Starterereignisse (Prioritätsklassen) unterbrochen. Tritt ein solches Starterereignis ein, so wird der aktuell bearbeitete Baustein vor der nächsten Anweisung unterbrochen und der zugeordnete Organisationsbaustein aufgerufen und bearbeitet. Danach wird die zyklische Programmbearbeitung an der Unterbrechungsstelle wieder fortgesetzt.

Programmiersprache STEP 7
Programmiersprache für SIMATIC S7-Steuerungen. Der S7-Programmierer kann STEP 7 in verschiedenen Darstellungsarten verwenden (Anweisungsliste, Funktionsplan, Kontaktplan).

Projekt
Ein S7-Projekt ist ein Behälter für alle Objekte einer Automatisierungslösung unabhängig von der Anzahl der Stationen, Baugruppen und deren Vernetzung.

Protocol Data Unit
In einer PDU (Protocol Data Unit = Protokolldateneinheit) sind die Informationen verpackt, die zwischen zwei Busteilnehmern ausgetauscht werden.

Protokoll
Verfahrensvorschrift für die Übermittlung in der Datenübertragung. Mit dieser Vorschrift werden sowohl die Formate der Nachrichten als auch der Datenfluß bei der Datenübertragung festgelegt.

Prozessabbild
Die Signalzustände der digitalen Ein- und Ausgabebaugruppen werden in der CPU in einem Prozessabbild hinterlegt. Man unterscheidet das Prozessabbild der Eingänge (PAE) und das der Ausgänge (PAA).

Prozessabbild der Ausgänge (PAA)
Das Prozessabbild der Ausgänge wird am Ende des Anwenderprogramms vom Betriebssystem auf die Ausgangsbaugruppen übertragen.

Prozessabbild der Eingänge (PAE)
Das Prozessabbild der Eingänge wird vor der Bearbeitung des Anwenderprogramms vom Betriebssystem von den Eingangsbaugruppen gelesen.

Prozessalarm
Ein Prozessalarm wird ausgelöst von alarmfähigen Baugruppen aufgrund eines bestimmten Ereignisses im Prozess. Der Prozessalarm wird an die CPU gemeldet. Entsprechend der Priorität dieses Alarms wird dann der zugeordnete Organisationsbaustein bearbeitet (OB40-47).

Querverkehr
Bei einer Querverkehrsverbindung antwortet der DP-Slave innerhalb seiner Response nicht mit einem one-to-one-Telegramm, sondern mit einem speziellen one-to-many-Telegramm.
Damit stehen die Eingangsdaten dieser DP-Slaves allen entsprechend am Bus betriebenen DP-Teilnehmern zur Verfügung.

Rack
Ein Rack ist ein Baugruppenträger, der Steckplätze für Baugruppen enthält.

Repeater
Dient der Signalaufbereitung (Verstärkung) beim Verbinden einzelner Bussegmente.

S7-Programm
Das S7-Programm ist ein Behälter für Bausteine, Quellen und Pläne der programmierbaren S7-Baugruppen.

S7-Protokoll
Das S7-Protokoll (auch „S7-Kommunikation" oder „S7-Funktionen" genannt) bildet eine einfache und effiziente Schnittstelle zwischen SIMATIC S7-Stationen und PG/PC, sowie HMI-Systemen.

Sammelfehler
Fehlermeldung durch LED auf der Frontplatte von Baugruppen (nur) bei S7-300. Die LED leuchtet bei jedem Fehler auf der betreffenden Baugruppe (Fehler, intern und Fehler, extern).

Schirmimpedanz
Wechselstromwiderstand des Leitungsschirms. Die Schirmimpedanz ist eine Kenngröße der verwendeten Leitung und wird in der Regel vom Hersteller angegeben.

Schleifenwiderstand
Gesamtwiderstand des Hin- und Rückleiters der Busleitung.

Segment
Die Busleitung zwischen zwei Abschlusswiderständen bildet ein Segment. In einem Segment können bis zu 32 Stationen betrieben werden. Segmente können über RS 485-Repeater verbunden werden.

SFB
Ein SFB (*S*ystem*F*unction*B*lock) ist ein im Betriebssystem der CPU integrierter Funktionsbaustein, der bei Bedarf im STEP 7-Anwenderprogramm aufgerufen werden kann.

SFC
Eine SFC (*S*ystem*F*unktion*C*all) ist eine im Betriebssystem der CPU integrierte Funktion, die bei Bedarf im STEP 7-Anwenderprogramm aufgerufen werden kann.

SIMATIC Manager
Grafische Benutzeroberfläche für SIMATIC-Anwendungen unter Windows 95 und Windows NT. Unter der Bedienoberfläche des SIMATIC Managers können alle notwendigen Konfigurierungen und Parametrierungen eines SIMATIC S7-Systems vorgenommen werden.

Slave
Ein Slave darf nur nach Aufforderung durch einen Master Daten mit diesem austauschen. Slaves sind z. B. DP-Slaves wie ET 200B, ET 200C, usw.

SPS

Speicherprogramierbare Steuerung (SPS) sind elektronische Steuerungen, deren Funktion als Programm im Steuerungsgerät gespeichert ist. Aufbau und Verdrahtung hängen also nicht von der Funktion der Steuerung ab. Die SPS hat die Struktur eines Rechners; sie besteht aus CPU (Zentralbaugruppe) mit Speicher, Ein-/Ausgabebaugruppen und internem Bus-System. Die Peripherie und die Programmiersprache sind auf die Belange der Steuerungstechnik ausgerichtet.

Startereignisinformation

Die Startereignisinformation ist Bestandteil eines Organisationsbausteins (OB). Die Startereignisinformation informiert den S7-Anwender detailliert über das Ereignis, das den Aufruf des OB ausgelöst hat. Die Startereignisinformation enthält neben der Ereignis-ID (bestehend aus Ereignisklasse, Ereigniskennungen und Ereignisnummer) einen Ereigniszeitstempel sowie Zusatzinformationen (z.B. Adresse der alarmauslösenden Signalbaugruppe).

Status-Alarm

DPV1-Slaves können erkannte Status-Veränderungen über Status-Alarme an die Zentralbaugruppe melden.

STEP 7

Programmiersoftware zur Erstellung von Anwenderprogrammen für SIMATIC S7-Systeme.

Steuerkommando

Der DP-Master kann zur Synchronisation von Ein-/Ausgangsdaten an eine Gruppe von DP-Slaves Kommandos senden. Durch die Steuerkommandos FREEZE und SYNC ist es möglich, DP-Slaves ereignisgesteuert zu synchronisieren.

Steuerkommando FREEZE

Der DP-Master schickt das Steuerkommando FREEZE an eine Gruppe von DP-Slaves und veranlasst die DP-Slaves, die Zustände ihrer Eingänge auf den momentanen Wert einzufrieren.

Steuerkommando SYNC

Der DP-Master schickt das Steuerkommando SYNC an eine Gruppe von DP-Slaves und veranlasst die DP-Slaves, die Zustände ihrer Ausgänge auf den momentanen Wert einzufrieren.

Subnetz

Die Einheit aller physikalischen Komponenten, die zum Aufbau einer Datenübertragungstrecke notwendig sind, sowie das zugehörige gemeinsame Verfahren, um Daten austauschen zu können. Die Teilnehmer an einem Subnetz sind ohne Netzübergänge miteinander verbunden. Die physikalische Gesamtheit eines Subnetzes (MPI, PROFIBUS, Industrial Ethernet) wird auch als Übertragungsmedium bezeichnet.

SYNC

Steuerkommando des DP-Masters an eine Gruppe von DP-Slaves. Mit dem Steuerkommando SYNC veranlasst der DP-Master den DP-Slave die Zustände der Ausgänge auf den momentanen Wert einfriert. Bei den folgenden Telegrammen speichert der DP-Slave die Ausgangsdaten, die Zustände der Ausgänge bleiben aber unverändert. Nach jedem neuen Steuerkommando SYNC setzt der DP-Slave die Ausgänge, die er als Ausgangsdaten gespeichert hat. Die Ausgänge werden erst dann wieder zyklisch aktualisiert, wenn der DP-Master das Steuerkommando UNSYNC sendet.

Systemdatenbaustein (SDB)

Systemdatenbausteine sind Datenbereiche in der Zentralbaugruppe, die Systemeinstellungen und Baugruppenparameter enthalten. Die Systemdatenbausteine werden beim Konfigurieren erzeugt und geändert.

Systemdiagnose

Beinhaltet das Erkennen und Auswerten von System-Diagnoseereignissen.

Systemfunktion

Eine Systemfunktion (SFC) ist eine im Betriebssystem der CPU integrierte Funktion, die bei Bedarf im STEP 7-Anwenderprogramm aufgerufen werden kann.

Ttr
Soll-Token-Umlaufzeit (Time-target-rotation). Jeder Master vergleicht die Soll-Token-Umlaufzeit mit der tatsächlichen Token-Umlaufzeit. Von der Differenz ist abhängig, wieviel Zeit der Master für das Senden seiner eigenen Datentelegramme verbrauchen kann.

Teilnehmeradresse
Über eine Teilnehmeradresse wird ein Gerät (z. B. PG) oder eine programmierbare Baugruppe (z. B. CPU) in einem Subnetz (z. B. MPI, PROFIBUS) angesprochen.

Token
Buszugriffsrecht. Die aktive Station (Masterstation), die im Besitz des Token ist, kann mit anderen aktiven und passiven Stationen Daten austauschen. Nachdem ein Datenzyklus beendet ist, gibt die aktive Station den Token an die nächste aktive Station weiter.

Tokenring
Alle Master, die physikalisch mit einem Bus verbunden sind, erhalten das Token und geben es an den nächsten Master weiter: Die Master befinden sich in einem Tokenring.

Token-Umlaufzeit
Die Zeit, die vergeht zwischen dem Erhalt des Tokens und dem Erhalt des nächsten Tokens.

Tool
Ein Tool ist ein Software-Werkzeug zum Projektieren und Programmieren.

UNFREEZE
→ FREEZE

UNSYNC
→ SYNC

Update-Alarm
DPV1-Slaves können interne Aktualisierungen mit einem Update-Alarm an die Zentralbaugruppe melden.

Urlöschen
Beim Urlöschen werden folgende Speicher der CPU gelöscht: der Arbeitsspeicher, der Schreib-/Lesebereich des Ladespeichers, der Systemspeicher mit Ausnahme der MPI-Parameter und des Diagnosepuffers.

Variable
Eine Variable definiert ein Datum mit variablen Inhalt, das im STEP 7-Anwenderprogramm verwendet werden kann. Eine Variable besteht aus einem Operanden (z. B. M 3.1) und einem Datentyp (z. B. Bool) und wird mit einem Symbol (z. B. BANDEIN) gekennzeichnet.

Variablendeklaration
Die Variablendeklaration umfaßt die Angabe eines symbolischen Namens, eines Datentyps und evtl. Vorbelegungswert, Adresse und Kommentar.

VFD
Ein VFD (Virtual Field Device) ist eine Abbildung eines realen Feldgeräts mit der Zielsetzung, eine einheitliche Sicht auf ein beliebiges Gerät zu erhalten.

Wiederanlauf
Beim Anlauf einer Zentralbaugruppe (z. B. nach Betätigung des Betriebsartenschalters von STOP auf RUN oder bei Netzspannung EIN) wird vor der zyklischen Programmbearbeitung (OB 1) zunächst entweder der Organisationsbaustein OB 100 (Neustart) oder der Organisationsbaustein OB 101 (Wiederanlauf, nur bei S7-400) bearbeitet. Bei Wiederanlauf wird das Prozessabbild der Eingänge eingelesen und die Bearbeitung des STEP 7-Anwenderprogramms an der Stelle fortgesetzt, an der es beim letzten Abbruch (STOP, Netz-Aus) beendet wurde.

Ziehen-/Stecken-Alarm
Ein Ziehen-/Stecken-Alarm wird durch das Ziehen oder Stecken einer Baugruppe oder eines Moduls in einem DPS7- oder DPV1-Slave ausgelöst.

Zyklische Bearbeitung
Das regelmäßige Ansprechen der DP-Slaves durch den DP-Master. Der DP-Master liest die Eingangsdaten der Slaves und gibt Ausgangsdaten an die Slaves weiter.

Zykluszeit
Zeit, die die CPU für die einmalige Bearbeitung des Anwenderprogramms benötigt.

Abkürzungsverzeichnis

A

AI	Analog *I*nput, *A*nalogeingabe
AO	Analog *O*utput, *A*nalogausgabe
ASI	*A*ktor-*S*ensor-*I*nterface
AWG	*A*merican *W*ire *G*auge
AWL	*A*n*W*eisungs*L*iste

C

CP	*C*ommunication *P*rocessor, Kommunikationsprozessor
CPU	*C*entral *P*rocessor *U*nit, Zentralbaugruppe

D

DB	*D*ata *B*lock, Datenbaustein
DIN	*D*eutsche *I*ndustrie *N*orm
DP	*D*ezentrale *P*eripherie, PROFIBUS Protokoll
DS	*D*aten*S*atz
DSAP	*D*estination *S*ervice *A*ccess *P*oint, Ziel-Dienstzugangspunkt

E

ED	*E*nd *D*elimiter, Endezeichen
EGB	*E*lektrostatisch *G*efährdete *B*auelemente
EIA	*E*lectronic *I*ndustries *A*ssociation, USA
EMV (EMC)	*E*lektro*M*agnetische *V*erträglichkeit, *E*lectro*M*agnetic *C*ompatibility
EN	*E*uropoäische *N*orm
EN 50 170	Europaweit verbindliche Norm für PROFIBUS-DP und FMS. Nachfolger der nationalen DIN 19245.

F

FC	*F*rame *C*ontrol, Telegramm-Kontrollbyte
FCS	*F*rame *C*heck *S*equence, Telegramm-Prüfbyte
FDL	*F*ieldbus *D*ata *L*ink Layer (2) Bezeichnung für die Datensicherungsschicht (2) bei PROFIBUS
FM	*F*unction *M*odule, Funktionsbaugruppe
FMS	*F*ieldbus *M*essage *S*pecification, Applikations-Dienste bei PROFIBUS Layer 7. FMS ist gemeinsam mit DP betreibbar.
FUP	*FU*nktions*P*lan

G

GAP	Adreßbereich (Lücke) von der eigenen Teilnehmeradresse bis zum Nachfolger bei aktiven Bus-Teilnehmern
GAPL	Liste aller Teilnehmer im eigenen GAP-Bereich

H

Hd	*H*amming *d*istance
HMI	*H*uman *M*achine *I*nterface (Mensch-Maschine-Schnittstelle)
HSA	*H*ighest *S*tation *A*ddress, Höchste Teilnehmeradresse im System

I

IEC	*I*nternational *E*lectrotechnical *C*ommission
IEEE	The *I*nstitute of *E*lectrical and *E*lectronics *E*ngineers, USA
IM	*I*nterface *M*odule, Anschaltungsbaugruppe
ISO/OSI	*I*nternational *S*tandards *O*rganization/*O*pen *S*ystem *I*nterconnection
KOP	*KO*ntakt*P*lan

L

LAS	*L*ist of *A*ctive *S*tations, Liste der aktiven Teilnehmer
LE	*LE*ngth, Längenbyte
Ler	*Le*ngth *r*epeated, Längenbyte wiederholt
LLI	*L*ower *L*ayer *I*nterface, Teil der Anwendungsschicht (7) bei PROFIBUS-FMS (Verbindung zur Layer 2)
LSAP	*L*ink *S*ervice *A*ccess *P*oint, Dienstzugangspunkt der Schicht 2
LSB	*L*east *S*ignificant *B*it, Niederwertiges Bit
LWL	*L*icht*W*ellen*L*eiter

M

MAC	*M*edium *A*ccess *C*ontrol, bestimmt, wann ein Gerät das Recht erhält, Daten zu senden
MPI	*M*ulti *P*oint *I*nterface, mehrpunktfähige Schnittstelle. Standardschnittstelle der SIMATIC S7-Geräte

N

NRZ	*N*on-*R*eturn-to-*Z*ero, Art der Bitcodierung

O

OB	*O*rganization *B*lock, Organisationsbaustein
OLM	*O*ptical *L*ink *M*odule
OLP	*O*ptical *L*ink *P*lug
OP	*O*perator *P*anel, Bedien- und Beobachtungsgerät
OSI	*O*pen *S*ystem *I*nterconnect, Offenes Kommunikationssystem

P

PA	*Process Automation*, PROFIBUS Definition für die Prozessautomatisierung gemäß IEC 1158-2 und DIN E 19245 Teil 4.
PG	*Programmier*Gerät
PI	PROFIBUS *International*
PNO	PROFIBUS *Nutzer Organisation*
PS	*Power Supply*, Stromversorgung

S

SA	*Source Address*, Quelladresse, Quelladressbyte
SAE	*Source Address Extension*, Quell-Adresserweiterung
SAP	*Service Access Point*, (Dienstzugangspunkt) zur eindeutigen Identifizierung der zu übertragenden und anzufordernden Daten innerhalb eines Telegramms. In jedem Telegramm ist ein Source SAP und ein Destination SAP (Ausnahme: Der Datenaustausch erfolgt über den Default SAP).
SC	*Single Character*, Einzelzeichen (Kurzquittung) bei PROFIBUS
SD	*Start Delimiter*, Startbyte
SDA	*Send Data with Acknowledge*, Datensendung mit Quittung
SDB	*System Data Block*, Systemdatenbaustein
SDN	*Send Data with No Acknowledge*, Datensendung ohne Quittung
SFB	*SystemFunctionBlock*, Systemfunktionsbaustein
SFC	*SystemFunctionCall*, Systemfunktion
SPS	*SpeicherProgrammierbare* Steuerung
SRD	*Send and Request Data*, Datensendung und Datenanforderung mit Antwort
SSAP	*Source Service Access Point*, Quell-Dienstzugangspunkt
SZL	*SystemZustandsListe*

T

tbit, Tbit	Zeiteinheit für die Übertragung eines Bits am PROFIBUS (Kehrwert der Übertragungsrate, Beispiel: bei 12 Mbaud, 12.000.000 Bit/s, ist TbBit = 83 ns)

V

VAT	Bezeichnung für eine Variablentabelle bei STEP 7
VDE	*Verein Deutscher Elektroingenieure*
VFD	*Virtual Field Device* (virtuelles Feldgerät), der für die Kommunikation erreichbare Teil eines realen Gerätes

Normen und Vorschriften

[1] EN 50 170 Volume 2
General Purpose Field Communication System
Volume 2: Physical Layer Specifikation and Service Definition

[2] DIN E 19 245
Deutsche Feldbusnorm – PROFIBUS (Entwurf)

[3] IEC 870-5-1
Telecontrol equipment and systems; part 5: transmission protocols; section 1: transmission frame formats

[4] EN 60 870-5-1
Fernwirkeinrichtungen und Systeme Teil 5; Übertragungsformate, Hauptabschnitt Teil 1 Telegramme

[5] DIN 19 241
Messen, Steuern, Regeln; Bitserielles Prozessbus-Schnittstellensystem; Elemente des Übertragungsprotokolls und Nachrichtenstruktur

[6] IEC 955
Process data highway, type C (PROWAY C), for distributed process control systems

[7] IEC 1158-2
Fieldbus standard for use in industrial control system – Part 2: Physical layer specification and service definition

[8] EIA RS485
Standard for elctrical Characteristics of Generators and Receivers for use in balanced digital Multipoint Systems

[9] PNO Richtlinien
Optische Übertragungstechnik für PROFIBUS
Version 1.1 vom 07.1993

[10] IEC 61158
Weltweit verbindliche Norm für PROFIBUS und weitere Feldbusse. PROFIBUS-DP ist im Teil 3 dieser Norm definiert.

Stichwortverzeichnis

A

Äquidistanz **44**
  Busparameter 33 ff
Anlaufverhalten 58
Anschlussstecker 18
Ansprechüberwachung 40 **76**
Anwenderprogrammschnittstellen 83 ff
Anwendungsbeispiele 140
  Datenaustausch über Querverkehr **167** ff
  Datensatz schreiben 151
  DP-Slave-Diagnose lesen 197
  Konsistente Daten 142
  Prozessalarm 148
  DPS7-Slave-Diagnose lesen 199
  SYNC/FREEZE 157
Aufrufliste 35
Ausfall von DP-Slave-Stationen 58

B

Baudrate **67** f
Baugruppenklassen 121
Baugruppentypen 121
Bitlaufzeit 68
BT 200 219
Busabschluss 219
  RS485 18
  PA 21
Busanschluss
  LWL 20
  RS485 18
Busleitung
  LWL 19
  PA 21
  RS485 17
Busparameter 68
  Baudrate 67
  Berechnung 68
  Einstellungen 69
Busprofil 67
  Benutzerdefiniert 67
  DP 67
  Standard 67
  Universell (DP/FMS) 68

Busteilnehmer
  aktiv 31 ff
  passiv 33 ff
Bustopologie 27 ff
Buszugriffssteuerung (MAC) 32

C

Chk_Cfg 38 **40**
CPU-Leistungsdaten 49 ff
CSRD 23

D

Data Exchange 38 **41**
Datenkonsistenz 41 **140** ff
Datensatz **87** 124
Diagnose mit PROFIBUS-Busmonitor 205 ff
Diagnose mit STEP7-Online-Funktionen 183 ff
  Baugruppenzustand 188
  Diagnosealarm **59**
  Diagnosepuffer 191
  DP-Slave-Diagnose 193
  Erreichbare Teilnehmer 183
  Hardware diagnostizieren 194
Diagnose über Anzeigeelemente 178 ff
  CPU315-2DP 178
  DP-Schnittstelle der CPU315-2DP 179
  S7-400-CPUs mit DP-Schnittstelle 180
Diagnose über DP-Slaves-Anzeigenelemente 182
  ET200B16DI/16DO 182
  ET200M/IM153-2 183
Diagnose über Anwenderprogramm 196
  DP-Slave-Diagnose lesen (SFC13) 197
  DPS7-Slave-Diagnose lesen (SFC51) 199
Diagnose-
  Adresse 75
  Alarm 192
  Baustein FB 144 **203** ff
  Daten **41** 193 196
  Meldungen 42

Puffer 191
Repeater 207
DP-Master Klasse 1-Funktionen 37 **38**
   Chk_Cfg 40
   Data_Exchange 41
   Slave_Diag 41
   Global_Control 37
   Set_Prm 39
DP-Master Klasse 2-Funktionen 38
   RD_Inp 37
   RD_Out 37
   Get_Cfg 37
   Set_Slave_Add 37
DP/PA-Link 30
DP-Slave-Gruppen 161
DP-Steuerkommando 157
DPV1-Funktionserweiterungen 46
DSAP (*D*estination *S*ervice *A*ccess *P*oint) 25
D-Sub-Steckverbinder 18

F

Fehlercodes RET_VAL 85 ff
Fieldbus Data Link (Layer 2) 23
FMS (*F*ieldbus *M*essage *S*pecification) 15

G

GAP-Faktor 34
Gerätebezogene Diagnose 193
Get_Cfg 37
Global_Control 37
GROUP 107
GSD-Datei 224

H

HD (*H*amming *D*istance) 23
Herstellerspezifischer Alarm 47 **60** 93 116 234
HSA (*H*ighest *S*tation *A*ddress) **32** 66
HW Konfig 72

I

Ident-Number 40
Inbetriebnahme 212/215
Initialisierungsphase 39
Intelligente Slaves (I-Slaves) 61
ISO/OSI-Modell 13

K

Kabelschirm 215
Kennungsformat 40

Konfigurationsdaten 40
Konsistente Daten 41 140 ff

L

LAS (*L*ist of *A*ctive *S*tations) 32
Layer 13
Lichtwellenleiter 29
Lokaldaten 84
   OBs allgemein 83
   OB1 89
   OB40 bis OB47 90
   OB82 94
   OB83 95
   OB85 97
   OB86 99
   OB122 103

M

Manchestercodierte Datenübertragung 21
Master-Master-System (Token-Passing) 31
Master-Slave-System (Master-Slave) 31 **32**
Max_TSDR 34
Medium Access Control (MAC) 32
Min_TSDR 34
Module 40
MPI (*M*ulti *P*oint *I*nterface) 65
Multimaster 35

N

Nachfolger-Station NS (*N*ext *S*tation) 32
NCM-Diagnose 227
NETPRO 226
Neue GSD installieren 224
NRZ-Code 16

O

OB 83
   OB1, zyklische Programmbearbeitung 89
   OB40 bis OB47, Prozessalarme 90
   OB55 59 **91**
   OB56 **92** 116
   OB57 60 **93**
   OB82, Diagnosealarme 94
   OB83, Ziehen- und Steckenalarme 95
   OB85, Programmablauffehler 97
   OB86, Baugruppenträgerausfall 99
   OB100, Neustart 89
   OB101, Wiederanlauf 89
   OB122, Peripheriezugriffsfehler 103
Objektstrukturen bei STEP 7 63
OD (*O*utput-*D*isable) 222

OLM-Technik 20
OLP-Technik 20
Optische Übertragungstechnik **19** 29

P
PA 15
  Bussegment 21
  Link 30
  Segmentkoppler 30
Parametrierungsdaten 39
PG/PC-Online-Schnittstelle einstellen 185
PG-(Remote)Zugriff 183 ff
Physical-Layer (Layer 1)
  PA 21
  RS485 16
Polling-Liste (Aufrufliste) 35
Prioritätsklassen (OBs) 84
PROFIBUS
  Adresse vergeben **225**
  Äquidistanter DP-Zyklus **44**
  Busparameter 68
  Busphysik-Testgerät **219** ff
  DP-Zyklus **43** ff
  Telegrammformate 24
  Übertragungsdienste 23
Projekthierarchie 64
Projektierungssoftware 62 ff
Protokollvarianten 14 ff
Prozessalarm 148 ff
Pulldown-Widerstand 18
Pullup-Widerstand 18

Q
Quell-Dienstzugangspunkt (SSAP) 25
Querverkehr **44** ff 167

R
RD_Inp 37
RD_Outp 37
Repeater 27
Request-Frame 38
Response-Frame 38
Retry 23 34
RET_VAL-Fehlercodes 85 ff

S
S7-Funktionen 57
SAP (Service Access Point) 25
SDA 23
SDB (System-Daten-Baustein) 124
SDN 23
SFB 113

SFB52 133
SFB53 134
SFB54 113
SFC 84 ff
  SFC7 DP_PRAL 110
  SFC11 DPSYC_FR 106
  SFC13 DPNRM_DG 111
  SFC14 DPRD_DAT 104
  SFC15 DPWR_DAT 104
  SFC51 RDSYSST 124
  SFC55 WR_PARM 124
  SFC56 WR_DPARM 128
  SFC57 PARM_MOD 129
  SFC58 WR_REC 129
  SFC59 RD_REC 132
SIMATIC Manager 62
SRD 23
SSAP (Source Service Access Point) 25
Stations-GSD importieren 224
Stations-Status 40
Statusalarm 47 59 **91** 240
Statusinformation 42
Statusmeldungen 42
Stecken-Alarm 116 **95** 241
Steckerbelegung 18
STEP 7-Funktionen
  Baugruppenzustand 188 ff
  Erreichbare Teilnehmer 183 ff
  Hardware diagnostizieren 194
  Neue GSD installieren 224
  Peripherieausgänge (PA)
    freischalten 222
  PG/PC-Schnittstelle einstellen 185
  PROFIBUS-Adresse vergeben 225
  SIMATIC Manager-Funktion
    ONLINE 187
  Stations-GSD importieren 224
  Variable beobachten und steuern 222 ff
Steuerkommando
  FREEZE/UNFREEZE 157 ff
  SYNC/UNSYNC 157 ff
Stichleitungen 28
Störstellenermittlung 209
Systemdatenbereiche 87 ff
SZL 120
  ID, Aufbau 121
  Teilliste **120** 123

T
tBit (Bitlaufzeit) 68
Tid1 34
Tid2 34

Token 32
Topologieermittlung **208** 209 211
Tqui 34
Trdy 34
Tset 34
Tslot 34
Ttr (*Time target rotation*) 32 68

U

UART-Zeichenrahmen 17
Update-Alarm **92** 116 241
User Interface 14 15

V

Verfügbare SZL-Teillisten 123

W

Watchdog 40
Wiederanlauf 39 58 89

Z

Zeichenrahmen 17
Ziehen-Alarm **95** 116 241
Ziel-Dienstzugangspunkt (DSAP) 25
zyklischer Nutzdatenaustausch 35
Zyklusüberwachung 89

Mehr Fachbücher zu Automatisierungstechnik finden Sie unter

www.publicis-erlangen.de/books